复杂情感分析方法及其应用

李 勇　谢 可　于 卓　著

北 京
冶 金 工 业 出 版 社
2021

内容提要

本书主要介绍了机器学习的概念及分类、复杂情感分析的理论及基本处理方法；基于局部保持支持向量文本描述的复杂情感分析算法（如分类算法、聚类算法、回归算法）、文本处理及其处理方法、基于机器学习中学习方法、一致性分类方法等。

本书可供从事计算机、人工智能等专业的工程技术人员阅读，也可供大专院校有关师生参考。

图书在版编目(CIP)数据

复杂情感分析方法及其应用/李勇，谢可，于卓著．—北京：冶金工业出版社，2020.4（2021.11 重印）

ISBN 978-7-5024-8435-4

Ⅰ.①复… Ⅱ.①李… ②谢… ③于… Ⅲ.①自然语言处理 Ⅳ.①TP391

中国版本图书馆 CIP 数据核字(2020)第 026344 号

出 版 人 苏长永

地　　址 北京市东城区嵩祝院北巷 39 号 邮编 100009 电话 (010)64027926

网　　址 www.cnmip.com.cn 电子信箱 yjcbs@cnmip.com.cn

责任编辑 郭冬艳 美术编辑 吕欣童 版式设计 禹 蕊

责任校对 郑 娟 责任印制 李玉山

ISBN 978-7-5024-8435-4

冶金工业出版社出版发行；各地新华书店经销；北京中恒海德彩色印刷有限公司印刷

2020 年 4 月第 1 版，2021 年 11 月第 3 次印刷

710mm×1000mm 1/16；12.5 印张；240 千字；187 页

69.00 元

冶金工业出版社 投稿电话 (010)64027932 投稿信箱 tougao@cnmip.com.cn

冶金工业出版社营销中心 电话 (010)64044283 传真 (010)64027893

冶金工业出版社天猫旗舰店 yjgycbs.tmall.com

（本书如有印装质量问题，本社营销中心负责退换）

前　言

语言是人工智能的一个重要课题。而所谓的自然语言处理，其本质是理解自然语言中所想要表达的意思和情感，并转化成机器所能理解的形式。自然语言处理属于人工智能领域，它将人类语言当做文本或语音来处理，以使计算机语言和人类语言更相似，是人工智能中最复杂的领域之一。由于人类的语言数据格式没有固定的规则和条理，机器往往很难理解原始文本。

随着移动互联网技术的不断发展，人们通过网络进行社交、购物等活动产生的数据量呈爆炸式增长。情感分析是一种通过机器学习自动识别用户生成内容，来判断用户对实体的积极、消极或中立意见的过程。在目前研究所采用的数据集中，评论数量规模仍然相对较小。面对海量文本，传统的模型和算法无法利用不同的计算机物理资源进行分布式并行计算，情感分析的规模适配问题成为了其所面临的瓶颈。例如，当数据规模扩展到10万、100万或者1000万时，情感分析方法在准确度、召回率和效率等方面是否会发生变化；情感分析算法在不同运行环境下，其运行效率具有何种差异，在实际工作中如何选择和配置最优环境等。

全书对复杂情感分析的方法、算法及其应用等进行了全方位系统的研究，共分6章，内容安排如下：

第1章对复杂情感分析的背景知识和相关研究分析方法进行了介绍，分别从深度学习和机器学习两个角度进行了阐述。同时还对本书采用的研究方法、研究内容和结构进行了说明。第 2 章对相关方法进行了综述，主要包括复杂情感分析的理论研究、算法研究和评价指标研究，并对一些基本的算法进行了简单的介绍。第 3 章介绍了基于局部保持支持向量文本描述的复杂情感分析算法研究，针对支持向量机及其发展，对线性和非线性 LPTSVM 做了进一步详细地介绍。第 4 章针对文本处理及其处理方法做了进一步的研究，在这里详细介绍了基本的分类算法、聚类算法和回归算法，以及文本处理的学习框架和文本及视图联系起来的情感分析方法，为读者对复杂情感分析的研究进一步指明了方向。第 5 章是研究机器学习中学习方法的一章，通过从监督学习、半监督学习、无监督学习的角度对学习方法进行了分类，着重介绍了注意力机制的一些内容，使读者对机器学习有了更加深入的认识。第 6 章介绍的是一致性分类方法，在这一章介绍了集成学习的两种方法，同时也介绍了组合式模型对复杂情感分析研究的准确性，集成某几个基础学习方法的优点，最终得出更优的模型投入使用，这是未来的发展方向。

本书内容所涉及的内容，得到了项目：基于食品安全与品质溯源的基础数据采集技术（19005902005），基于大数据技术的食品安全抽检监测数据挖掘与应用研究（19005857028），北京市教委科研计划一般项目（SQKM201710011008）的资助，在此一并表示感谢。

在本书的编写过程中，李勇共编写了的 15 万字，同时国网信息通信产业集团研发中心副主任、信通研究院副院长谢可共编写了 1 万余字，北京中电普华信息技术有限公司项目经理于卓共编写 1 万余字，同时作者的学生杨晓君、金庆雨也参与了前期资料的搜集、整理工作，付出了辛勤的劳动，在此表示衷心的谢意。

本书对促进复杂情感分析效果的关键技术做了大量的研究工作并取得了一定的成果，但是由于数据挖掘中复杂情感分析相关理论、技术及应用发展迅速，加之作者水平所限，书中难免存在不足之处，恳请读者批评指正。

作　者
2019年12月

目　　录

1 绪　论

1.1 背景介绍

情感分析或意见挖掘是人们的观点、情绪、评估对诸如产品、服务、组织等实体的态度。该领域的发展和快速起步得益于网络上的社交媒体，例如产品评论，论坛讨论，微博，微信的快速发展，因为这是人类历史上第一次有如此巨大数字量的形式记录。自 2000 年初以来，情感分析已经成长为自然语言处理（NLP）中最活跃的研究领域之一。也是在数据挖掘、网页挖掘、文本挖掘和信息检索方面有广泛的研究。事实上，它已经从计算机科学蔓延到管理科学和社会科学，如市场营销、金融、政治学、通信、医疗科学，甚至是历史，由于其重要的商业性引发整个社会的共同关注。这种扩散是由于意见是事实的中心，几乎所有的人类活动，在相当程度上，很在意别人怎么看。出于这个原因，无论何时我们需要做出决定，我们都会经常寻找别人的意见。这不仅是对企业而言对个人也是如此。

最早的自然语言处理方向的研究是 1949 年，由美国人威弗提出的机器设计方案。20 世纪 60 年代，国外开始出现对机器翻译方向的研究热潮，但是由于在当时语言处理的理论与技术均不成熟，所以没有能够取得较大突破。进入 90 年代以后，自然语言处理领域开始有了新的突破。在系统输入方面，要求能够处理大规模大数量集的真实文本，而不是仅仅停留在少数词条上面。处理文本：要求机器能够处理大规模文本，并且从理解中筛选出对实际应用有用的信息。在面对大量文本以及大量工作量的需求下，单纯的统计学方法已经不能满足人们对于自然语言处理方面的需求，因此引入了多种机器学习的方法来对文本进行训练，最早这个想法是由 Bengio 在 2003 年提出，通过输入词向量，并最大化连续单词出现概率来构造损失函数。而这个模型的第一步就是已经进行过处理的词嵌入表达。所谓的词嵌入与句嵌入其实是对自然语言处理问题中各种下层问题所进行的预处理。通过各种方法对语料进行预处理，将词语和句子转化成通用的包含语意或者情感信息的定长向量，供机器翻译，简单问答，情感分析等其他自然语言处理下层任务使用。

随着互联网进入新时代，人们越来越喜欢使用网络分享知识、经验、意见和感受等，这些评论性文本蕴含了大量的情感信息，如何从社交网络文本信息中挖掘用户的情感倾向已得到越来越多研究人员的关注。情感分析是近些年自然语言处理的一个研究热点，情感分析又称倾向性分析和意见挖掘，是对主观性文本进行分析、处理、归纳和推理的过程。目前情感分析的主要研究方法大多是基于机器学习的传统算法，但是机器学习算法借助于大量人工标注的特征来确定给定文本的情感极性。机器学习算法虽然性能优越，但需要大量的人工和领域知识，特征扩展性不灵活，而从大量训练数据中主动学习特征的深度学习方法较为适用。

在网络上发表意见和表达情感已经非常普遍，对社交网络文本信息中蕴涵的观点和情感进行分析，挖掘其情感倾向，非常有助于更好的决策。微博情感分析旨在研究用户关于热点事件的情感观点，研究表明深度学习在微博情感分析上具有可行性。

20 世纪八九十年代由于计算机计算能力有限和相关技术的限制，可用于分析的数据量太小，深度学习在模式分析中并没有表现出优异的识别性能。自从 2006 年，Hinton 等提出快速计算受限玻耳兹曼机（Restricted Boltzmann Machine，RBM）网络权值及偏差的对比散度算法（CD-k）以后，受限玻耳兹曼机就成了增加神经网络深度的有力工具，导致后面使用广泛的深度置信网络（Deep Belief Network，DBN）等深度网络的出现。与此同时，稀疏编码等由于能自动从数据中提取特征也被应用于深度学习中。基于局部数据区域的卷积神经网络方法近年来也被大量研究。

情感分析作为时下研究热点，受到了诸多学者的关注。情感分析一般包括 3 个方面：情感极性分析，即情感属于积极（正极性）还是消极（负极性）；主客观分析；情感强度分类等。基于机器学习算法的情感分析方法已有多篇文章报道，如：Wiebe 等人提出了朴素贝叶斯模型对文本进行主客观分类的方法；Pang 等人将机器学习算法应用到文本的情感分类研究中，采用机器学习经典方法——朴素贝叶斯、最大熵和支持向量机方法——对电影评论进行了情感分类；Zhang 等人直接将音形文字的字符作为输入，省略文本预处理过程中的分词、词干化等步骤，保存了信息的完整性，提高了情感分析的准确率。

有鉴于此，本书聚焦于复杂情感分析学习研究，尝试构建一个复杂情感分析算法框架，该框架可以实现面向多样化情感分析问题的复杂学习，并通过系统原型应用于生活实践问题。具体而言，本项目首先把一些传统分类方法的高效性和多效用函数的适应性结合起来，在分类理论研究的基础上，建立复杂情感分析学习的理论基础和基础算法；然后系统的研究复杂情感分析学习的效用函数选择问题和基础分类分量的生成策略；最后通过增量和迭代过程开发可用于并行计算的系统原型，在实践领域的复杂特征数据上做深入的应用案例研究。

1.1.1　机器学习问题

机器学习是一门多领域交叉学科，涉及概率论、统计学、逼近论、凸分析、算法复杂度理论等多门学科。专门研究计算机怎样模拟或实现人类的学习行为，以获取新的知识或技能，重新组织已有的知识结构使之不断改善自身的性能。使用计算机作为工具并致力于真实实时的模拟人类学习方式，并将现有内容进行知识结构划分来有效提高学习效率。

机器学习有下面几种定义：

（1）机器学习是一门人工智能的科学，该领域的主要研究对象是人工智能，特别是如何在经验学习中改善具体算法的性能。

（2）机器学习是对能通过经验自动改进的计算机算法的研究。

（3）机器学习是用数据或以往的经验，以此优化计算机程序的性能标准。

机器学习实际上已经存在了几十年或者也可以认为存在了几个世纪。追溯到17世纪，贝叶斯、拉普拉斯关于最小二乘法的推导和马尔可夫链，这些构成了机器学习广泛使用的工具和基础。1950年（艾伦·图灵提议建立一个学习机器）到2000年初（有深度学习的实际应用以及最近的进展），机器学习有了很大的进展。

机器学习为一个学习器，学习器通过样例训练集的训练，学到假设空间里一个最优的算法（比如一个最优的分类器集合中的一个分类器）。其中，样例训练集可以理解为学习器要学习的知识，选出来的最优算法要再使用样例测试集进行测试（即现在的软件测试）。学习器之所以能够学习成功，就是在一些特定的实例上，进行一些泛化假设，从而绕过了“没有免费的午餐”理论的限制。所以最好的学习器的表示方法应该是基于实例的方法。

从20世纪50年代研究机器学习以来，不同时期的研究途径和目标并不相同，可以划分为四个阶段。

第一阶段是20世纪50年代中期到60年代中叶，这个时期主要研究“有无知识的学习”。这类方法主要是研究系统的执行能力。这个时期，主要通过对机器的环境及其相应性能参数的改变来检测系统所反馈的数据，就好比给系统一个程序，通过改变它们的自由空间作用，系统将会受到程序的影响而改变自身的组织，最后这个系统将会选择一个最优的环境生存。在这个时期最具有代表性的研究就是Samuet的下棋程序。但这种机器学习的方法还远远不能满足人类的需要。

第二阶段从20世纪60年代中叶到70年代中叶，这个时期主要研究将各个领域的知识植入到系统里，在本阶段的目的是通过机器模拟人类学习的过程。同时还采用了图结构及其逻辑结构方面的知识进行系统描述，在这一研究阶段，主要是用各种符号来表示机器语言，研究人员在进行实验时意识到学习是一个长期的过程，从这种系统环境中无法学到更加深入的知识，因此研究人员将各专家学者的知识加入到系统里，经过实践证明这种方法取得了一定的成效。

第三阶段从20世纪70年代中叶到80年代中叶，称为复兴时期。在此期间，人们从学习单个概念扩展到学习多个概念，探索不同的学习策略和学习方法，且在本阶段已开始把学习系统与各种应用结合起来，并取得很大的成功。同时，专家系统在知识获取方面的需求也极大地刺激了机器学习的研究和发展。在出现第一个专家学习系统之后，示例归纳学习系统成为研究的主流，自动知识获取成为机器学习应用的研究目标。1980年，在美国的卡内基梅隆（CMU）召开了第一届机器学习国际研讨会，标志着机器学习研究已在全世界兴起。此后，机器学习开始得到了大量的应用。1984年，Simon等20多位人工智能专家共同撰文编写的《机器学习文集》第二卷出版，国际性杂志机器学习创刊，更加显示出机器学习突飞猛进的发展趋势。这一阶段代表性的工作有Mostow的指导式学习、Lenat的数学概念发现程序、Langley的BACON程序及其改进程序。

第四阶段从20世纪80年代中叶到现在，是机器学习的最新阶段。这个时期的机器学习具有如下特点：

（1）机器学习已成为新的学科，它综合应用了心理学、生物学、神经生理学、数学、自动化和计算机科学等形成了机器学习理论基础。

（2）融合了各种学习方法，且形式多样的集成学习系统研究正在兴起。

（3）机器学习与人工智能各种基础问题的统一性观点正在形成。

（4）各种学习方法的应用范围不断扩大，部分应用研究成果已转化为产品。

（5）与机器学习有关的学术活动空前活跃。

目前，传统机器学习的研究方向主要包括决策树、随机森林、人工神经网络、贝叶斯学习等方面的研究。基于方面情感分析（Aspect-based Sentiment Analysis，ABSA）是目前挖掘社交网络文本信息的重要方法，是一个细粒度的情感分类任务。可进行更细粒度的情感分析，比普通情感分析更优越。当一个句子中出现了多个方面时，基于方面情感分析克服了文档情感分析的一个局限性，能够针对文本中特定一方面来分析其情感极性。

1.1.2 机器学习分类

几十年来，研究发表的机器学习的方法种类很多，根据强调侧面的不同可以有多种分类方法。

1.1.2.1 基于学习策略的分类

（1）模拟人脑的机器学习。符号学习：模拟人脑的宏观心理级学习过程，以认知心理学原理为基础，以符号数据为输入，以符号运算为方法，用推理过程在图或状态空间中搜索，学习的目标为概念或规则等。符号学习的典型方法有记忆学习、示例学习、演绎学习、类比学习、解释学习等。

神经网络学习（或连接学习）：模拟人脑的微观生理级学习过程，以脑和神经科学原理为基础，以人工神经网络为函数结构模型，以数值数据为输入，以数值运算为方法，用迭代过程在系数向量空间中搜索，学习的目标为函数。典型的连接学习有权值修正学习、拓扑结构学习。

（2）直接采用数学方法的机器学习。

主要有统计机器学习。统计机器学习是基于对数据的初步认识以及学习目的的分析，选择合适的数学模型，拟定超参数，并输入样本数据，依据一定的策略，运用合适的学习算法对模型进行训练，最后运用训练好的模型对数据进行分析预测。

统计机器学习三个要素：

1）模型：模型在未进行训练前，其可能的参数是多个甚至无穷的，故可能的模型也是多个甚至无穷的，这些模型构成的集合就是假设空间。

2）策略：即从假设空间中挑选出参数最优的模型的准则。模型的分类或预测结果与实际情况的误差（损失函数）越小，模型就越好。那么策略就是误差最小。

3）算法：即从假设空间中挑选模型的方法（等同于求解最佳的模型参数）。机器学习的参数求解通常都会转化为最优化问题，故学习算法通常是最优化算法，例如最速梯度下降法、牛顿法以及拟牛顿法等。

1.1.2.2　基于学习方法的分类

（1）归纳学习。符号归纳学习：典型的符号归纳学习有示例学习、决策树学习。

函数归纳学习（发现学习）：典型的函数归纳学习有神经网络学习、示例学习、发现学习、统计学习。

（2）演绎学习。

（3）类比学习：典型的类比学习有案例（范例）学习。

（4）分析学习：典型的分析学习有解释学习、宏操作学习。

1.1.2.3　基于学习方式的分类

（1）监督学习（有导师学习）：输入数据中有导师信号，以概率函数、代数函数或人工神经网络为基函数模型，采用迭代计算方法，学习结果为函数。

（2）无监督学习（无导师学习）：输入数据中无导师信号，采用聚类方法，学习结果为类别。典型的无导师学习有发现学习、聚类、竞争学习等。

（3）强化学习（增强学习）：以环境反馈（奖/惩信号）作为输入，以统计和动态规划技术为指导的一种学习方法。

1.1.2.4 基于数据形式的分类

（1）结构化学习：以结构化数据为输入，以数值计算或符号推演为方法。典型的结构化学习有神经网络学习、统计学习、决策树学习、规则学习。

（2）非结构化学习：以非结构化数据为输入，典型的非结构化学习有类比学习案例学习、解释学习、文本挖掘、图像挖掘、网页挖掘等。

1.1.2.5 基于学习目标的分类

（1）概念学习：学习的目标和结果为概念，或者说是为了获得概念的学习。典型的概念学习主要有示例学习。

（2）规则学习：学习的目标和结果为规则，或者为了获得规则的学习。典型规则学习主要有决策树学习。

（3）函数学习：学习的目标和结果为函数，或者说是为了获得函数的学习。典型函数学习主要有神经网络学习。

（4）类别学习：学习的目标和结果为对象类，或者说是为了获得类别的学习。典型类别学习主要有聚类分析。

（5）贝叶斯网络学习：学习的目标和结果是贝叶斯网络，或者说是为了获得贝叶斯网络的一种学习。其又可分为结构学习和多数学习。

1.1.3 深度学习问题

深度学习（Deep Learning，DL）是机器学习（Machine Learning，ML）领域中一个新的研究方向，它被引入机器学习使其更接近于最初的目标——人工智能（Artificial Intelligence，AI）。深度学习是机器学习的一种，而机器学习是实现人工智能的必经路径。深度学习的概念源于人工神经网络的研究，含多个隐藏层的多层感知器就是一种深度学习结构。深度学习通过组合低层特征形成更加抽象的高层表示属性类别或特征，以发现数据的分布式特征表示。研究深度学习的动机在于建立模拟人脑进行分析学习的神经网络，它模仿人脑的机制来解释数据，例如图像、声音和文本等。

深度学习是一类模式分析方法的统称，就具体研究内容而言，主要涉及三类方法：

（1）基于卷积运算的神经网络系统，即卷积神经网络。

（2）基于多层神经元的自编码神经网络，包括自编码以及近年来受到广泛关注的稀疏编码两类。

（3）以多层自编码神经网络的方式进行预训练，进而结合鉴别信息进一步优化神经网络权值的深度置信网络。

通过多层处理，逐渐将初始的“低层”特征表示转化为“高层”特征表示后，用“简单模型”即可完成复杂的分类等学习任务。由此可将深度学习理解为进行“特征学习”或“表示学习”。

以往在机器学习用于现实任务时，描述样本的特征通常需由人类专家来设计，这成为“特征工程”。众所周知，特征的好坏对泛化性能有至关重要的影响，人类专家设计出好特征也并非易事；特征学习（表征学习）则通过机器学习技术自身来产生好特征，这使机器学习向“全自动数据分析”又前进了一步。

近年来，研究人员也逐渐将这几类方法结合起来，如对原本是以有监督学习为基础的卷积神经网络结合自编码神经网络进行无监督的预训练，进而利用鉴别信息微调网络参数形成的卷积深度置信网络。与传统的学习方法相比，深度学习方法预设了更多的模型参数，因此模型训练难度更大，根据统计学习的一般规律知道，模型参数越多，需要参与训练的数据量也越大。

20 世纪八九十年代由于计算机计算能力有限和相关技术的限制，可用于分析的数据量太小，深度学习在模式分析中并没有表现出优异的识别性能。自从 2006 年，Hinton 等提出快速计算受限玻耳兹曼机网络权值及偏差的 CD-K 算法以后，受限玻耳兹曼机就成了增加神经网络深度的有力工具，导致后面使用广泛的深度置信网络（DBN，由 Hinton 等人开发并已被微软等公司用于语音识别中）等深度网络的出现。与此同时，稀疏编码等由于能自动从数据中提取特征也被应用于深度学习中。基于局部数据区域的卷积神经网络方法今年来也被大量研究。

深度学习是学习样本数据的内在规律和表示层次，这些学习过程中获得的信息对诸如文字，图像和声音等数据的解释有很大的帮助。它的最终目标是让机器能够像人一样具有分析学习能力，能够识别文字、图像和声音等数据。深度学习是一个复杂的机器学习算法，在语音和图像识别方面取得的效果，远远超过先前相关技术。

目前在机器学习领域，最大的热点毫无疑问是深度学习，从谷歌大脑的猫脸识别，到图像分类比赛中深度卷积神经网络的获胜，再到阿尔法围棋（AlphaGo）大胜李世石，深度学习受到媒体、学者以及相关研究人员越来越多的热捧。这背后的原因无非是深度学习方法的效果确实超越了传统机器学习方法许多。从 2012 年 Geoffrey E. Hinton 的团队在图像分类比赛中使用深度学习方法获胜之后，关于深度学习的研究就呈井喷之势；在 2012 年以前，该比赛结果的准确率一直处于缓慢提升的状态，这一年突然有质的飞越，而从此之后深度学习方法也成为了图像分类比赛中的不二选择。同时，深度学习的影响却不仅局限于图像识别比赛，也深刻影响了学术界和工业界，顶级的学术会议中关于深度学习的研究越来越多，如 IEEE 国际计算机视觉与模式识别会议、国际机器学习大会等等，而工业级也为深度学习立下了汗马功劳，贡献了越来越多的计算支持或者框架。

深度学习技术发展的背后是广大研究人员的付出，目前该领域内最著名的研究人员莫过于 Yoshua Bengio，Geoffrey E. Hinton，YannLeCun 以及 Andrew Ng。最近 Yoshua Bengio 等出版了《深度学习》一书，其中对深度学习的历史发展以及该领域内的主要技术做了很系统的论述，其关于深度学习历史发展趋势的总结非常精辟，书中总结的深度学习历史发展趋势的几个关键点分别：

（1）深度学习本身具有丰富悠久的历史，但是从不同的角度出发有很多不同得名，所以历史上其流行有过衰减趋势。

（2）随着可以使用的训练数据量逐渐增加，深度学习的应用空间必将越来越大。

（3）随着计算机硬件和深度学习软件基础架构的改善，深度学习模型的规模必将越来越大。

（4）随着时间的推移，深度学习解决复杂应用的精度必将越来越高。

而深度学习的历史大体可以分为三个阶段。一是在 20 世纪 40 年代至 60 年代，当时深度学习被称为控制论；二是在 20 世纪 80 年代至 90 年代，此期间深度学习被誉为联结学习；三是从 2006 年开始才以深度学习这个名字开始复苏(起点是 2006 年，Geoffrey Hinton 发现深度置信网可以通过逐层贪心预训练的策略有效地训练)。总而言之，深度学习作为机器学习的一种方法，在过去几十年中有了长足的发展。随着基础计算架构性能的提升，更大的数据集和更好的优化训练技术，可以预见深度学习在不远的未来一定会取得更多的成果。

深度学习是一类模式分析方法的统称，就具体研究内容而言，主要涉及三类方法：

（1）基于卷积运算的神经网络系统，即卷积神经网络。

（2）基于多层神经元的自编码神经网络，包括自编码以及近年来受到广泛关注的稀疏编码两类。

（3）以多层自编码神经网络的方式进行预训练，进而结合鉴别信息进一步优化神经网络权值的深度置信网络。

在本章，简单介绍一下深度学习的训练过程。2006 年，Hinton 提出了在非监督数据上建立多层神经网络的一个有效方法，具体分为两步：首先逐层构建单层神经元，这样每次都是训练一个单层网络；当所有层训练完后，使用 wake-sleep 算法进行调优。

将除最顶层的其他层间的权重变为双向的，这样最顶层仍然是一个单层神经网络，而其他层则变为了图模型。向上的权重用于“认知”，向下的权重用于“生成”。然后使用 wake-sleep 算法调整所有的权重。让认知和生成达成一致，也就是保证生成的最顶层表示能够尽可能正确的复原底层的节点。比如顶层的一个节点表示人脸，那么所有人脸的图像应该激活这个节点，并且这个结果向下生成的图像应该能够表现为一个大概的人脸图像。wake-sleep 算法分为醒（wake）和睡（sleep）两个部分。

wake 阶段：认知过程，通过外界的特征和向上的权重产生每一层的抽象表示，并且使用梯度下降修改层间的下行权重。

sleep 阶段：生成过程，通过顶层表示和向下权重，生成底层的状态，同时修改层间向上的权重。

深度学习引领着“大数据+深度模型”时代的到来。尤其是在推动人工智能和人机交互方面取得了长足的进步。同时也应该看到，深度学习在具体应用方面，也面临着一些挑战。不过，在众人普遍看好深度学习技术的发展前景时，也有业内专业人士指出，深度技术在发展方面还存在着不少问题。这些问题主要体现在以下几个方面。

（1）理论问题。深度学习的理论问题主要体现在统计学和计算两个方面。对于任意一个非线性函数，都能找到一个浅层网络和深度网络来表示。深度模型比浅层模型对非线性函数具有更好的表现能力。但深度网络的可表示性并不代表可学习性。要了解深度学习样本的复杂度，要了解需要多少训练样本才能学习到足够好的深度模型，就必须知道，通过训练得到更好的模型需要多少计算资源，理想的计算优化是什么。由于深度模型都是非凸函数，也就让深度学习在这方面的理论研究变得非常困难。

（2）建模问题。工业界曾经有一种观点：“在大数据条件下，简单的机器学习模型会比复杂模型更有效。”在实际的大数据应用中，很多最简单的模型得到大量使用的情形也在一定程度上印证着这种观点。

（3）工程问题。对于从事深度学习技术研发的人来说，首先要解决的是利用并行计算平台来实现海量数据训练的问题。深度学习需要频繁迭代，传统的大数据平台无法适应这一点。随着互联网服务的深入，海量数据训练的重要性日益凸显。而现有的深度神经网络训练技术通常所采用的随机梯度法，不能在多个计算机之间并行。采用 CPU 进行传统的深度神经网络模型训练，训练时间非常漫长，一般训练声学模型就需要几个月的时间。这样缓慢的训练速度明显不能满足互联网服务应用的需要。目前，提升模型训练速度，成为许多研发者的主攻方向。不过，工程方面尽管取得了一定的进展，但对解决各种服务需求来说，仍然有很长的一段路要走。

另外，深度学习的形式也存在一定的限制。谷歌公司通过电脑游戏来评估深度神经网络应对不同类型问题的性能时发现，深度神经网络无法处理类似穿越迷宫这样的情况。当然，面对挑战，各种应对措施也相应实施。可以展望的是，人工智能将引领未来的技术和系统革命，而随着深度学习存在的问题和面临的挑战被逐渐攻破，人工智能前行的步伐将会越来越快。

卷积神经网络是主流的深度学习模型，已很好地运用到文本分类上。传统卷积神经网络进行文本建模时，滑动窗口对微博句子卷积操作，提取的特征是局部相连词之间的特征，忽略非相连词之间的长距离相关性。研究发现在微博文本中存在极性转移，张小倩对极性转移现象进行了研究分析，将其大致分为强调、否定、转折三类。极性转移现象与非连续词的情感相关性密切相连。这种非连续词之间的相关性是传统卷积神经网络最大的限制。微博多为短文本，含有较少的特征信息，卷积神经网络在池化层进行特征选择时可能丢失较多的信息特征影响情感分析的准确性，并且卷积神经网络模型是将文本看作有序列的词语组合，仅考虑了文本的有序性信息而忽略了文本在语义上的结构性。结构化模型则试图将文本看作有结构的词语组合，使得在学习文本特征时能够充分保存文本的结构特征。

针对传统卷积神经网络进行情感分析时忽略了非连续词之间的相关性，为此将注意力机制应用到卷积神经网络模型的输入端以改善此问题。由于在短文本范畴，卷积神经网络前向传播过程中池化层特征选择存在丢失过多语义特征的可能性，为此在卷积神经网络的输出端融入树型的长短期记忆神经网络，通过添加句子结构特征加强深层语义学习。

深度学习是机器学习的一种，而机器学习是实现人工智能的必经路径。深度学习的概念源于人工神经网络的研究，含多个隐藏层的多层感知器就是一种深度学习结构。深度学习通过组合低层特征形成更加抽象的高层表示属性类别或特征，以发现数据的分布式特征表示。研究深度学习的动机在于建立模拟人脑进行分析学习的神经网络，它模仿人脑的机制来解释数据，例如图像、声音和文本等。

从一个输入中产生一个输出所涉及的计算可以通过一个流向图（flow graph）来表示：流向图是一种能够表示计算的图，在这种图中每一个节点表示一个基本的计算以及一个计算的值，计算的结果被应用到这个节点的子节点的值。考虑这样一个计算集合，它可以被允许在每一个节点和可能的图结构中，并定义了一个函数族。输入节点没有父节点，输出节点没有子节点。

这种流向图的一个特别属性是深度：从一个输入到一个输出的最长路径的长度。

传统的前馈神经网络能够被看作拥有等于层数的深度（比如对于输出层为隐层数加 1）。支持向量机有深度 2（一个对应于核输出或者特征空间，另一个对应于所产生输出的线性混合）。

人工智能研究的方向之一，是以所谓“专家系统”为代表的，用大量“如果-就”（If-then）规则定义的，自上而下的思路。人工神经网络标志着另外一种自下而上的思路。神经网络没有一个严格的正式定义。它的基本特点，是试图模仿大脑的神经元之间传递，处理信息的模式。

区别于传统的浅层学习，深度学习的不同在于：

（1）强调了模型结构的深度，通常有5层、6层，甚至10多层的隐层节点；

（2）明确了特征学习的重要性。也就是说，通过逐层特征变换，将样本在原空间的特征表示变换到一个新特征空间，从而使分类或预测更容易。与人工规则构造特征的方法相比，利用大数据来学习特征，更能够刻画数据丰富的内在信息。

通过设计建立适量的神经元计算节点和多层运算层次结构，选择合适的输入层和输出层，通过网络的学习和调优，建立起从输入到输出的函数关系，虽然不能100%找到输入与输出的函数关系，但是可以尽可能的逼近现实的关联关系。使用训练成功的网络模型，就可以实现我们对复杂事务处理的自动化要求。

深度学习在搜索技术、数据挖掘、机器学习、机器翻译、自然语言处理、多媒体学习、语音、推荐和个性化技术，以及其他相关领域都取得了很多成果。深度学习使机器模仿视听和思考等人类的活动，解决了很多复杂的模式识别难题，使得人工智能相关技术取得了很大进步。

1.2 相关研究分析

近年来，神经网络的应用大大提高了情感分类的准确率与效率。基于神经网络的方法自动学习特征表示，而无需大量的特征工程。研究者提出了各种神经网络模型，Socher等人将递归神经网络用于情感树的构建，提高了分类的准确率。Tang等采用循环神经网络建立篇章级循环神经网络模型，该模型相比标准的循环神经网络模型具有较高的优越性，在情感分类任务中取得了进步。Tai等改进标准的长短期记忆神经网络模型，引入树状长短期记忆神经网络模型，该模型建立了树状长短期记忆神经网络模型的网络拓扑结构，在情感分类任务中有较好的表现。这些方法在情感分析上取得了令人满意的结果。

Kim在2014年将卷积神经网络成功地应用在句子建模上。Kalchbrenner等人对卷积神经网络的结构进行优化，采用两个卷积层，并提出一种新的动态池化策略捕获句子内长距离词之间的相关性，以此提高情感语义的合成性能。Zhou等人结合卷积神经网络和长短期记忆神经网络，用卷积操作提取序列短语特征做为长短期记忆神经网络的输入最终获得句子表示。Zhou等人先用长短期记忆神经网络学习句子的历史信息，然后将每一时刻=的输出作为卷积神经网络的输入，不同的是其卷积神经网络采用二维的方式进行卷积核池化操作。

Pang和Lee等人在2008年就利用词袋模型对文本进行情感分析，随后许多人尝试设计更好的工程特征或者使用基于句法结构的极性转移规则来提升情感分析的准确率。这些模型都是基于词袋模型，无法获取到文本中的深层语义信息，因此效果并不理想。Santos 等人提出了更新的模型，将两个卷积层分别学习词语的构造特征和句子的语义特征，进行情感分析取得较好结果。Bahdanau 等人首次将注意力机制用到自然语言处理方面，处理源语言与当前目标语言之间的关联性。Socher 等人利用改进的递归模型获取句子语义特征，处理情感分析问题中语义合成的问题。考虑到递归神经网络独特的优势，

近几年，基于深度学习的方法在自然语言处理领域取得了许多成功。Zhou 等人提出了基于特定方面的关系分类模型，Yin 等人提出了基于特定目标的句子对建模模型，以及刘全等人提出了基于方面情感分析的深度分层网络模型。在训练过程中，这些方法可以提取出有关特定方面的特征信息，但通常一次仅仅能处理一个特定的方面。

机器学习是人工智能及模式识别领域的共同研究热点，其理论和方法已被广泛应用于解决工程应用和科学领域的复杂问题。2010 年的图灵奖获得者为哈佛大学的 Leslie Vlliant 教授，其获奖工作之一是建立了概率近似正确学习理论；2011 年的图灵奖获得者为加州大学洛杉矶分校的 Judea Pearll 教授，其主要贡献为建立了以概率统计为理论基础的人工智能方法。这些研究成果都促进了机器学习的发展和繁荣。

机器学习是研究怎样使用计算机模拟或实现人类学习活动的科学，是人工智能中最具智能特征，最前沿的研究领域之一。自 20 世纪 80 年代以来，机器学习作为实现人工智能的途径，在人工智能界引起了广泛的兴趣，特别是近十几年来，机器学习领域的研究工作发展很快，它已成为人工智能的重要课题之一。机器学习不仅在基于知识的系统中得到应用，而且在自然语言理解、非单调推理、机器视觉、模式识别等许多领域也得到了广泛应用。一个系统是否具有学习能力已成为是否具有“智能”的一个标志。机器学习的研究主要分为两类研究方向：第一类是传统机器学习的研究，该类研究主要是研究学习机制，注重探索模拟人的学习机制；第二类是大数据环境下机器学习的研究，该类研究主要是研究如何有效利用信息，注重从巨量数据中获取隐藏的、有效的、可理解的知识。

目前，机器学习历经 70 年的曲折发展，以深度学习为代表借鉴人脑的多分层结构、神经元的连接交互信息的逐层分析处理机制，自适应、自学习的强大并行信息处理能力，在很多方面收获了突破性进展，其中最有代表性的是图像识别领域。

机器学习方法在基于方面的情感分析任务中取得了很多成功，但需要对文本进行大规模的预处理和复杂的特征工程。深度学习在文本分类等多种自然语言处理任务中取得重大的突破，因为比机器学习方法有更好的效果，且极大地缓解了模型对人工规则和特征工程的依赖，因此它成为解决方面情感分析问题的主流。

深度学习结合方面信息或注意力机制，能在方面情感分类任务上取得更好的

分类性能。如 Xue 和 Li 提出一种基于门控机制的卷积神经网络模型，它应用了方面信息，即把不同的方面进行特定的向量化处理，并将方面信息与文本上下文的关联程度作为文本的特征表示，在速度和分类效果上得到提升。梁斌等人使用一种基于多注意力机制的卷积神经网络来解决方面情感分析问题，该网络结合了三种注意力机制，使模型能通过多种渠道获取文本有关特定方面的情感特征，判别出对应的情感极性。此外，Wang 等人提出了一种基于注意力机制的长短期记忆神经网络模型，该方法在输入层和长短期记忆神经网络隐藏层上同样加入了方面信息，也在加入了方面信息的长短期记忆神经网络隐藏层上使用注意力机制，高度关注有关特定方面的特征信息，在方面情感分析任务中能得到较好的情感分类效果。结合方面信息或注意力机制的深度神经网络模型，取得了比传统机器学习方法更好的分类效果，并且无需依存句法分析等额外的外部知识。然而，这些模型每次只能处理一个方面，而且不同方面共用一套注意力参数，不能有效提取特定方面的隐藏特征。

目前，已经提出很多方法来处理基于方面情感分析问题。传统的基于规则和词典的方法，大多数依靠情感词典的建立，性能好坏与规则和人工干预密不可分。基于机器学习的方法通过监督训练来构建机器学习分类器，但人工设计特征的分类器仍需要依赖复杂的人工规则和特征工程。近年来，由于无需特征工程就可以从数据中学习表示，深度学习在自然语言处理任务中越来越受欢迎。其中，长短期记忆神经网络可以解决梯度爆炸或消失的问题，被广泛应用于方面级情感分析。同时，结合注意力机制的神经网络模型在自然语言处理任务中取得了比传统方法更好的效果，加入注意力机制不仅可以提高阅读理解力，而且能关注句子的特定方面。但是对于中文评论尤其是长篇评论，其中会包含很多与方面情感判断无关的单词，会对方面情感分析的准确率产生影响。近年来，方面级情感分析任务取得了很好的发展，从各种研究中可以发现研究方面情感分析的关键因素主要有三个：结合上下文后方面词的语义信息、方面词与上下文词之间的相关性和方面词在上下文中的位置信息。考虑到所有三个关键因素，可以获得更好的效果，然而，尚未有模型充分考虑上述三个因素。研究发现不同位置的单词对特定方面的情感极性判断有不同的贡献，并且关键词总是位于方面的一侧，综合考虑方面情感分析的三个关键因素。

方面级情感分析是情感分类的一个分支，其目标是识别句子中某个特定方面的情感极性。在过去的一些研究中，基于规则的模型被应用于解决方面情感分析。Nasukawa 等首次提出对句子进行依赖句法分析，然后加入预先定义的规则从而判断某一方面的情感。Jiang 等提出目标依赖情感分析，通过基于句子的语法结构建立目标相关特征从而达到对特定目标的情感极性判断。这些与方面相关的特征与其他文本特征一起反馈到分类器（如支持向量机）中。

之后，多种基于神经网络的模型被应用于解决这类方面情感分析问题。典型模型是基于长短期记忆神经网络，目标深度长短期记忆神经网络在模型中使用两个长短期记忆神经网络从而模拟特定方面的上下文，此模型使用两个长短期记忆神经网络最后的隐藏层预测情感。为了更好捕捉句子的重要部分，长短期记忆神经网络作为循环神经网络的衍生模型已经成熟的应用到自然语言处理的模型构建当中，但长短期记忆神经网络在短文本和训练语料相对有限的情况下并没有展现出应有的优势。Wang 等人使用方面嵌入来生成注意力向量以此来关注句子的不同部分。在此基础上，Ma 等使用两个长短期记忆神经网络网络分别对句子和方面建模，他们进一步使用由句子生成的隐藏状态，通过池化操作来计算方面目标的注意力，能够同时关注到句子的重要部分和方面信息。这种方法与本文提出的模型相似，但是，池化操作会忽略句子与方面之间的词对交互。

1.3 研究意义与目的

目前主要通过分类的方法来解决复杂情感分析问题。分类方法是情感分析领域的重要研究内容之一。目前一些分类方法已经相对成熟，它们都是基于样本进行情感分析，分类精度可以自由选择作为评价目标，一般都能取得较好的分类效果。而将其应用于其他分析时，需要针对实际问题特点进行研究。尽管情感分析在实践领域如此重要，并且吸引了众多专家、学者的研究兴趣，但不可否认，近年来复杂情感分析技术的研究进展略显缓慢。

总体而言，目前复杂情感分析中应用较为广泛的技术可以分为：机器学习和深度学习。深度学习在搜索技术、数据挖掘、机器学习、机器翻译、自然语言处理、多媒体学习、语音、推荐和个性化技术，以及其他相关领域都取得了很多成果。深度学习使机器模仿视听和思考等人类的活动，解决了很多复杂的模式识别难题，使得人工智能相关技术取得了很大进步。

1.3.1 机器学习的研究意义与目的

机器学习（machine learning）是研究计算机怎样模拟或实现人类的学习行为，以获取新的知识或技能，重新组织已有的知识结构使之不断改善自身的性能。它是人工智能的核心，是使计算机具有智能的根本途径，其应用遍及人工智能的各个领域，它主要使用归纳、综合而不是演绎。

学习能力是智能行为的一个非常重要的特征，但至今对学习的机理尚不清楚。人们曾对机器学习给出各种定义。H. A. Simon 认为，学习是系统所作的适应性变化，使得系统在下一次完成同样或类似的任务时更为有效。R. s. Michalski 认为，学习是构造或修改对于所经历事物的表示。从事专家系统研制的人们则认为学习是知识的获取。这些观点各有侧重，第一种观点强调学习的外部行为效果，第二种则强调学习的内部过程，而第三种主要是从知识工程的实用性角度出发的。

机器学习在人工智能的研究中具有十分重要的地位。一个不具有学习能力的智能系统难以称得上是一个真正的智能系统，但是以往的智能系统都普遍缺少学习的能力。例如，它们遇到错误时不能自我校正；不会通过经验改善自身的性能；不会自动获取和发现所需要的知识。它们的推理仅限于演绎而缺少归纳，因此至多只能够证明已存在事实、定理，而不能发现新的定理、定律和规则等。随着人工智能的深入发展，这些局限性表现得愈加突出。正是在这种情形下，机器学习逐渐成为人工智能研究的核心之一。它的应用已遍及人工智能的各个分支，如专家系统、自动推理、自然语言理解、模式识别、计算机视觉、智能机器人等领域。其中尤其典型的是专家系统中的知识获取瓶颈问题，人们一直在努力试图采用机器学习的方法加以克服。

机器学习主要包括以下的步骤：

（1）选择训练经验的类型为系统的决策提供直接或间接的反馈。比如学习迷宫问题，每走一步，当前位置向某一方向是否能够走通为系统提供最直接的反馈，但是行走的最终目的地为系统提供了间接的反馈，它使行走不会偏离正确的方向。在文本分类中，典型利用反馈进行训练的算法包括 Rocchio 反馈算法，Widrow-Hoff 算法。

另外，学习器在多大程度上控制训练样例序列，包括消极学习，主动询问式学习，完全自主式学习，这些完全模仿了人类的学习方式。最后的一个问题是训练样例接近样本真实分布的程度，这对学习结果的最终评估有着重要意义倘若训练样例与实际分布相差太大，尽管在训练样例上表现出非常好的性能，但是仍可能在测试时性能不佳。

（2）选择目标函数提高学习的性能表现为学习某个特定的目标函数。在某些情况下最优的目标函数是不可操作的，只能退而求其次。对于任何分类而言，最优的目标函数是错误率最小，但是无论是对于简单的高斯密度分布而言还是仅仅求解错误率的上界口都不是一件很容易的事。在文本分类中，简单的寻求精确度和查全率最优，或采用两者的综合度量一。

最重要的是目标函数的逼近算法，很多优化算法，近似算法和进化算法等一些搜索算法均可用来对目标函数进行优化，在机器学习中很常见的和贝叶斯方法也被用到文本分类中。

总之，学习的过程即为搜索的过程，在假设空间中搜索最符合已有的训练样例和某些预先或先验的知识和约束。

最新的机器学习的优点：

（1）机器学习已成为新的学科，它综合应用了心理学、生物学、神经生理学、数学、自动化和计算机科学等形成了机器学习理论基础。

（2）融合了各种学习方法，且形式多样的集成学习系统研究正在兴起。

（3）机器学习与人工智能各种基础问题的统一性观点正在形成。

（4）各种学习方法的应用范围不断扩大，部分应用研究成果已转化为产品。

（5）与机器学习有关的学术活动空前活跃。

1.3.2　深度学习的研究意义与目的

近年来人工智能领域掀起了深度学习的浪潮，从学术界到工业界都热情高涨。深度学习尝试解决人工智能中抽象认知的难题，从理论分析和应用方面都获得了很大的成功。可以说深度学习是目前最接近人脑的智能学习方法。

深度学习可通过学习一种深层非线性网络结构，实现复杂函数逼近，并展现了强大的学习数据集本质和高度抽象化特征的能力。逐层初始化等训练方法显著提升了深层模型的可学习型。与传统的浅层模型相比，深层模型经过了若干层非线性变换，带给模型强大的表达能力，从而有条件为更复杂的任务建模。与人工特征工程相比，自动学习特征，更能挖掘出数据中丰富的内在信息，并具备更强的可扩展性。深度学习顺应了大数据的趋势，有了充足的训练样本，复杂的深层模型可以充分发挥其潜力，挖掘出海量数据中蕴含的丰富信息。强有力的基础设施和定制化的并行计算框架，让以往不可想象的训练任务加速完成，为深度学习走向实用奠定了坚实的基础。已有 Kaldi、Cuda-convnet、Caffe 等多个针对不同深度模型的开源实现，谷歌、Facebook、百度、腾讯等公司也实现了各自的并行化框架。

区别于传统的浅层学习，深度学习的不同在于：

（1）强调了模型结构的深度，通常有 5 层、6 层，甚至 10 多层的隐层节点；

（2）明确了特征学习的重要性。也就是说，通过逐层特征变换，将样本在原空间的特征表示变换到一个新特征空间，从而使分类或预测更容易。与人工规则构造特征的方法相比，利用大数据来学习特征，更能够刻画数据丰富的内在信息。

通过设计建立适量的神经元计算节点和多层运算层次结构，选择合适的输入层和输出层，通过网络的学习和调优，建立起从输入到输出的函数关系，虽然不能 100%找到输入与输出的函数关系，但是可以尽可能的逼近现实的关联关系。使用训练成功的网络模型，就可以实现我们对复杂事务处理的自动化要求。

典型的深度学习模型有卷积神经网络和堆栈自编码网络模型等。

深度学习引爆的这场革命，将人工智能带上了一个新的台阶，不仅学术意义巨大，而且实用性很强，深度学习将成为一大批产品和服务背后强大的技术引擎。

1.4 研究方向与研究内容

1.4.1 研究方法

现有的文本情感分析的途径大致可以集合成四类：关键词识别、词汇关联、统计方法和概念级技术。关键词识别是利用文本中出现的清楚定义的影响词，例如“开心”“难过”“伤心”“害怕”“无聊”等等，来影响分类。词汇关联除了侦查影响词以外，还附于词汇一个和某项情绪的“关联”值。统计方法通过调控机器学习中的元素，比如潜在语意分析，支持向量机，词袋，等等。一些更智能的方法意在探测出情感持有者（保持情绪状态的那个人）和情感目标（让情感持有者产生情绪的实体）。要想挖掘在某语境下的意见，或是获取被给予意见的某项功能，需要使用到语法之间的关系。语法之间互相的关联性经常需要通过深度解析文本来获取。与单纯的语义技术不同的是，概念级的算法思路权衡了知识表达的元素，比如知识本体、语意网络，因此这种算法也可以探查到文字间比较微妙的情绪表达。例如，分析一些没有明确表达相关信息的概念，但是通过他们对于明确概念的不明显联系来获取所求信息。

有很多开源软件使用机器学习（machine learning）、统计、自然语言处理的技术来计算大型文本集的情感分析，这些大型文本集合包括网页、网络新闻、网上讨论群、网络评论、博客和社交媒介。

（1）卷积神经网络模型。在无监督预训练出现之前，训练深度神经网络通常非常困难，而其中一个特例是卷积神经网络。卷积神经网络受视觉系统的结构启发而产生。第一个卷积神经网络计算模型是在 Fukushima 的神经认知机中提出的，基于神经元之间的局部连接和分层组织图像转换，将有相同参数的神经元应用于前一层神经网络的不同位置，得到一种平移不变神经网络结构形式。后来，Le Cun 等人在该思想的基础上，用误差梯度设计并训练卷积神经网络，在一些模式识别任务上得到优越的性能。至今，基于卷积神经网络的模式识别系统是最好的实现系统之一，尤其在手写体字符识别任务上表现出非凡的性能。

（2）深度信任网络模型。深度信任网络模型可以解释为贝叶斯概率生成模型，由多层随机隐变量组成，上面的两层具有无向对称连接，下面的层得到来自上一层的自顶向下的有向连接，最底层单元的状态为可见输入数据向量。深度信任网络模型由若 2F 结构单元堆栈组成，结构单元通常为受限玻尔兹曼机。堆栈中每个受限玻尔兹曼机单元的可视层神经元数量等于前一受限玻尔兹曼机单元的隐层神经元数量。根据深度学习机制，采用输入样例训练第一层受限玻尔兹曼机单元，并利用其输出训练第二层受限玻尔兹曼机模型，将受限玻尔兹曼机模型进行堆栈通过增加层来改善模型性能。在无监督预训练过程中，深度信任网络模型编码输入到顶层受限玻尔兹曼机后，解码顶层的状态到最底层的单元，实现输入的重构。受限玻尔兹曼机作为深度信任网络模型的结构单元，与每一层深度信任网络模型共享参数。

（3）堆栈自编码网络模型。堆栈自编码网络的结构与深度信任网络模型类似，由若干结构单元堆栈组成，不同之处在于其结构单元为自编码模型而不是受限玻尔兹曼机模型。自编码模型是一个两层的神经网络，第一层称为编码层，第二层称为解码层。

1.4.2　本书研究内容

本书借助于对文本中的词语所表达的情感，研究复杂情感分析的理论知识、复杂情感分析所有需要算法和复杂情感分析的应用。从而提高了复杂情感分析的效果，促进对文本中词语所要表达的感情的识别，进一步改善现实生活中的复杂情感分析预测问题。

本书的总体研究目标是通过识别文本中数据的固有结构，显著提高复杂文本预测的准确性，从而解决以往复杂文本词语分析方法解决复杂文本结构效果不佳的问题。按照处理文本的粒度不同，情感分析大致可分为词语级、句子级、篇章级三个研究层次。

1.4.2.1　词语级

词语的情感是句子或篇章级情感分析的基础。早期的文本情感分析主要集中在对文本正负极性的判断。词语的情感分析方法主要可归纳为三类：

（1）基于词典的分析方法；

（2）基于网络的分析方法；

（3）基于语料库的分析方法。

基于词典的分析方法利用词典中的近义、反义关系以及词典的结构层次，计算词语与正、负极性种子词汇之间的语义相似度，根据语义的远近对词语的情感进行分类。

基于网络的分析方法利用万维网的搜索引擎获取查询的统计信息，计算词语与正、负极性种子词汇之间的语义关联度，从而对词语的情感进行分类。

基于语料库的分析方法，运用机器学习的相关技术对词语的情感进行分类。机器学习的方法通常需要先让分类模型学习训练数据中的规律，然后用训练好的模型对测试数据进行预测。

1.4.2.2　句子级

由于句子的情感分析离不开构成句子的词语的情感，其方法划分为三大类：

（1）基于知识库的分析方法；

（2）基于网络的分析方法；

（3）基于语料库的分析方法。

我们在对文本信息中句子的情感进行识别时，通常创建的情感数据库会包含一些情感符号、缩写、情感词、修饰词等等。我们在具体的实验中会定义几种情感（生气、憎恨、害怕、内疚、感兴趣、高兴、悲伤等），对句子标注其中一种情感类别及其强度值来实现对句子的情感分类。

1.4.2.3 篇章级

篇章级别的情感分类是指定一个整体的情绪方向/极性，即确定该文章（例如，完整的在线评论）是否传达总体正面或负面的意见。在这种背景下，这是一个二元分类任务。它也可以是回归任务，例如，从 1 到 5 星的审查推断的总体评分。也可以认为这是一次 5 级分类任务。

我们可以将自然语言处理技术与模糊逻辑技术相结合，基于手动创建的模糊情感词典，对新闻故事和电影评论进行情感分析。定义情感种类，在模糊情感词典中标注情感类别及其强度。每个词语可以属于多个情感类别。在实验中，可以对比采用词频、与长度相关的特征、语义倾向、强调词和特殊符号等不同特征时的结果。最后对文章的主动性/被动性和积极/消极性进行了判断。

2 相关研究综述

本书在第一章中介绍了复杂情感分析的研究背景，并分析了复杂的情感分析中存在的问题。这些问题都是引起传统分类算法等其他算法应用于复杂情感分析存在分类效果不佳的原因。情感分析在实践领域广泛存在，并且非常重要，因此吸引了众多专家、学者的研究兴趣。鉴于解决情感分析问题有着深远的意义，研究者对该问题从多个方面进行了大量的研究。所以本章将结合本书的主要研究内容，分别对复杂情感分析的理论、复杂情感分析的分类算法和情感分析的评价指标三个领域的研究进行综述，并对这些研究应用于复杂情感分析时存在的优势和不足进行相应的说明，同时对本书的研究内容进行了铺垫。

2.1 复杂情感分析的理论研究

本书主要研究的情感分析是关于微博等短文本语言极性的研究。文本情感分析的一个基本步骤是对文本中的某段已知文字的两极性进行分类，这个分类可能是在句子级、功能级。分类的作用就是判断出此文字中表述的观点是积极的、消极的，还是中性的情绪。更高级的“超出两极性”的情感分析还会寻找更复杂的情绪状态，比如“生气”“悲伤”“快乐”等等。

在文本情感分析领域，早期做出研究贡献的有 Turney 和 Pang，他们运用了多种方法探测商品评论和电影影评的两极观点。此研究是建立在文档级所进行的分析。另一种文档意见的分类方式可以是多重等级的，Pang 和 Snyder（among others）：延伸了早先的基础两极意见研究，将电影影评分类并预测为 3 至 4 星的多重级别，而 Snyder 就餐馆评论做了个深度分析，从多种不同方面预测餐馆的评分，比如食物、气氛等等（在一个 5 星的等级制度上）。尽管在大多数统计方面的分类方式中，“中性”类是经常被忽略的，因为“中性”类的文本经常是处于一个两极分类的边缘地带，但是很多研究者指出，在每个两极化问题当中，都应该识别出三个不同的类别。进一步地说，一些现有的分类方式例如 Max Entropy 和 SVM 可以证明，在分类过程中区分出“中性”类可以帮助提高分类算法的整体准确率。

另一种判定文本情绪的方法是利用比例换算系统。当一个词普遍被认为跟消极、中性或是积极的情感有关联时，将这个词赋予一个 -10 ~ +10 之中的数字级别（最消极到最正向情感），在使用自然语言处理来分析一个非结构化文本数据后，余下的概念也可以被分析来得出词与概念的相关性。接下来，每一个概念都可以被赋予一个分数，这个分数是基于情感词汇和这个概念的关联度，以及他们本身的分数而得出的。这个方法让文本情感的理解晋升到一个更加智能的层面，并且是基于一个 11 分的等级范围的。另外一种方法是，计算出文本正向的和消极的情感力度分数，如果研究的目的是要判定一个文本的感情，而不是总体文本集的两极分布或文字的力度。

另一个研究方向是“主观/客观识别”。这个研究通常被定义为将一个已知文本（一般是句子）分类成两个类：主观和客观。这个问题有些时候比两极化分类问题更难解决。主观词汇和短语可能是基于前后文语意联系，而一个客观文档有可能包含主观语句（e.g. 一篇新闻引用了某人的观点）。此外，Su 也曾提到过，得到的结论在很大程度上依赖于注释文本时对“主观”的定义。不过，Pang 证实了如果两极分类前去除文件中的客观语句，会提高算法的表现。

一个更加优化的分析模型叫做“功能/属性为基础的情感分析（feature/aspect-based sentiment analysis）”。这是指判定针对一个实体在某一个方面或者某一功能下表现出来的意见或是情感，举一个简单的例子：一个实体可能是一个手机，一个电子相机，或者空白。一个“功能”或者“方面”是一件实体的某个属性或者组成部分，再举一个例子：一个手机的屏幕，一个相机的成像质量，等等。这个问题涉及若干个子问题，譬如，识别相关的实体，提取他们的功能/属性，然后判断是否在提及这个功能/属性时有正面或者负面或者中性的情绪或意见。

2.2 复杂情感分析的算法研究

在自然语言处理方向，对语料库的处理主要是在词、句子、段落文档等三个层次上进行。迄今为止，解决复杂情感分析问题的策略可以分为两大类：一类是从训练集入手，通过改变训练集样本分布，改变对文本词语的极性分布，降低文本词语的复杂程度；另一类是从分类算法入手，根据算法在解决复杂去情感分析问题时的缺陷，适当地修改算法使之适应复杂分类问题，或者根据复杂情感分析的特点设计新的学习算法。虽然复杂情感分析的理论基础尚未完善，但已经有虚度复杂情感分析的方法被提出。这些方法综合来说主要包括分类算法、回归算法、聚类算法、关联分析、注意力机制、门控循环单元网络、长短期记忆神经网络、词袋模型等。

2.2.1 关联分析

关联分析又称关联挖掘，就是在交易数据、关系数据或其他信息载体中，查找存在于项目集合或对象集合之间的频繁模式、关联、相关性或因果结构。或者说，关联分析是发现交易数据库中不同商品（项）之间的联系。

关联分析是一种简单、实用的分析技术，就是发现存在于大量数据集中的关联性或相关性，从而描述了一个事物中某些属性同时出现的规律和模式。

关联分析是从大量数据中发现项集之间有趣的关联和相关联系。关联分析的一个典型例子是购物篮分析。该过程通过发现顾客放入其购物篮中的不同商品之间的联系，分析顾客的购买习惯。通过了解哪些商品频繁地被顾客同时购买，发现商品之间的关联可以帮助零售商制定营销策略。其他的应用还包括价目表设计、商品促销、商品的排放和基于购买模式的顾客划分。可从数据库中关联分析出形如“由于某些事件的发生而引起另外一些事件的发生”之类的规则。如“67%的顾客在购买啤酒的同时也会购买尿布”，因此通过合理的啤酒和尿布的货架摆放或捆绑销售可提高超市的服务质量和效益。又如“C语言”课程优秀的同学，在学习“数据结构”时为优秀的可能性达88%，那么就可以通过强化“C语言”的学习来提高教学效果。

关于关联分析，举一个简单的例子：图2-1是一个超市几名顾客的交易信息。

编号	条　目
001	可乐，鸡蛋，火腿
002	可乐，尿布，啤酒
003	可乐，尿布，啤酒，火腿
004	尿布，啤酒

图2-1　关联分析的例子

编号代表交易流水号，条目代表一次交易的商品。

我们对这个数据集进行关联分析，可以找出关联规则{尿布}→{啤酒}。

它代表的意义是：购买了尿布的顾客会购买啤酒。这个关系不是必然的，但是可能性很大，这就已经足够用来辅助商家调整尿布和啤酒的摆放位置了，例如摆放在相近的位置，进行捆绑促销来提高销售量。

（1）事务：每一条交易称为一个事务，例如图2-1中的数据集就包含四个事务。

（2）项：交易的每一个物品称为一个项，例如可乐、鸡蛋等。

（3）项集：包含零个或多个项的集合叫做项集，例如{可乐，鸡蛋，火腿}。

(4) k-项集：包含 k 个项的项集叫做 k-项集，例如 {可乐} 叫做 1-项集，{可乐，鸡蛋} 叫做 2-项集。

(5) 支持度计数：一个项集出现在几个事务当中，它的支持度计数就是几。例如 {尿布，啤酒} 出现在事务 002、003 和 004 中，所以它的支持度计数是 3。

(6) 支持度：支持度计数除于总的事务数。例如上例中总的事务数为 4，{尿布，啤酒} 的支持度计数为 3，所以它的支持度是 3÷4=75%，说明有 75%的人同时买了尿布和啤酒。

(7) 频繁项集：支持度大于或等于某个阈值的项集就叫做频繁项集。例如阈值设为 50%时，因为 {尿布，啤酒} 的支持度是 75%，所以它是频繁项集。

(8) 前件和后件：对于规则 {尿布}→{啤酒}，{尿布} 叫做前件，{啤酒} 叫做后件。

(9) 置信度：对于规则 {尿布}→{啤酒}，{尿布，啤酒} 的支持度计数除于 {尿布} 的支持度计数，为这个规则的置信度。例如规则 {尿布}→{啤酒} 的置信度为 3÷3=100%。说明买了尿布的人 100%也买了啤酒。

(10) 强关联规则：大于或等于最小支持度阈值和最小置信度阈值的规则叫做强关联规则。关联分析的最终目标就是要找出强关联规则。

2.2.2 注意力机制

最近两年，注意力模型（attention model）被广泛使用在自然语言处理、图像识别及语音识别等各种不同类型的深度学习任务中，是深度学习技术中最值得关注与深入了解的核心技术之一。

注意力机制（attention mechanism）模仿了生物观察行为的内部过程，即一种将内部经验和外部感觉对齐从而增加部分区域的观察精细度的机制。注意力机制可以快速提取稀疏数据的重要特征，因而被广泛用于自然语言处理任务，特别是机器翻译。而自注意力机制是注意力机制的改进，其减少了对外部信息的依赖，更擅长捕捉数据或特征的内部相关性。

注意力机制源于对人类视觉的研究。在认知科学中，由于信息处理的瓶颈，人类会选择性地关注所有信息的一部分，同时忽略其他可见的信息。上述机制通常被称为注意力机制。人类视网膜不同的部位具有不同程度的信息处理能力，即敏锐度，只有视网膜中央凹部位具有最强的敏锐度。为了合理利用有限的视觉信息处理资源，人类需要选择视觉区域中的特定部分，然后集中关注它。例如，人们在阅读时，通常只有少量要被读取的词会被关注和处理。综上，注意力机制主要有两个方面：决定需要关注输入的哪部分；分配有限的信息处理资源给重要的部分。

注意力机制的一种非正式的说法是，神经注意力机制可以使得神经网络具备专注于其输入（或特征）子集的能力：选择特定的输入。注意力可以应用于任何类型的输入而不管其形状如何。在计算能力有限情况下，注意力机制是解决信息超载问题的主要手段的一种资源分配方案，将计算资源分配给更重要的任务。

注意力一般分为两种：一种是自上而下的有意识的注意力，称为聚焦式注意力，聚焦式注意力是指有预定目的、依赖任务的、主动有意识地聚焦于某一对象的注意力；另一种是自下而上的无意识的注意力，称为基于显著性的注意力，基于显著性的注意力是由外界刺激驱动的注意，不需要主动干预，也和任务无关。如果一个对象的刺激信息不同于其周围信息，一种无意识的“赢者通吃”或者门控机制就可以把注意力转向这个对象。不管这些注意力是有意还是无意，大部分的人脑活动都需要依赖注意力，比如记忆信息，阅读或思考等。

在认知神经学中，注意力是一种人类不可或缺的复杂认知功能，指人可以在关注一些信息的同时忽略另一些信息的选择能力。在日常生活中，我们通过视觉、听觉、触觉等方式接收大量的感觉输入。但是我们的人脑可以在这些外界的信息轰炸中还能有条不紊地工作，是因为人脑可以有意或无意地从这些大量输入信息中选择小部分的有用信息来重点处理，并忽略其他信息。这种能力就叫做注意力。注意力可以体现为外部的刺激（听觉、视觉、味觉等），也可以体现为内部的意识（思考、回忆等）。

在注意力机制的发展过程中，由于不断的发展与改进，逐渐对注意力机制进行变体。简单介绍一下以下几种变体。多头注意力是利用多个查询，来平行地计算从输入信息中选取多个信息。每个注意力关注输入信息的不同部分。硬注意力，即基于注意力分布的所有输入信息的期望。还有一种注意力是只关注到一个位置上，叫做硬性注意力。

硬性注意力有两种实现方式：一种是选取最高概率的输入信息；另一种硬性注意力可以通过在注意力分布式上随机采样的方式实现。硬性注意力的一个缺点是基于最大采样或随机采样的方式来选择信息。因此最终的损失函数与注意力分布之间的函数关系不可导，因此无法使用在反向传播算法进行训练。为了使用反向传播算法，一般使用软性注意力来代替硬性注意力。

键值对注意力：更一般地，我们可以用键值对格式来表示输入信息，其中“键”用来计算注意力分布，“值”用来生成选择的信息。

结构化注意力：要从输入信息中选取出和任务相关的信息，主动注意力是在所有输入信息上的多项分布，是一种扁平结构。如果输入信息本身具有层次结构，比如文本可以分为词、句子、段落、篇章等不同粒度的层次，我们可以使用层次化的注意力来进行更好的信息选择。此外，还可以假设注意力上下文相关的二项分布，用一种图模型来构建更复杂的结构化注意力分布。

在这里简单介绍两项注意力机制的应用：

（1）神经机器翻译。注意力机制最成功的应用是机器翻译。基于神经网络的机器翻译模型也叫做神经机器翻译（Neural Machine Translation，NMT）。一般的神经机器翻译模型采用“编码-解码”的方式进行序列到序列的转换。这种方式有两个问题：一是编码向量的容量瓶颈问题，即源语言所有的信息都需要保存在编码向量中，才能进行有效地解码；二是长距离依赖问题，即编码和解码过程中在长距离信息传递中的信息丢失问题。通过引入注意力机制，我们将源语言中每个位置的信息都保存下来。在解码过程中生成每一个目标语言的单词时，我们都通过注意力机制直接从源语言的信息中选择相关的信息作为辅助。这样的方式就可以有效地解决上面的两个问题。一是无需让所有的源语言信息都通过编码向量进行传递，在解码的每一步都可以直接访问源语言的所有位置上的信息；二是源语言的信息可以直接传递到解码过程中的每一步，缩短了信息传递的距离。

（2）图像描述生成。图像描述生成是输入一幅图像，输出这幅图像对应的描述。图像描述生成也是采用“编码-解码”的方式进行。编码器为一个卷积网络，提取图像的高层特征，表示为一个编码向量；解码器为一个循环神经网络语言模型，初始输入为编码向量，生成图像的描述文本。在图像描述生成的任务中，同样存在编码容量瓶颈以及长距离依赖这两个问题，因此也可以利用注意力机制来有效地选择信息。在生成描述的每一个单词时，循环神经网络的输入除了前一个词的信息，还有利用注意力机制来选择一些来自于图像的相关信息。

2.2.3 循环神经网络

循环神经网络（Recurrent Neural Network，RNN）是一类以序列数据为输入，在序列的演进方向进行递归且所有节点（循环单元）按链式连接的递归神经网络。

对循环神经网络的研究始于20世纪80~90年代，并在21世纪初发展为深度学习算法之一，其中双向循环神经网络（Bidirectional RNN，Bi-RNN）和长短期记忆网络（Long Short-Term Memory，LSTM）是常见的的循环神经网络。

循环神经网络具有记忆性、参数共享并且图灵完备，因此在对序列的非线性特征进行学习时具有一定优势。循环神经网络在自然语言处理（Natural Language Processing，NLP），例如语音识别、语言建模、机器翻译等领域有应用，也被用于各类时间序列预报。引入了卷积神经网络（Convoutional Neural Network，CNN）构筑的循环神经网络可以处理包含序列输入的计算机视觉问题。

1933年，西班牙神经生物学家Rafael Lorente de Nó发现大脑皮层的解剖结构允许刺激在神经回路中循环传递，并由此提出反响回路假设。该假说在同时期的一系列研究中得到认可，被认为是生物拥有短期记忆的原因。随后神经生物学的进一步研究发现，反响回路的兴奋和抑制受大脑阿尔法节律调控，并在α-运动神经中形成循环反馈系统。在 20 世纪 70~80 年代，为模拟循环反馈系统而建立的各类数学模型为循环神经网络的发展奠定了基础。

1982 年，美国学者 John Hopfield 基于 Little（1974 年）的神经数学模型使用二元节点建立了具有结合存储能力的神经网络，即 Hopfield 神经网络。Hopfield 网络是一个包含外部记忆的循环神经网络，其内部所有节点都相互连接，并使用能量函数进行学习。由于 Hopfield（1982 年）使用二元节点，因此在推广至序列数据时受到了限制，但其工作受到了学界的关注，并启发了其后的循环神经网络研究。

1986 年，Michael I. Jordan 基于 Hopfield 网络的结合存储概念，在分布式并行处理理论下建立了新的循环神经网络，即 Jordan 网络。Jordan 网络的每个隐含层节点都与一个“状态单元”相连以实现延时输入，并使用 logistic 函数作为激励函数。Jordan 网络使用反向传播算法（Back-Probagation，BP）进行学习，并在测试中成功提取了给定音节的语音学特征。之后在 1990 年，Jeffrey Elman 提出了第一个全连接的循环神经网络、Elman 网络。Jordan 网络和 Elman 网络是最早出现的面向序列数据的循环神经网络，由于二者都从单层前馈神经网络出发构建递归连接，因此也被称为简单循环网络（Simple Recurrent Network，SRN）。

在简单循环网络出现的同一时期，循环神经网络的学习理论也得到发展。在反向传播算法的研究受到关注后，学界开始尝试在反向传播算法框架下对循环神经网络进行训练。1989 年，Ronald Williams 和 David Zipser 提出了循环神经网络的实时循环学习。随后 Paul Werbos 在 1990 年提出了循环神经网络的随时间反向传播（BP Through Time，BPTT），实时循环学习和随时间反向传播被沿用至今，是循环神经网络进行学习的主要方法。

1991 年，Sepp Hochreiter 发现了循环神经网络的长期依赖问题，即在对序列进行学习时，循环神经网络会出现梯度消失和梯度爆炸现象，无法掌握长时间跨度的非线性关系。为解决长期依赖问题，大量优化理论得到引入并衍生出许多改进算法，包括神经历史压缩器、长短期记忆网络、门控循环单元网络、回声状态网络、独立循环神经网络等。

在应用方面，循环神经网络自诞生之初就被应用于语音识别任务，但表现并不理想，因此在 20 世纪 90 年代早期，有研究尝试将简单循环网络与其他概率模型，例如隐马尔可夫模型相结合以提升其可用性。双向循环神经网络和双向长短期记忆神经网络的出现提升了循环神经网络对自然语言处理的能力，但在 20 世纪 90 年代，基于循环神经网络的有关应用没有得到大规模推广。21 世纪后，随着深度学习方法的成熟，数值计算能力的提升以及各类特征学习技术的出现，拥有复杂构筑的深度循环神经网络开始在自然语言处理问题中展现出优势，并成为可在语音识别、语言建模等现实问题中应用的算法。

在传统的神经网络中，输入是相互独立的，但是在循环神经网络中则不是这样。一条语句可以被视为循环神经网络的一个输入样本，句子中的字或者词之间是有关系的，后面字词的出现要依赖于前面的字词。循环神经网络被称为并发的，是因为它以同样的方式处理句子中的每个字词，并且对后面字词的计算依赖于前面的字词。

循环神经网络，是非线性动态系统，将序列映射到序列，主要参数有五个：$[W_{hv}, W_{hh}, W_{oh}, b_h, b_o, h_0]$ $[W_{hv}, W_{hh}, W_{oh}, b_h, b_o, h_0]$，典型的结构如图 2-2 所示。

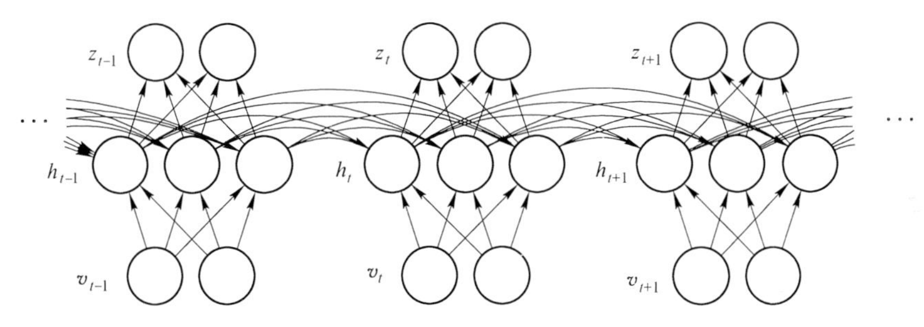

图 2-2 循环神经网络结构图

（1）和普通神经网络一样，循环神经网络有输入层输出层和隐含层，不一样的是循环神经网络在不同的时间 t 会有不同的状态，其中 $t-1$ 时刻隐含层的输出会作用到 t 时刻的隐含层。

（2）参数意义是：W_{hv}：输入层到隐含层的权重参数，W_{hh}：隐含层到隐含层的权重参数，W_{oh}：隐含层到输出层的权重参数，b_h：隐含层的偏移量，b_o：输出层的偏移量，h_0：起始状态的隐含层的输出，一般初始为 0。

（3）不同时间的状态共享相同的权重 w 和偏移量 b。

循环神经网络的关键点之一就是它们可以用来连接先前的信息到当前的任务上。如果循环神经网络可以做到这个，它们就变得非常有用。但是真的可以么？答案是，还有很多依赖因素。

有时候，我们仅仅需要知道先前的信息来执行当前的任务。例如，我们有一个语言模型用来基于先前的词来预测下一个词。如果我们试着预测“the clouds are in the sky”最后的词，我们并不需要任何其他的上下文，下一个词很显然就应该是 sky。在这样的场景中，相关的信息和预测的词位置之间的间隔是非常小的，循环神经网络可以学会使用先前的信息。

但是同样会有一些更加复杂的场景。假设我们试着去预测“I grew up in France… I speak fluent French”最后的词。当前的信息建议下一个词可能是一种语言的名字，但是如果我们需要弄清楚是什么语言，我们是需要先前提到的离当前位置很远的 France 的上下文的。这说明相关信息和当前预测位置之间的间隔就肯定变得相当的大（见图 2-3）。

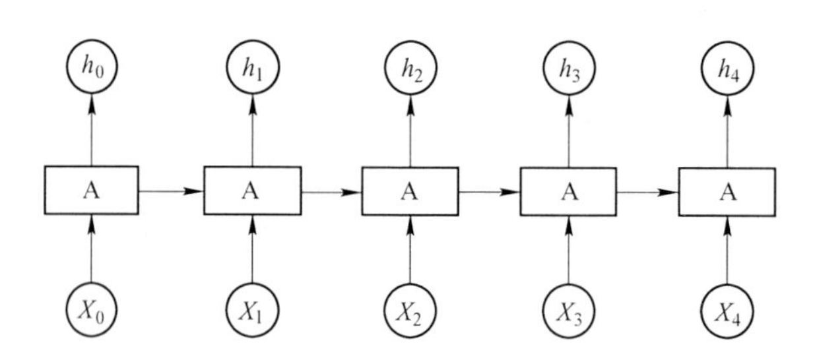

图 2-3　不太长的相关信息和位置间隔

不幸的是，在这个间隔不断增大时，循环神经网络会丧失学习到连接如此远的信息的能力（见图 2-4）。

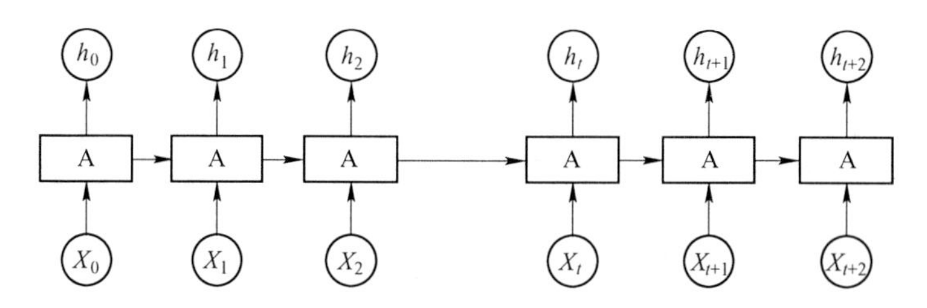

图 2-4　相当长的相关信息和位置间隔

在理论上，循环神经网络绝对可以处理这样的长期依赖问题。人们可以仔细挑选参数来解决这类问题中的最初级形式，但在实践中，循环神经网络肯定不能够成功学习到这些知识。Bengio 等人对该问题进行了深入的研究，他们发现一些使训练循环神经网络变得非常困难的相当根本的原因。

一般神经网络隐层的计算是 $h=g(w*x)$，其中 g 是激活函数，相比于一般神经网络，循环神经网络需要考虑之前序列的信息，因此它的隐藏 h 的计算除了当前输入还要考虑上一个状态的隐藏，$h=g(w*x+w'*h')$，其中 h' 是上一次计算的隐层，可见信息传递是通过隐层完成的。

循环神经网络的应用域有如下几点：

（1）自然语言处理。自然语言数据是典型的序列数据，因此对序列数据学习有一定优势的循环神经网络在自然语言处理问题中有得到应用。在语音识别中，循环神经网络可被应用于端到端建模，例如有研究使用长短期记忆神经网络单元构建的双向深度循环神经网络成功进行了英语文集 TIMIT 的语音识别，其识别准确率超过了同等条件的隐马尔可夫模型和深度前馈神经网络。

循环神经网络是机器翻译（Machine Translation，MT）的主流算法之一，并形成了区别于“统计机器翻译”的“神经机器翻译（neural machine translation）”方法。有研究使用端到端学习的长短期记忆神经网络成功对法语-

英语文本进行了翻译，也有研究将卷积 n 元模型（convolutional n-gram model）与循环神经网络相结合进行机器翻译。有研究认为，按编码器-解码器形式组织的长短期记忆神经网络能够在翻译中考虑语法结构。

基于上下文连接的循环神经网络，被大量用语言建模（language modeling）问题。有研究在字符层面（character level）的语言建模中，将循环神经网络与卷积神经网络相结合并取得了良好的学习效果。循环神经网络也是语义分析(sentiment analysis)的工具之一，被应用于文本分类、社交网站数据挖掘等场合。

在语音合成（speech synthesis）领域，有研究将多个双向长短期记忆神经网络相组合建立了低延迟的语音合成系统，成功将英语文本转化为接近真实的语音输出。循环神经网络也被用于端到端文本-语音（Text-To-Speech，TTS）合成工具的开发，例子包括 Tacotron、Merlin 等。

（2）计算机视觉。循环神经网络与卷积神经网络向结合的系统在计算机视觉问题中有一定应用，例如在字符识别（text recognition）中，有研究使用卷积神经网络对包含字符的图像进行特征提取，并将特征输入长短期记忆神经网络进行序列标注。对基于视频的计算机视觉问题，例如行为认知（action recognition）中，循环神经网络可以使用卷积神经网络逐帧提取的图像特征进行学习。

（3）其他。在计算生物学（computational biology）领域，深度循环神经网络被用于分析各类包含生物信息的序列数据，有关主题包括在 DNA 序列中识别分割外显子（exon）和内含子（intron）的断裂基因（split gene）、通过 RNA 序列识别小分子 RNA（microRNA）、使用蛋白质序列进行蛋白质亚细胞定位（subcellular location of proteins）预测等。

在地球科学（earth science）领域，循环神经网络被用于时间序列变量的建模和预测。使用长短期记忆神经网络建立的水文模型（hydrological model）对土壤湿度的模拟效果与陆面模式相当。而基于长短期记忆神经网络的降水-径流模式（rainfall-runoff model）所输出的径流量与美国各流域的观测结果十分接近。在预报方面，有研究将地面遥感数据作为输入，使用循环卷积神经网络进行单点降水的临近预报（nowcast）。

（4）包含循环神经网络的编程模块。现代主流的机器学习库和界面，包括 TensorFlow、Keras、Thenao、Microsoft-CNTK 等都支持运行循环神经网络。此外有基于特定数据的循环神经网络构建工具，例如面向音频数据开发的 auDeep 等。

2.2.4 长短期记忆网络

长短期记忆网络（Long Short-Term Memory networks，长短期记忆神经网络）是为了解决循环神经网络中的反馈消失问题而被提出的模型，它也可以被视为循环神经网络的一个变种。与循环神经网络相比，增加了 3 个门：input（输入）

门，forget（遗忘）门和 output（输出）门，门的作用就是为了控制之前的隐藏状态、当前的输入等各种信息，确定哪些该丢弃，哪些该保留，如图 2-5 所示。

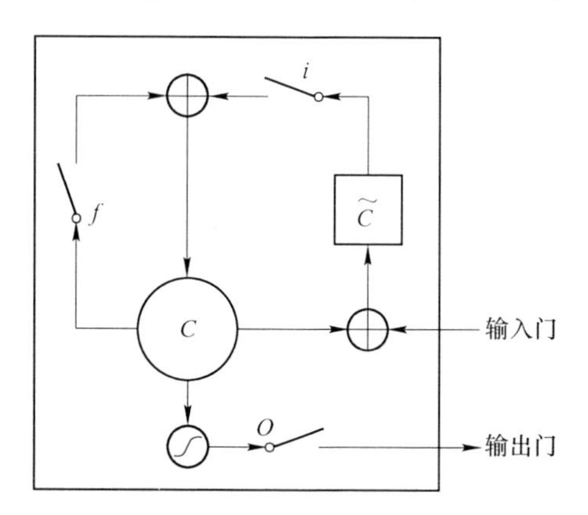

图 2-5　长短期记忆网络

由上面普通循环神经网络可以知道，每个状态下的循环神经网络输入实际有两个，上一个隐藏 h'以及当前输入 x。循环神经网络有个问题是对序列中的各个状态都是等同对待的，如果某个状态很重要，是无法长期影响后面的输出的。长短期记忆神经网络为了解决这个问题提出了类似于门控的想法，三个门控信号均有 h'和 x 计算得到，分别是遗忘门、记忆门和输出门。遗忘门和记忆门用来融合当前候选隐层状态和上一时刻的隐层状态得到“传递信息”，最后在输出门的控制下根据当前“传递信息”再计算一个隐层和输出层。

一般认为，长短期记忆神经网络和门控循环单元之间并没有明显的优胜者。因为门控循环单元具有较少的参数，所以训练速度快，而且所需要的样本也比较少。而长短期记忆神经网络具有较多的参数，比较适合具有大量样本的情况，可能会获得较优的模型。

长短期记忆神经网络是一种含有长短期记忆神经网络区块（blocks）或其他的一种类神经网络，文献或其他资料中长短期记忆神经网络区块可能被描述成智能网络单元，因为它可以记忆不定时间长度的数值，区块中有一个 gate 能够决定输入是否重要到能被记住及能不能被输出。

图 2-6 底下是四个 S 函数单元，最左边函数依情况可能成为区块的 input，右边三个会经过 gate 决定 input 是否能传入区块，左边第二个为 input gate，如果这里产出近似于零，将把这里的值挡住，不会进到下一层。左边第三个是 forget gate，当这产生值近似于零，将把区块里记住的值忘掉。第四个也就是最右边的 input 为 output gate，他可以决定在区块记忆中的 input 是否能输出。

长短期记忆神经网络有很多个版本，其中一个重要的版本是门控循环单元（gated recurrent unit），根据谷歌的测试表明，长短期记忆神经网络中最重要的是

Forget gate，其次是 Input gate，最次是 Output gate。

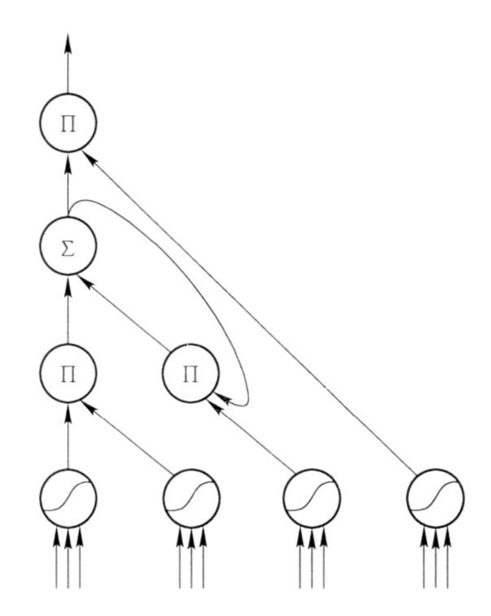

图 2-6 长短期记忆神经网络的 input

为了最小化训练误差，梯度下降法（gradient descent）如：应用时序性倒传递算法，可用来依据错误修改每次的权重。梯度下降法在递回神经网络（循环神经网络）中主要的问题初次在 1991 年发现，就是误差梯度随着事件间的时间长度成指数般的消失。当设置了长短期记忆神经网络区块时，误差也随着倒回计算，从 output 影响回 input 阶段的每一个 gate，直到这个数值被过滤掉。因此正常的倒传递类神经是一个有效训练长短期记忆神经网络区块记住长时间数值的方法。

长短期记忆神经网络网络的变体在这里介绍两种：双向循环神经网络和深层循环神经网络。

双向循环神经网络的主体结构是由两个单向循环神经网络组成的。在每一个时刻 t，输入会同时提供给这两个方向相反的循环神经网络，而输出则是由这两个单向循环神经网络共同决定。

2.2.5 门控循环单元

门控循环单元（gate recurrent unit）是循环神经网络（recurrent neural network）的一种。和长短期记忆神经网络（long-short term memory）一样，也是为了解决长期记忆和反向传播中的梯度等问题而提出来的。在短文本的复杂情感分析中通过使用门控循环单元编码解码器可以实现无监督的句嵌入算法，其相对于有监督的方法，在自然语言处理方面更具有通用性。

门控循环单元具有与长短期记忆神经网络类似的结构，但是更为简化，如图 2-7 所示。

上面说的长短期记忆神经网络有好几个门，实际上有部分门是可以共用的，比如遗忘门和记忆门在门控循环单元里面叫更新门；另外，输出门被移到下方用

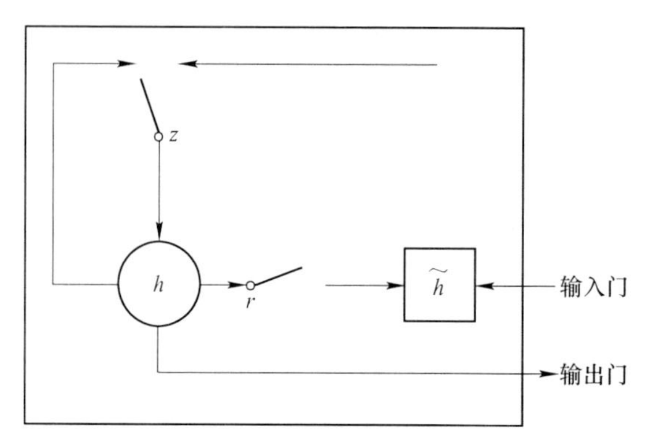

图 2-7 门控循环单元

来计算候选隐藏状态，在门控循环单元里面叫重置门，重置门有助于捕捉时间序列里短期的依赖关系，更新门有助于捕捉时间序列里长期的依赖关系。

与长短期记忆神经网络相比，门控循环单元存在着下述特点：

（1）门数不同。门控循环单元只有两个门 reset 门 r 和 update 门 z。

（2）在门控循环单元中，r 和 z 共同控制了如何从之前的隐藏状态（st-1）计算获得新的隐藏状态（st），而取消了长短期记忆神经网络中的 output 门。

（3）如果 reset 门为 1，而 update 门为 0 的话，则门控循环单元完全退化为一个循环神经网络。

门控循环单元向前传播：

根据上面的门控循环单元的模型图，我们来看看网络的前向传播公式：

$$r_t = \sigma(W_r \cdot [h_{t-1}, x_t])$$

$$z_t = \sigma(W_z \cdot [h_{t-1}, x_t])$$

$$\tilde{h}_t = \tanh(W_{\tilde{h}} \cdot [r_t * h_{t-1}, x_t])$$

$$h_t = (1 - z_t) * h_{t-1} + z_t * \tilde{h}_t$$

$$y_t = \sigma(W_o \cdot h_t)$$

其中，[ ] 表示两个向量相连；* 表示矩阵的乘积。

门控循环单元的训练过程：

从前向传播过程中的公式可以看出要学习的参数有 W_r、W_z、W_h、W_o。其中前三个参数都是拼接的（因为后先的向量也是拼接的），所以在训练的过程中需要将他们分割出来：

$$W_r = W_{rx} + W_{rh}$$

$$W_z = W_{zx} + W_{zh}$$

$$W_{\tilde{h}} = W_{\tilde{h}x} + W_{\tilde{h}h}$$

输出层的输入：

$y_t^i = W_o h$ 输出层的输出：

$$Ey_t^o = \sigma(y_t^i)$$

在得到最终的输出后，就可以写出网络传递的损失，单个样本某时刻的损失为：

$$E_t = \frac{1}{2}(y_d - y_t^o)^2$$

则单个样本的在所有时刻的损失为：

$$E = \sum_{t=1}^{T} E_t$$

采用后向误差传播算法来学习网络，所以先得求损失函数对各参数的偏导（总共有7个）：

$$\frac{\partial E}{\partial W_o} = \delta_{y,t} h_t$$

$$\frac{\partial E}{\partial W_{zx}} = \delta_{z,t} x_t$$

$$\frac{\partial E}{\partial W_{zh}} = \delta_{z,t} h_{t-1}$$

$$\frac{\partial E}{\partial W_{\tilde{h}x}} = \delta_t x_t$$

$$\frac{\partial E}{\partial W_{\tilde{h}h}} = \delta_t (r_t \cdot h_{t-1})$$

$$\frac{\partial E}{\partial W_{rx}} = \delta_{r,t} x_t$$

$$\frac{\partial E}{\partial W_{rh}} = \delta_{r,t} h_{t-1}$$

其中各中间参数为：

$$\delta_{y,t} = (y_d - y_t^o) \cdot \sigma'$$

$$\delta_{h,t} = \delta_{y,t} W_o + \delta_{z,t+1} W_{zh} + \delta_{t+1} W_{\tilde{h}h} \cdot r_{t+1} + \delta_{h,t+1} W_{rh} + \delta_{h,t+1} \cdot (1 - z_{t+1})$$

$$\delta_{z,t} = \delta_{t,h} \cdot (h_t - h_{t-1}) \cdot \sigma'$$

$$\delta_t = \delta_{h,t} \cdot z_t \cdot \phi'$$

$$\delta_{r,t} = h_{t-1} \cdot [(\delta_{h,t} \cdot h_t \cdot \phi') W_{\tilde{h}h}] \cdot \sigma'$$

在算出了对各参数的偏导之后，就可以更新参数，依次迭代直到损失收敛。

概括来说，长短期记忆神经网络和CRU都是通过各种门函数来将重要特征保留下来，这样就保证了在long-term传播的时候也不会丢失。此外门控循环单元相对于长短期记忆神经网络少了一个门函数，因此在参数的数量上也是要少于长短期记忆神经网络的，所以整体上门控循环单元的训练速度要快于长短期记忆神经网络的。不过对于两个网络的好坏还是得看具体的应用场景。

2.2.6 连续词袋模型

连续词袋模型输入是某一个特征词的上下文相关的词对应的词向量，而输出就是这特定的一个词的词向量，即先验概率。连续词袋模型的训练输入是某一个特征词的上下文相关的词对应的词向量，而输出就是这特定的一个词的词向量。比如图2-8中的这段话，我们的上下文大小取值为4，特定的这个词是“Learning”，也就是我们需要的输出词向量，上下文对应的词有8个，前后各4个，这8个词是我们模型的输入。由于连续词袋模型使用的是词袋模型，因此这8个词都是平等的，也就是不考虑他们和我们关注的词之间的距离大小，只要在我们上下文之内即可。

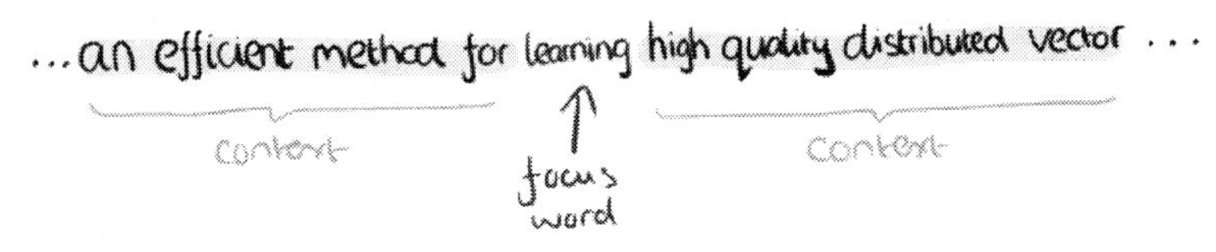

图2-8 连续词袋模型训练模型例子

这样我们这个连续词袋模型的例子里，我们的输入是8个词向量，输出是所有词的softmax概率（训练的目标是期望训练样本特定词对应的softmax概率最大），对应的连续词袋模型神经网络模型输入层有8个神经元，输出层有词汇表大小个神经元。隐藏层的神经元个数我们可以自己指定。通过DNN的反向传播算法，我们可以求出DNN模型的参数，同时得到所有的词对应的词向量。这样当我们有新的需求，要求出某8个词对应的最可能的输出中心词时，我们可以通过一次DNN前向传播算法并通过softmax激活函数找到概率最大的词对应的神经元即可。

训练的过程如图2-9所示，主要有输入层（input），映射层（projection）和输出层（output）三个阶段。

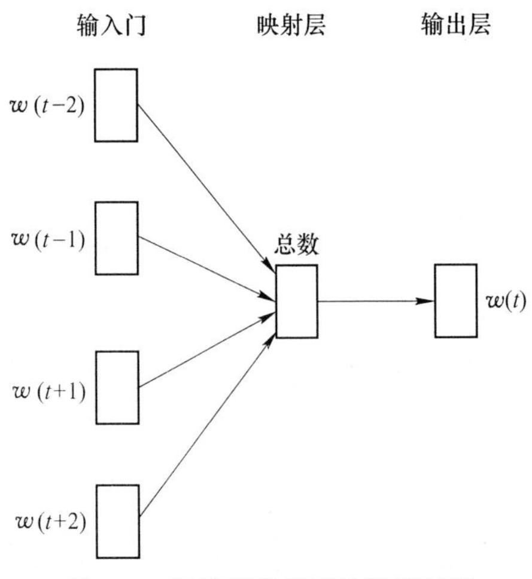

图2-9 连续词袋模型的训练过程

2.2.7 Skip-gram

Skip-gram 模型是一个简单但却非常实用的模型。在自然语言处理中，语料的选取是一个相当重要的问题：第一，语料必须充分。一方面词典的词量要足够大，另一方面要尽可能多地包含反映词语之间关系的句子，例如，只有“鱼在水中游”这种句式在语料中尽可能地多，模型才能够学习到该句中的语义和语法关系，这和人类学习自然语言一个道理，重复的次数多了，也就会模仿了；第二，语料必须准确。也就是说所选取的语料能够正确反映该语言的语义和语法关系，这一点似乎不难做到，例如中文里，《人民日报》的语料比较准确。但是，更多的时候，并不是语料的选取引发了对准确性问题的担忧，而是处理的方法。n 元模型中，因为窗口大小的限制，导致超出窗口范围的词语与当前词之间的关系不能被正确地反映到模型之中，如果单纯扩大窗口大小又会增加训练的复杂度。Skip-gram 模型的提出很好地解决了这些问题。顾名思义，Skip-gram 就是“跳过某些符号”，例如，句子“中国足球踢得真是太烂了”有 4 个 3 元词组，分别是“中国足球踢得”“足球踢得真是”“踢得真是太烂”“真是太烂了”，可是我们发现，这个句子的本意就是“中国足球太烂”可是上述 4 个 3 元词组并不能反映出这个信息。Skip-gram 模型却允许某些词被跳过，因此可以组成“中国足球太烂”这个 3 元词组。如果允许跳过 2 个词，即 2-Skip-gram。

Skip-gram 用于预测与给定中心词相对应的上下文词。它和连续词袋模型算法相反。在 Skip-gram 中，中心词是输入词（input word），上下文词是输出词（output word）。因为要预测多个上下文词，所以这一过程比较困难。如图 2-10 所示。

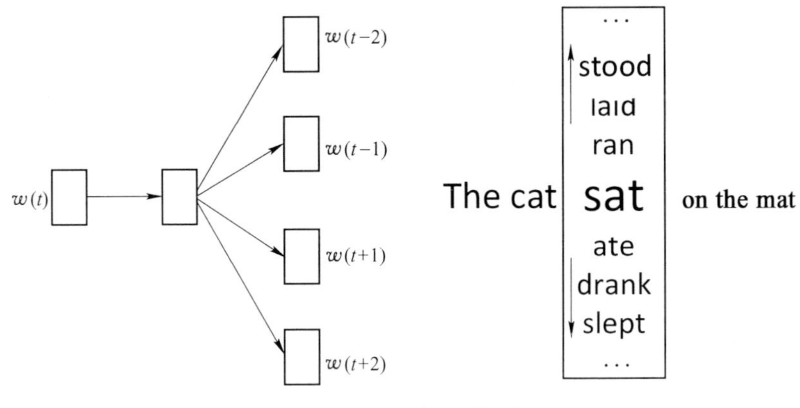

图 2-10 Skip-gram 的例子

给定“sat”一词后，鉴于 sat 位于 0 位，我们会尝试在-1 位上预测单词“cat”，在 3 位上预测单词“mat”。我们不预测常用词和停用词，比如“the”。

图 2.11 中，$w(t)$ 就是中心词，也叫给定输入词。其中有一个隐藏层，它执行权重矩阵和输入向量 $w(t)$ 之间的点积运算。隐藏层中不使用激活函数。现在，隐藏层中的点积运算结果被传递到输出层。输出层计算隐藏层输出向量和输出层权重矩阵之间的点积。然后用 softmax 激活函数来计算在给定上下文位置中，单词出现在 $w(t)$ 上下文中的概率。

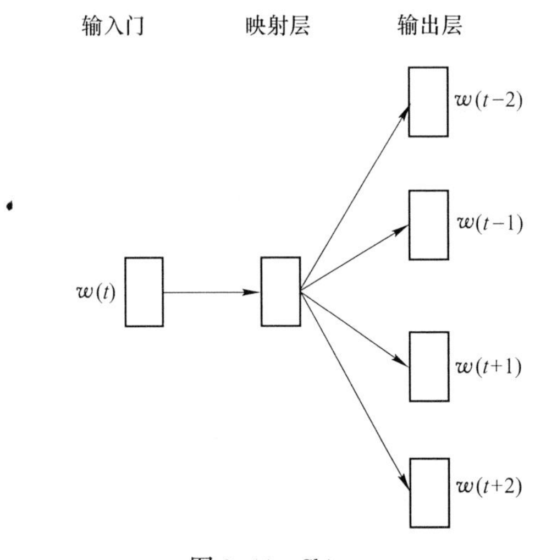

图 2-11　Skip-gram

2.2.8　贝叶斯分类算法

贝叶斯分类算法是统计学的一种分类方法，它是一类利用概率统计知识进行分类的算法。在许多场合，朴素贝叶斯（Naïve Bayes，NB）是基于概率论的分类算法。朴素贝叶斯分类算法可以与决策树和神经网络分类算法相媲美，该算法能运用到大型数据库中，而且方法简单、分类准确率高、速度快。

首先，要明白贝叶斯统计方式与统计学中的频率概念是不同的，从频率的角度出发，统计学即假定数据遵循某种分布，我们的目标是确定该分布的几个参数，在某个固定的环境下做出模型。而贝叶斯则是根据实际的推理方式来建模。我们拿到的数据，来更新模型对某事件即将发生的可能性的预测结果。在贝叶斯统计学中，我们使用数据来描述模型，而不是使用模型来描述数据。

由于贝叶斯定理假设一个属性值对给定类的影响独立于其他属性的值，而此假设在实际情况中经常是不成立的，因此其分类准确率可能会下降。为此，就衍生出许多降低独立性假设的贝叶斯分类算法，如 TAN（Tree Augmented Bayes Network，TAN）算法。

在朴素贝叶斯算法中，设每个数据样本用一个 n 维特征向量来描述 n 个属性的值，即：$X=\{x_1, x_2, \cdots, x_n\}$，假定有 m 个类，分别用 C_1，C_2，$\cdots$，C_m 表示。给定一个未知的数据样本 X（即没有类标号），若朴素贝叶斯分类法将未知的样本 X 分配给类 C_i，则一定是 $P(C_i \mid X) > P(C_j \mid X) 1 \leqslant j \leqslant m,\ j \neq i$。

根据贝叶斯定理，由于 $P(X)$ 对于所有类为常数，最大化后验概率 $P(C_i \mid X)$ 可转化为最大化先验概率 $P(X \mid C_i)P(C_i)$。如果训练数据集有许多属性和元组，计算 $P(X \mid C_i)$ 的开销可能非常大，为此，通常假设各属性的取值互相独立，这样

先验概率 $P(x_1 \mid C_i)$，$P(x_2 \mid C_i)$，…，$P(x_n \mid C_i)$ 可以从训练数据集求得。

根据此方法，对一个未知类别的样本 X，可以先分别计算出 X 属于每一个类别 C_i 的概率 $P(X \mid C_i)P(C_i)$，然后选择其中概率最大的类别作为其类别。

朴素贝叶斯算法成立的前提是各属性之间互相独立。当数据集满足这种独立性假设时，分类的准确度较高，否则可能较低。另外，该算法没有分类规则输出。

针对朴素贝叶斯算法分析，总结出以下的优缺点：

优点：

（1）朴素贝叶斯模型发源于古典数学理论，有稳定的分类效率。

（2）对小规模的数据表现很好，能个处理多分类任务，适合增量式训练，尤其是数据量超出内存时，我们可以一批批的去增量训练。

（3）对缺失数据不太敏感，算法也比较简单，常用于文本分类。

缺点：

（1）理论上，朴素贝叶斯模型与其他分类方法相比具有最小的误差率。但是实际上并非总是如此，这是因为朴素贝叶斯模型给定输出类别的情况下，假设属性之间相互独立，这个假设在实际应用中往往是不成立的，在属性个数比较多或者属性之间相关性较大时，分类效果不好。而在属性相关性较小时，朴素贝叶斯性能最为良好。对于这一点，有半朴素贝叶斯之类的算法通过考虑部分关联性适度改进。

（2）需要知道先验概率，且先验概率很多时候取决于假设，假设的模型可以有很多种，因此在某些时候会由于假设的先验模型的原因导致预测效果不佳。

（3）由于我们是通过先验和数据来决定后验的概率从而决定分类，所以分类决策存在一定的错误率。

（4）对输入数据的表达形式很敏感。

接下来介绍一下 TAN 算法（树增强型朴素贝叶斯算法），TAN 算法通过发现属性对之间的依赖关系来降低 NB 中任意属性之间独立的假设。它是在 NB 网络结构的基础上增加属性对之间的关联（边）来实现的。

实现方法是：用结点表示属性，用有向边表示属性之间的依赖关系，把类别属性作为根结点，其余所有属性都作为它的子节点。通常，用虚线代表 NB 所需

的边，用实线代表新增的边。属性 A_i 与 A_j 之间的边意味着属性 A_i 对类别变量 C 的影响还取决于属性 A_j 的取值。

这些增加的边需满足下列条件：类别变量没有双亲结点，每个属性有一个类别变量双亲结点和最多另外一个属性作为其双亲结点。

找到这组关联边之后，就可以计算一组随机变量的联合概率分布如下：

其中 ΠA_i 代表的是 A_i 的双亲结点。由于在 TAN 算法中考虑了 n 个属性中 $(n-1)$ 个两两属性之间的关联性，该算法对属性之间独立性的假设有了一定程度的降低，但是属性之间可能存在更多其他的关联性仍没有考虑，因此其适用范围仍然受到限制。

2.2.9　K 近邻算法

K 近邻算法（K-Nearest Neighbors，KNN）是一种常用的监督学习方法，KNN 算法是机器学习最简单的算法，可以认为是没有模型的算法，也可以认为数据集就是它的模型。

给定测试样本，基于某种距离度量找出训练集中与其最靠近的 k 个训练样本，然后基于这 k 个“邻居”的信息来进行预测。

判定方法：

（1）在分类任务中的可使用“投票法”，即选择这 k 个样本中出现最多的类别标记作为预测结果；

（2）在回归任务中可使用“平均法”，即将这 k 个样本的标记平均值作为预测结果。

（3）还可以根据距离远近，对样本进行加权，实现加权平均或加权投票。

注意点：

（1）距离度量方法不同，找到的“近邻”也可能有显著区别，进而导致分类结果不同。通常是用欧式距离，即平方和开根号。

（2）k 在其中是一个相当重要的参数，k 取值不同时，分类结果会有显著不同。

优点：

（1）适合对稀有事件进行分类（例如当流失率很低时，比如低于 0.5%，构造流失预测模型）。

（2）特别适合于多分类问题（multi-modal，对象具有多个类别标签），例如根据基因特征来判断其功能分类，KNN 比支持向量机的表现要好。

（3）理论成熟，思想简单，既可以用来做分类也可以用来做回归。

（4）可用于非线性分类。

（5）训练时间复杂度为 $O(n)$。

（6）对数据没有假设，准确度高，对 outlier 不敏感。

缺点：

（1）我们对数据的底层结构（符合正态是还是伯努利分布）没有清晰的看法；而且，也不知道均值，和在某一个分类中的案例看起来应该有什么样的特点。

（2）计算量大。

（3）样本不平衡问题（即有些类别的样本数量很多，而其他样本的数量很少）。

（4）需要大量的内存。

KNN 是一个简单和有效的数据分类的算法。它是基于实例的机器学习算法，只是需要手边有数据进行学习。它需要遍历整个数据集，对于大量的数据，需要将待预测的一条数据同整个数据集中的每一条数据都要进行距离计算，这是有些棘手的（耗时），而且占用存储资源。

KNN 算法中，所选择的邻居都是已经正确分类的对象。该方法在定类决策上只依据最邻近的一个或者几个样本的类别来决定待分样本所属的类别。

KNN 算法本身简单有效，它是一种 lazy-learning 算法，分类器不需要使用训练集进行训练，训练时间复杂度为 O。KNN 分类的计算复杂度和训练集中的文档数目成正比，也就是说，如果训练集中文档总数为 n，那么 KNN 的分类时间复杂度为 $O(n)$。

KNN 方法虽然从原理上也依赖于极限定理，但在类别决策时，只与极少量的相邻样本有关。由于 KNN 方法主要靠周围有限的邻近的样本，而不是靠判别类域的方法来确定所属类别的，因此对于类域的交叉或重叠较多的待分样本集来说，KNN 方法较其他方法更为适合。

K 近邻算法使用的模型实际上对应于对特征空间的划分。K 值的选择，距离度量和分类决策规则是该算法的三个基本要素：

（1）K 值的选择会对算法的结果产生重大影响。K 值较小意味着只有与输入实例较近的训练实例才会对预测结果起作用，但容易发生过拟合；如果 K 值较大，优点是可以减少学习的估计误差，但缺点是学习的近似误差增大，这时与输入实例较远的训练实例也会对预测起作用，使预测发生错误。在实际应用中，K 值一般选择一个较小的数值，通常采用交叉验证的方法来选择最优的 K 值。随着训练实例数目趋向于无穷和 $K=1$ 时，误差率不会超过贝叶斯误差率的 2 倍，如果 K 也趋向于无穷，则误差率趋向于贝叶斯误差率。

（2）该算法中的分类决策规则往往是多数表决，即由输入实例的 K 个最临近的训练实例中的多数类决定输入实例的类别。

（3）距离度量一般采用 L_p 距离，当 $p=2$ 时，即为欧氏距离，在度量之前，应该将每个属性的值规范化，这样有助于防止具有较大初始值域的属性比具有较小初始值域的属性的权重过大。

KNN 算法不仅可以用于分类，还可以用于回归。通过找出一个样本的 K 个最近邻居，将这些邻居的属性的平均值赋给该样本，就可以得到该样本的属性。更有用的方法是将不同距离的邻居对该样本产生的影响给予不同的权值（weight），如权值与距离成反比。该算法在分类时有个主要的不足是，当样本不平衡时，如一个类的样本容量很大，而其他类样本容量很小时，有可能导致当输入一个新样本时，该样本的 K 个邻居中大容量类的样本占多数。该算法只计算“最近的”邻居样本，某一类的样本数量很大，那么或者这类样本并不接近目标样本，或者这类样本很靠近目标样本。无论怎样，数量并不能影响运行结果。可以采用权值的方法（和该样本距离小的邻居权值大）来改进。

该方法的另一个不足之处是计算量较大，因为对每一个待分类的文本都要计算它到全体已知样本的距离，才能求得它的 K 个最近邻点。目前常用的解决方法是事先对已知样本点进行剪辑，事先去除对分类作用不大的样本。该算法比较适用于样本容量比较大的类域的自动分类，而那些样本容量较小的类域采用这种算法比较容易产生误分。

实现 K 近邻算法时，主要考虑的问题是如何对训练数据进行快速 K 近邻搜索，这在特征空间维数大及训练数据容量大时非常必要。

2.2.10　K 均值聚类算法

K 均值聚类算法是一种基于距离的典型的聚类算法，采用以距离作为相似性的评价指标，认为两个对象的距离越近，其相似度就越大。K 均值聚类算法是一种非监督学习算法，被用于非标签数据（data without defined categories or groups）。该算法使用迭代细化来产生最终结果。算法输入的是集群的数量 K 和数据集。数据集是每个数据点的一组功能。

K 均值聚类算法采用迭代更新的思想，该算法的目标是根据输入的参数 k（k 表示需要将数据对象聚成几簇），其基本思想为：首先指定需要划分的簇的个数 k 值，随机地选择 k 个初始数据对象作为初始聚类或簇的中心；然后计算其余的各个数据对象到这 k 个初始聚类中心的距离，并把数据对象划分到距离它最近的那个中心所在的簇类中；然后重新计算每个簇的中心作为下一次迭代的聚类中心。不断重复这个过程，直到各聚类中心不再变化时或者迭代达到规定的最大迭代次数时终止。迭代使得选取的聚类中心越来越接近真实的簇中心，所以聚类效果越来越好，最后把所有对象划分为 k 个簇。

聚是一个将数据集中在某些方面相似的数据成员进行分类组织的过程，聚类就是一种发现这种内在结构的技术，聚类技术经常被称为无监督学习。

K 均值聚类是最著名的划分聚类算法，由于简洁和效率使得他成为所有聚类算法中最广泛使用的。给定一个数据点集合和需要的聚类数目 k，k 由用户指定，k 均值算法根据某个距离函数反复把数据分入 k 个聚类中。

K 均值聚类算法是解决聚类问题的经典算法，这种算法简单快速。当结构集是密集的，簇与簇之间区别明显时，聚类的结果比较好。在处理大量数据时，该算法具有较高的可伸缩性和高效性，它的时间复杂度为 $O(nkt)$，n 是样本对象的个数，k 是分类数目，t 是算法的迭代次数。一般情况下，$k \ll n$，$t \ll n$。

但是，目前传统的 K 均值聚类算法也存在着许多缺点，有待于进一步优化。

（1）K 均值聚类算法需要用户事先指定聚类的个数 k 值。在很多时候，在对数据集进行聚类的时候，用户起初并不清楚数据集应该分为多少类合适，对 k 值难以估计。

（2）对初始聚类中心敏感，选择不同的聚类中心会产生不同的聚类结果和不同的准确率。随机选取初始聚类中心的做法会导致算法的不稳定性，有可能陷入局部最优的情况。

（3）对噪声和孤立点数据敏感，K 均值聚类算法将簇的质心看成聚类中心加入到下一轮计算当中，因此少量的该类数据都能够对平均值产生极大影响，导致结果的不稳定甚至错误。

（4）无法发现任意簇，一般只能发现球状簇。因为 K 均值聚类算法主要采用欧式距离函数度量数据对象之间的相似度，并且采用误差平方和作为准则函数，通常只能发现数据对象分布较均匀的球状簇。

K 均值聚类是使用最大期望算法（expectation-maximization algorithm）求解的高斯混合模型（Gaussian Mixture Model，GMM）在正态分布的协方差为单位矩阵，且隐变量的后验分布为一组狄拉克 δ 函数时所得到的特例。

2.2.11 其他方法

国内外学者还针对复杂情感分析提出了一些其他的方法：利用端到端内存网络、*Bi*、dadelta、词嵌入向量等方法对复杂情感分析问题进行研究，不仅仅对文本中的词语极性更方便迅速地进行分类、同时也通过这些方法对文本的样本不均衡产生的影响做出了调整。

2.3 评价指标研究

目前，大多数分类方法都是建立在训练样本集较为均衡的假设之下的，及时用分类错误率来评价其分类性能，实现总体目标。然而在样本集呈现不均衡分布时，由于样本中词语极性的分类重要性，我们更关心提高文本中词语极性的分类准确率，因此复杂情感分析的评价指标不能简简单单的采用一般的评价指标-准确度（accuracy）。accuracy 不是评估分类器的有效性的唯一度量。这就需要复杂情感分析的评价指标可用于引导对实验数据建模的测试过程以及最终结果的评价。另外两个有用的指标是 precision 和 recall。这两个度量可提供二元分类器的性能特征的更多视角，是目前最常用的对复杂情感分析评价指标。

为表述方便，下面首先详细介绍混合矩阵中四个符号的定义。对于不均衡数据集的每一个待分类样本，二分类方法有四种可能的判决结果，我们记为：TP、TN、FP、FN。

（1）TP(True Positive)：预测答案正确。称为真正，为正确正类，对应于被分类模型正确预测的正类样本数目。

（2）TN(True Negative)：称为真负，为正确负类，对应于被分类模型正确预测的负样本数目。

（3）FP(False Positive)：错将其他类预测为本类。称为假正，为错误正类，对应于被分类模型错误预测为正类的负类样本数目。

（4）FN(False Negative)：本类标签预测为其他类标。称为假负，为错误负类，对应于被分类模型错误预测为负类的正类样本数目。

因此混淆矩阵中的值可以通过百分比的形式展现出多种形式，这些不同的展现形式也就构成了不同评价指标。

2.3.1 Precision

精度（precision）度量一个分类器的正确性。较高的精确度意味着更少的误报，而较低精度意味着更多的误报。这经常与 recall 相反，作为一种简单的方法来提高精度，以减少召回。预测为正且真实为正的个数/预测正例个数。强调预测正例中有多少是真正的正例。

2.3.2 Recall

召回（recall）度量分类器的完整性，或灵敏度。预测为正且真实为正的个数/所有真实正例个数。强调能召回多少真实正例。较高的召回意味着更少的假负，而较低的召回意味着更多的假负。提高召回率往往可以降低精确度，因为随着样本空间增大，precision 增加变得越来越难达到。

2.3.3 F-measure Metric

准确率和召回可以组合产生一个单一的值称为 F 值，这是精确度和召回率的加权调和平均数。我们发现 F 值大约和 accuracy 一样有用。或者换句话说，相对于精度和召回，F 值大多是无用的。

F1 分数（F1-score）是分类问题的一个衡量指标，又称为平衡 F 分数（BalancedScore)，是统计学中用来衡量二分类模型精确度的一种指标。一些多分类问题的机器学习竞赛，常常将 F1-score 作为最终测评的方法。它同时兼顾了分类模型的精确率和召回率。F1 分数可以看作是模型精确率和召回率的一种加权平均，它的最大值是 1，最小值是 0。

$$F_1 = 2 \cdot \frac{precision \cdot recall}{precision + recall}$$

此外还有 F2 分数和 F0.5 分数。F1 分数认为召回率和精确率同等重要，F2 分数认为召回率的重要程度是精确率的 2 倍，而 F0.5 分数认为召回率的重要程度是精确率的一半。计算公式为：

$$F_\beta = (1 + \beta^2) \frac{precision \cdot recall}{(\beta^2 \cdot precision) + recall}$$

G 分数是另一种统一精确率和的召回率系统性能评估标准，G 分数被定义为召回率和精确率的几何平均数。

$$G = \sqrt{precision \cdot recall}$$

F1 值的计算过程

（1）通过第一步的统计值计算每个类别下的 precision 和 recall

精准度/查准率（precision）：指被分类器判定正例中的正样本的比重

$$precision_k = \frac{TP}{TP + FP}$$

召回率/查全率（recall）：指的是被预测为正例的占总的正例的比重

$$recall_k = \frac{TP}{TP + FN}$$

另外，介绍一下常用的准确率（accuracy）的概念，代表分类器对整个样本判断正确的比重。

$$accuracy = \frac{TP + TN}{TP + TN + FP + FN}$$

（2）通过第二步计算结果计算每个类别下的 F1-score，计算方式如下：

$$f1_k = \frac{2 \cdot precision_k \cdot recall_k}{precision_k + recall_k}$$

（3）通过对第三步求得的各个类别下的 F1-score 求均值，得到最后的评测结果，计算方式如下：

$$score = \left(\frac{1}{n}\sum f1_k\right)^2$$

2.3.4 接受者操作特性曲线（ROC 曲线）

接受者操作特性曲线（Receiver Operating Characteristic Curve，简称 ROC 曲

线)，又称为感受性曲线（sensitivity curve）。得此名的原因在于曲线上各点反映着相同的感受性，它们都是对同一信号刺激的反应，只不过是在几种不同的判定标准下所得的结果而已。接受者操作特性曲线就是以虚惊概率为横轴，击中概率为纵轴所组成的坐标图，和被试在特定刺激条件下由于采用不同的判断标准得出的不同结果画出的曲线。

ROC 曲线关注两个指标 true positive rate($TPR=TP/[TP+FN]$)和 false positive rate($FPR=FP/[FP+TN]$)，直观上，*TPR* 代表能将正例分对的概率，*FPR* 代表将负例错分为正例的概率。在 *ROC* 曲线空间中，每个点的横坐标是 *FPR*，纵坐标是 *TPR*，卡不同的二分类阈值，所画出的曲线。这也就描绘了分类器在 *TP*(真正的正例）和 *FP*(错误的正例）间的 trade-off。*ROC* 曲线的主要分析工具是一个画在 *ROC* 空间的曲线——*ROC* 曲线。我们知道，对于二值分类问题，实例的值往往是连续值，我们通过设定一个阈值，将实例分类到正类或者负类（比如大于阈值划分为正类)。因此我们可以变化阈值，根据不同的阈值进行分类，根据分类结果计算得到 *ROC* 曲线空间中相应的点，连接这些点就形成 *ROC* 曲线。*ROC* 曲线经过（0，0)、(1，1)，实际上（0，0）和（1，1）连线形成的 *ROC* curve 实际上代表的是一个随机分类器。一般情况下，这个曲线都应该处于(0，0)和（1，1）连线的上方。计算 *ROC* 时，把数据集分为按取值排序，然后逐点移动计算。

2.3.5　AUC 值

AUC 值即 *ROC* 曲线下的面积。衡量二分类。往往二分类是靠卡阈值卡出来的分类，AUC 能对此综合考虑。

首先 AUC 值是一个概率值，当你随机挑选一个正样本以及负样本，当前的分类算法根据计算得到的 Score 值将这个正样本排在负样本前面的概率就是 AUC 值，AUC 值越大，当前分类算法越有可能将正样本排在负样本前面，从而能够更好地分类。AUC 取值在 0~1 之间，越接近 1 代表模型效果越好，1 代表完全分对了。

一般说起 AUC，都会从混淆矩阵，ACC，精确率 *P*，召回率 *R*，然后说到 *ROC*，再到 AUC，我在这里简单的梳理一下：

（1）由混淆矩阵引出 *TP*，*FP*，*FN* 和 *TN*。

（2）接着引出准确率，精确率，召回率和 F1 值的概念。

（3）接着引出 *TPR* 和 *FPR* 的概念，*TPR* 代表 *TP* 的比率，*FPR* 代表了 *FP* 的比例，那么可想而知，*TPR* 越大，*FPR* 越小分类器的效果越好。

（4）接着引出 *ROC* 曲线的概念，*FPR* 为横轴，*TPR* 为纵轴，所以曲线越接近左上，分类器效果越好。

（5）接着引出最后的 AUC，字面意思是 *ROC* 曲线下面的面积，AUC 越大，分类器效果越好。

使用 AUC 作为评价模型指标的优势主要有以下两点：

（1）不必为分类器选择阈值。假如我们在进行二分类时，得到的预测结果是概率值，我们需要为正负类选择阈值（虽然一般来说是 0.5），再对结果进行评价，但是当我们使用 AUC 时，则不必选择阈值。

（2）AUC 可以作为不均衡数据集的评价指标，其他评价指标在面对不均衡数据集时都有一定的缺陷。

人们通常使用在负面评论中使用正面的评价词，但这个词前面有“不”（或其他一些负面的字），如“不是很大”。此外，由于分类器使用词袋模型，它假定每个字都是独立的，它不能得知“不是很大”是一种负面的。如果是这样的话，如果我们还要在多个词上训练的话，那么这些指标应该改善。另一种可能性是丰富的自然中性词，那种话是毫无情绪的。但分类器对待所有词是相同的，并且必须向每个字分配要么正要么负。因此，也许另有中性或无意义的词都被放置在 POS 类，因为分类不知道自己还能做些什么。如果是这样的话，如果我们消除了特征集中中性或无意义的词，只使用情感丰富的词进行分类的话，那么指标应该改善。这通常是利用信息增益，又名互信息的概念，以改善特征选择。

2.4　本章小结

本章主要对复杂情感分析的关键研究内容和研究现状进行了综述，包括有关复杂情感分析的理论研究、算法研究和评价指标研究，并对现有研究成果的不足进行了分析。

3　基于局部保持支持向量文本描述的复杂情感分析算法研究

3.1　引言

微博热点话题永远是人们关注的焦点，其特点在于正常情况下出现的点击频率很高，一旦成为微博热搜，不仅仅事件内容也包括在线评论将产生巨大的影响。近年来，文本的情感分析一直都是自然语言处理领域所研究的热点问题。微博作为一种短文本，用词精炼简洁，富含观点、倾向和态度。因此，识别微博的情感倾向具有重要的现实意义。自然语言处理中的复杂情感分析方法是进行微博评论事件分析的强有力的工具。研究表明，在复杂情感分析中，微博热搜的在线评论样本数目与普通类的相差悬殊，微博在线评论的难度远大于普通类。因此大量的算法被提出来以解决这个问题，如重抽样、成本敏感学习等。然而这些方法的出发点通常是均衡各类样本没有考虑文本固有结构的影响，忽略了复杂情感分析与文本结构之间的紧密联系，因此也无法真正地解决问题。

由于单类学习能刻画数据空间分布，因此近年来得到了数据挖掘领域的广泛重视。基于统计学习理论的支持向量机是一种比较成熟的机器学习方法，它被很多学者应用于单类学习中。局部保持支持向量机是一种懒惰学习算法。与支持向量机相比，局部保持支持向量机在分类精度上更具优势。

对于二分类问题，传统支持向量机依据大间隔原则生成单一的分类超平面。存在的缺陷是计算复杂度高且没有充分考虑样本的分布。近年来，作为支持向量机的拓展方向之一，多面支持向量机分类方法正逐渐成为模式识别领域新的研究热点。该类方法的研究源于 Mangasarian 和 Wild 在 TPAMI 上提出的广义特征值近似支持向量机。广义特征值近似支持向量机鄙弃了近似支持向量机（Proximal SVM，PSVM）中平行约束的条件，优化目标要求超平面离本类样本尽可能的近，离他类样本尽可能的远，问题归结为求解 2 个广义特征值问题。与支持向量机相比，除了速度上的优势，广义特征值近似支持向量机能较好地处理异或（XOR）问题。基于广义特征值近似支持向量机，近年发展了许多 MSSVM 分类方法，如对支持向量机、投影对支持向量机、多权矢量投影对支持向量机等。然而，分析发现，已有的 MSSVM 分类方法在学习过程中并没有充分地考虑样本之间的局部几何结构及所蕴含的鉴别信息。为了有效揭示样本内部蕴含的局部几何结构，在这里分别提出了几种具有一定代表性的流行学习方法：等距映射、局部线性嵌入、拉普拉斯特征映射（Laplacian Eigenmap，LE）和局部保持投影。特别是局部保持投影方法不但可以保持样本间局部几何结构，而且还可以克服其他几种方法难以在新的测试样本上获得低维的投影映射的问题，同时容易被非线性嵌入，从而发现高维非线性流行结构。

因此，将局部保持投影思想引入到 MSSVM 分类方法中，提出局部信息保持的对支持向量机。该方法具有如下优势：继承了 MSSVM 分类方法的特色，如线性模式下对 XOR 类数据集的分类能力；首次将局部保持投影思想引入到 MSSVM 分类方法中，充分考虑了蕴含在样本内部局部几何结构中的鉴别信息，从而在一定程度上可以提高算法的泛化性能；通过主成分分析降维方法可以很好地消除奇异性问题，进而保证算法的稳定性；采用经验核映射（Empirical Kernel Mapping，EKM）方法，局部信息保持的对支持向量机可以很容易进行非线性嵌入，得到非线性分类方法。

就上述分析问题，本章基于支持向量文本描述算法，研究了基于局部保持支持向量文本描述的复杂情感分析算法的构建方法。

3.2 文本固有结构对复杂情感分析算法的影响

随着微博的迅速发展，基于微博短文本的情感分析得到了越来越多国内外学者的关注，相关研究也陆续展开。传统的分类算法，如 C4.5、支持向量机等，在简单数据上有较好的效果，但在不均衡文本上却有着比较明显的缺陷。传统观点认为，这是各类样本的不均衡性对分类算法产生了影响，但这并不是导致复杂情感分析如此困难的根本原因。对于某些分类器，如支持向量机，在普通样本和复杂样本显著线性可分的情况下，样本的不均衡性并不会给分类器学习带来实质性的影响，尽管分类器的线性分界面可能会存在一定程度的偏移。事实上，复杂情感分析中一个不容忽视的问题是文本固有结构的影响。这里的文本固有结构指的是文本内容在属性空间的分布情况，即文本的概念模型。复杂的文本固有结构，或者称为文本中的复杂概念（Complex Concept），已成为复杂情感分析中隐含的且亟待解决的难点问题。

支持向量机（Support Vector Machine，SVM ）是建立在统计学习理论基础上的核机器学习方法，在解决小样本、高维模式识别中具有诸多优势，其基本原理是将低维难以分类的样本通过核函数映射到高维空间中，使其具有可分性。支持向量机是将所有的样本进行升维，构建全数据集的超平面进行数据分类或预测，不能更好地利用数据的局部信息，不满足算法一致性要求。此外，支持向量机能够有效地处理凸数据集，而针对非凸数据集则效果不理想。

正如前面所描述的三类比较典型的文本固有结构，包括复杂词语级结构、复杂句子级结构和复杂篇章级结构。因此，必须综合考虑样本的不均衡性以及文本结构的复杂性，才能真正解决实践领域的复杂情感分析问题。

实践表明，分类器划分错误往往集中在数据的边界区域，而这正是文本分类问题经常存在的区域。因此，对问题区域进行单独学习能够有效避免其与非问题区域的相互干扰，有助于提高两类区域的分类精度。值得一提的是，除非出现严重的文本内容重复采集问题，严格意义上的文本内容重叠在实际问题中是很少发生的。真实文本内容数据通常表现为广泛存在的词语重叠，且局部可能包含少量句子重叠。有鉴于此，本章致力于解决复杂情感分析中包含少量文本重叠问题。本章提出复杂情感分析算法能够发现文本概念重叠区域，并通过进一步针对概念重叠区域的局部学习，最终提高复杂情感分析的精度。

3.3　支持向量数据描述的原理及算法

支持向量机模型是由 Vapnik 等人于 1995 年提出的，这种模型在解决小样本、非线性以及高位模式识别等问题中很有优势，并且能够应用到函数拟合等其他机器学习任务中。

基于情感知识的方法需要建设情感词典或领域性情感词库，人工收集带有情感色彩的词语，并将其分为正向情感词和负向情感词，正向情感词包括“严谨”“美丽”“善良”等，负向情感词包括“糟糕”“阴沉”“邪恶”等。对于需要判定情感倾向的文本，首先统计文本中正向情感词和负向情感词的个数，根据其差值判断情感倾向。这种方法虽然简单直观，但是在应用过程中存在很大局限性。首先，很难将所有的情感词完全收集，而且互联网络中不断有网络新词产生，现有词语的极性也可能随时间改变。此外，有些词语在不同的语境下可能表现出不同的情感极性，无法简单赋予其某种情感极性。

在已有的 MSSVM 分类方法中，TSVM 和 PTSVM 在泛化性能上要优于其他分类方法。

3.3.1　TSVM

给定 2 类 n 维的 m 个训练样本点，分别用 $m_1 \times n$ 的矩阵 A 和 $m_2 \times n$ 的矩阵 B 表示+1 类和−1 类，这里 m_1 和 m_2 分别是两类样本的数目。TSVM 的目标是在 n 维空间中寻找 2 个超平面：

$$\begin{aligned} x^{\mathrm{T}} w_1 + b_1 = 0 \\ x^{\mathrm{T}} w_2 + b_2 = 0 \end{aligned} \tag{3-1}$$

要求每个类超平面离本类样本尽可能近，离他类样本尽可能远。

第 1 类超平面的优化准则为

$$\min \frac{1}{2} \| A w_1 + e_1 b_1 \|^2 + C_1 e_2^{\mathrm{T}} \xi$$

$$s.t.\ -(Bw_1+e_2b_1)+\xi \geqslant e_2,\ \xi \geqslant 0 \tag{3-2}$$

其中，$\|\cdot\|$表示L_2范数；C_1是惩罚参数；ξ为损失变量；e_1和e_2是2个实体为1的列向量；$A=[x_1^{(1)},\ \cdots,\ x_{m1}^{(1)}]^{\mathrm{T}}$；$B=[x_1^{(2)},\ \cdots,\ x_{m2}^{(2)}]^{\mathrm{T}}$；$x_j^{(i)}$表示第$i$类的第$j$个样本。

显然，TSVM优化目标函数中确实没有考虑到训练样本内部局部几何结构中蕴含的鉴别信息。

3.3.2 PTSVM

PTSVM的目标也是在n维空间中寻找2个投影轴w_1和w_2，要求本类样本投影后尽可能聚集，同时他类样本尽可能分散。PTSVM对应的2个决策超平面为

$x^{\mathrm{T}}w_1+b_1=0$

$$x^{\mathrm{T}}w_2+b_2=0 \tag{3-3}$$

需要注意的是，这里的偏置

$$b_1=-\frac{1}{m_1}e_1^{\mathrm{T}}Aw_1,\ b_2=-\frac{1}{m_2}e_2^{\mathrm{T}}Bw_2$$

第1类超平面的优化准则为

$$\min \frac{1}{2}w_1^{\mathrm{T}}S_1w_1+C_1e_2^{\mathrm{T}}\xi$$

$$s.t.\ -\left(Bw_1-\frac{1}{m_1}e_2e_1^{\mathrm{T}}Aw_1\right)+\xi \geqslant e_2,\ \xi \geqslant 0 \tag{3-4}$$

其中，S_1是第1类样本的类内方差。

显然，PTSVM的优化目标函数考虑的是样本的散度，类内方差S_1反应的是样本的全局分布，不是样本之间的局部几何结构。因此，该方法也没有考虑蕴含在样本之间局部鉴别信息。

3.4 基于局部支持向量文本描述的复杂数据分析算法

因为LPP方法可以有效地保持样本之间的局部几何结构和局部鉴别信息，所以本章的LPTSVM方法通过引入LPP的思想以达到保持样本内在的局部几何结构是合理的。

3.4.1 线性LPTSVM

（1）假定$X_1=A$，$X_2=B$，则第$l(l=1,\ 2)$类样本的局部保持类内散度矩阵为

$$Z_l=X_l^{\mathrm{T}}(D_l-W^l)X_l$$

其中

$$W_i j^l = \exp\left(-\frac{\| x_i^l - x_j^l \|^2}{t}\right)$$

t 为热核参数，是第 l 类样本 X_l 的权值矩阵；$D^l(D_{ii}^l = \sum W_{ij}^l)$ 是对角矩阵。

局部保持类内散度矩阵 Z_l 是对称的正半定矩阵，其思想源于 LPP，它反映了第 1 类样本间的内在局部几何结构。

（2）线性 LPTSVM 对应的第 1 类超平面优化准则为

$$\min \frac{1}{2} w_1^{\mathrm{T}} Z_1 w_1 + C_1 e_2^{\mathrm{T}} \xi_2$$

$$s.t. -\left(Bw_1 - \frac{1}{m_1} e_2 e_1^{\mathrm{T}} A W_1\right) + \xi_2 \geqslant e_2,\ \xi_2 \geqslant 0 \tag{3-5}$$

第 2 类超平面优化准则为

$$\min \frac{1}{2} w_2^{\mathrm{T}} Z_2 w_2 + C_2 e_1^{\mathrm{T}} \xi_1$$

$$s.t. Aw_2 - \frac{1}{m_2} e_1 e_2^{\mathrm{T}} B w_2 + \xi_1 \geqslant e_1,\ \xi_1 \geqslant 0 \tag{3-6}$$

定理 1 线性 LPTSVM 优化准则式（3-5）对应的对偶问题为

$$\min \frac{1}{2} \alpha^{\mathrm{T}} \left(B - \frac{1}{m_1} e_2 e_1^{\mathrm{T}} A\right) Z_1^{-1} X \left(B^{\mathrm{T}} - \frac{1}{m_1} A^{\mathrm{T}} e_1 e_2^{\mathrm{T}}\right) \alpha - e_2^{\mathrm{T}} \alpha,\ s.t. 0 \leqslant \alpha \leqslant C_1 e_2 \tag{3-7}$$

优化准则式（3-6）对应的对偶问题为

$$\min \frac{1}{2} \gamma^{\mathrm{T}} \left(A - \frac{1}{m_2} e_1 e_2^{\mathrm{T}} B\right) Z_2^{-1} \cdot \left(A^{\mathrm{T}} - \frac{1}{m_2} B^{\mathrm{T}} e_2 e_1^{\mathrm{T}}\right) \gamma - e_2^{\mathrm{T}} \gamma,\ s.t. 0 \leqslant \gamma \leqslant C_2 e_1 \tag{3-8}$$

证明：考虑线性 LPTSVM 的优化准则式（3-5），式（3-5）对应的拉格朗日函数为

$$L(w_1,\ \alpha,\ \beta,\ \xi_2) = \frac{1}{2} w_1^{\mathrm{T}} Z_1 w_1 + C_1 e_2^{\mathrm{T}} \xi_2 - \alpha^{\mathrm{T}} \left(-\left(Bw_1 - \frac{1}{m_1} e_2 e_1^{\mathrm{T}} A w_1\right) + \xi_2 - e_2\right) - \beta^{\mathrm{T}} \xi_2 \tag{3-9}$$

其中，$\alpha = (\alpha_1,\ \cdots,\ \alpha_{m2})^{\mathrm{T}}$，$\beta = (\beta_1,\ \cdots,\ \beta_{m2})^{\mathrm{T}}$ 是非负拉格朗日系数。

根据 Karush-Kuhn-Tucker（KTT）条件可得：

$$\frac{\partial L}{\partial w_1} = 0 \Rightarrow w_1 = -Z_1^{-1} \left(B^{\mathrm{T}} - \frac{1}{m_1} A^{\mathrm{T}} e_1 e_2^{\mathrm{T}}\right) \alpha \tag{3-10}$$

$$\frac{\partial L}{\partial \xi_2} = 0 \Rightarrow C_1 e_2 - \alpha - \beta = 0 \tag{3-11}$$

$$\alpha \geqslant 0,\ \beta \geqslant 0 \tag{3-12}$$

将式（3-10）~式（3-12）代入式（3-9），得式（3-7）成立。

同理可证得式（3-8）成立，且：

$$w_2 = Z_2^{-1}\left(A^{\mathrm{T}} - \frac{1}{m_2}B^{\mathrm{T}}e_2e_1^{\mathrm{T}}\right)\gamma \tag{3-13}$$

证毕。

通过求解定理 1 中 2 个对偶问题，可以分别求得拉格朗日系数 α 和 γ，并在此基础上求出 2 类样本的投影轴 w_1 和 w_2。类似于 PTSVM，线性 LPTSVM 的 2 个决策超平面为

$$\begin{aligned} x^{\mathrm{T}}w_1 + b_1 = 0 \\ x^{\mathrm{T}}w_2 + b_2 = 0 \end{aligned} \tag{3-14}$$

其中，偏置 $b_1 = -\frac{1}{m_1}e_1^{\mathrm{T}}Aw_1$，$b_2 = -\frac{1}{m_2}e_2^{\mathrm{T}}Bw_2$。

线性 LPTSVM 的决策函数为

$$\mathrm{label}(x) = \underset{i=1,2}{\mathrm{argmin}}\{d_i\} = \begin{cases} d_1 \Rightarrow x \in & \text{第 1 类样本} \\ d_2 \Rightarrow x \in & \text{第 2 类样本} \end{cases} \tag{3-15}$$

其中，$d_i = | w_i^{\mathrm{T}}x + b_i |$，$| \cdot |$ 表示绝对值。

图 3-1 描述了 TSVM、PTSVM 和 LPTSVM 在人造数据集上的决策超平面。显然，LPTSVM 明显区别于 TSVM 和 PTSVM。LPTSVM 的 2 个超平面反映了 2 类样本的内在局部流行结构；而 TSVM 与 PTSVM 类似，它们反映的都是每类样本分布的平均信息。尽管 3 种算法对图 3-1 中人造数据集都可以得到 100%学习精度，但从泛化性能层面上讲，LPTSVM 明显优于其他 2 种算法。图 3-1 也进一步证明了 TSVM 和 PTSVM 确实没有考虑蕴含在样本间局部几何结构中的鉴别信息。

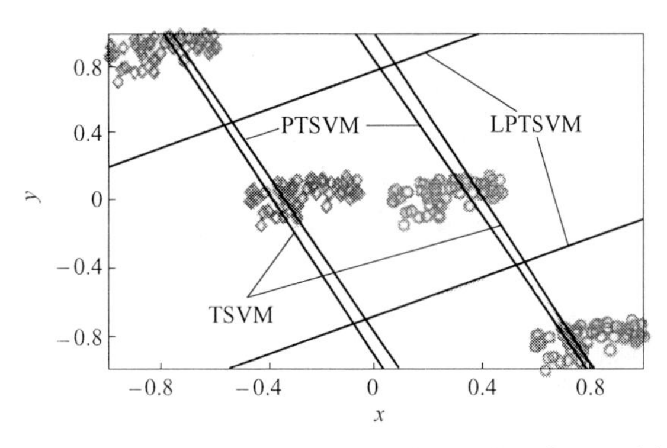

图 3-1 LPTSVM、TSVM 与 PTSVM 三者在人造数据集上的决策超平面

3.4.2 线性 LPTSVM 奇异性问题

从 3.4.1 节中式（3-10）和式（3-13）可知，LPTSVM 在求解过程中需要计算局部保持类内散度矩阵 $Z_l(l=1, 2)$ 的逆矩阵，而 Z_l 是正半定矩阵，因此，

该方法不是严格的凸规划问题（强凸问题），特别是在小样本情况下确实存在矩阵 Z_l 的奇异性。

该方法的主要思想是通过 PCA 方法将原样本降维到低维空间，使得 Z_l 非奇异。考虑 LPTSVM 原始优化问题式（3-5），定义第 1 类样本的散度矩阵：

$$S_1 = \sum_{x \in A} (x - \overline{m}_1)(x - \overline{m}_1)^{\mathrm{T}} \tag{3-16}$$

其中，$\overline{m}_1 = -\frac{1}{m_1} \sum_{x \in A} x$ 是第 1 类样本的均值。令 S_1 的非零特征值对应特征向量张成的非零空间记为 Ψ，零特征值对应特征向量张成的零空间记为 Π。

定理 2 令 $w_1 = \mu_1 + \nu_1 (w_1 \in R^n,\ \mu_1 \in \Psi,\ \nu_1 \in \Pi)$，则优化问题式（3-5）等价于

$$\min \frac{1}{2}\mu_1^{\mathrm{T}} Z_1 \mu_1 + C_1 e_2^{\mathrm{T}} \xi_2$$

$$s.t.\ -\left(B\mu_1 - \frac{1}{m_1} e_2 e_1^{\mathrm{T}} A \mu_1\right) + \xi_2 \geqslant e_2,\ \xi_2 \geqslant 0 \tag{3-17}$$

证明：因为 $\nu_1 \in \Pi$，$\nu_1^{\mathrm{T}} S_1 \nu_1 = 0$，所以对于第 1 类样本集中任意 2 个样本 x_i，x_j（$i \neq j$），$\nu_1^{\mathrm{T}} x_i = \nu_1^{\mathrm{T}} x$ 成立，即 $\nu_1^{\mathrm{T}} x_i = c$（$c$ 是常数）。又因为 $Z_1 = X_1^{\mathrm{T}}(D^1 - W^1) X_1$，所以：

$$\begin{aligned} Z_1 v_1 &= X_1^{\mathrm{T}}(D^1 - W^1) X_1 v_1 \\ &= \left(\sum_{i=1}^{m_1} D_{ii}^1 x_i^{(1)} (x_i^{(1)})\right)^{\mathrm{T}} - \sum_{i=1}^{m_1} \sum_{j=1}^{m_1} W_{ij}^1 x_i^{(1)} (x_i^{(1)})^{\mathrm{T}} v_1 \\ &= \sum_{i=1}^{m_1} \sum_{i=1}^{m_1} W_{ij}^1 x_i^{(1)} (x_i^{(1)})^{\mathrm{T}} v_1 - \sum_{i=1}^{m_1} \sum_{j=1}^{m_1} W_{ij}^1 x_i^{(1)} (x_i^{(1)})^{\mathrm{T}} v_1 \\ &= \left(\sum_{i=1}^{m_1} \sum_{i=1}^{m_1} W_{ij}^1 x_i^{(1)} - \sum_{i=1}^{m_1} \sum_{i=1}^{m_1} W_{ij}^1 x_i^{(1)}\right) c = 0 \end{aligned} \tag{3-18}$$

令第 2 类样本集在 ν_1 上的投影记为 $B\nu_1 = \tau \in R^{m_2}$。依据上述结论，拉格朗日函数式（3-9）变为

$$L(w_1,\ \alpha,\ \beta,\ \xi_2) = \frac{1}{2} w_1^{\mathrm{T}} Z_1 w_1 + C_1 e_2^{\mathrm{T}} \xi_2 - \alpha^{\mathrm{T}}\left(-\left(Bw_1 - \frac{1}{m_1} e_2 e_2^{\mathrm{T}} A w_1\right) + \xi_2 - e_2\right) - \beta^{\mathrm{T}} \xi_2$$

$$= \frac{1}{2}(\mu_1 + \nu_1)^{\mathrm{T}} Z_1 (\mu_1 + \nu_1) + C_1 e_2^{\mathrm{T}} \xi_2 + \alpha^{\mathrm{T}}\left(B - \frac{1}{m_1} e_2 e_1^{\mathrm{T}} A\right)(\mu_1 + \nu_1) - \alpha^{\mathrm{T}}(\xi_2 - e_2) - \beta^{\mathrm{T}} \xi_2$$

$$= \frac{1}{2}(\mu_1^{\mathrm{T}} Z_1 \mu_1 + \mu_1^{\mathrm{T}} Z_1 \nu_1 + \nu_1^{\mathrm{T}} Z_1 \mu_1 + \nu_1^{\mathrm{T}} Z_1 \nu_1) + C_1 e_2^{\mathrm{T}} \xi_2 + \alpha^{\mathrm{T}}\left(B - \frac{1}{m_1} e_2 e_1^{\mathrm{T}} A\right)\mu_1 +$$

$$\alpha^{\mathrm{T}}\left(B - \frac{1}{m_1} e_2 e_1^{\mathrm{T}} A\right)\nu_1 - \alpha^{\mathrm{T}}(\xi_2 - e_2) - \beta^{\mathrm{T}} \xi_2$$

$$= \frac{1}{2}\mu_1^{\mathrm{T}} Z_1 \mu_1 + C_1 e_2^{\mathrm{T}} \xi_2 + \alpha^{\mathrm{T}}\left(B - \frac{1}{m_1} e_2 e_1^{\mathrm{T}} A\right)\mu_1 + \alpha^{\mathrm{T}}\left(\tau - \frac{c}{m_1} e_2 e_1^{\mathrm{T}} e_1\right) - \alpha^{\mathrm{T}}(\xi_2 - e_2) - \beta^{\mathrm{T}}\xi_2$$

$$= \frac{1}{2}\mu_1^{\mathrm{T}} Z_1 \mu_1 + C_1 e_2^{\mathrm{T}} \xi_2 + \alpha^{\mathrm{T}}\left(B - \frac{1}{m_1} e_2 e_1^{\mathrm{T}} A\right)\mu_1 + \alpha^{\mathrm{T}}(\tau - c e_2) - \alpha^{\mathrm{T}}(\xi_2 - e_2) - \beta^{\mathrm{T}}\xi_2$$

(3-19)

根据链规则，可以很容易证明：

$$\frac{\partial L}{\partial w_1}\bigg| w_1 = w_1^* = \frac{\partial L}{\partial \mu_1}\bigg| \mu_1 = \mu_1^* = 0 \Leftrightarrow Z_1 \mu_1^* + \alpha^{\mathrm{T}}\left(B - \frac{1}{m_1} e_2 e_1^{\mathrm{T}} A\right) = 0 \quad (3\text{-}20)$$

这样，对应于第 1 类样本的最优投影轴只依赖于 $\mu_1 \in \Psi$（$\nu_1 \in \Pi$ 可任选）。

证毕。

由定理 2 可得，线性 LPTSVM 原始优化问题式（3-5）的最优解可以从约减的空间 Ψ 中寻找，且不会丢失任何鉴别信息。假定 S_1 有 N 个非零特征值，矩阵 P_1 的每一列为非零特征值对应的特征向量，则根据线性几何理论，Ψ 同构于 N 维实数空间 R^N，同构映射即为转换矩阵 P_1，因此有：

$$\mu_1 = P_1 \eta_1,\ \mu_1 \in \Psi,\ \eta_1 \in R^N \quad (3\text{-}21)$$

根据式（3-21），式（3-17）可进一步转变为空间中的优化问题：

$$\min \frac{1}{2}\eta_1^{\mathrm{T}} \bar{z}_1 \eta_1 + C_1 e_2^{\mathrm{T}} \xi_2,\ s.t. -\left(\bar{B}\eta_1 - \frac{1}{m_1} e_2 e_1^{\mathrm{T}} \bar{A}\eta_1\right) + \xi_2 \geqslant e_2,\ \xi_2 \geqslant 0$$

(3-22)

其中，$\bar{Z}_1 = P_1^{\mathrm{T}} Z_1 P_1$，$\bar{B} = BP_1$，$\bar{A} = AP_1$。然而，在 R^N 空间中，$\bar{Z}_1$ 可能仍然奇异。此时，需要 PCA 方法降低到更低维空间，直到 $\bar{Z}_1$ 非奇异为止。

同理，对于线性 LPTSVM 原始优化问题式（3-6）具有上述类似的 PCA 降维处理过程，以保证局部保持类内散度矩阵 Z_2 非奇异。决策函数类似于式（3-15），只是式（3-15）中 $d_i = |\eta_i^{\mathrm{T}} P_i x + b_i|$，$b_1 = -\frac{1}{m_1} \times e_1^{\mathrm{T}} A P_1 \eta_1$，$b_2 = -\frac{1}{m_1} e_1^{\mathrm{T}} A P_1 \eta_2$。

3.4.3 非线性 LPTSVM

对于非线性分类问题，一般算法是引入非线性映射将样本从输入空间映射到高维隐形特征空间，然后利用核诡计在特征空间中执行线性算法。然而，类似于 PTSVM 中的类内散度矩阵 S_1/S_2，LPTSVM 中的局部保持类内散度矩阵 Z_1/Z_2 在特征空间中不易显式表示。文献［131］利用经验核映射（Empirical Kernel Mapping，EKM）将样本从输入空间映射到经验特征空间。经验特征空间保持了特征空间的几何结构，而且，线性算法可直接在经验特征空间上运行。因此，本书采用该方法构造非线性 LPTSVM。

首先，构造训练样本集核矩阵 $K_{\text{train}} = [k_{ij}]_{m \times m}$（$k_{ij} = \varnothing(x_i)^{\mathrm{T}} \varnothing(x_j) = k(x_i,\ x_j)$，

$k(x_i, x_j)$ 为核函数)。K_{train}是对称的正半定矩阵，可分解为

$$K_{\text{train}} = P_{m\times r}\Lambda_{r\times r}P_r \times m^{\text{T}} \tag{3-23}$$

其中，r 是 K_{train}的秩；Λ 为对角矩阵（对角元素为 K_{train}的 r 个正特征值）；P 的每一列为正特征值对应的特征向量。

然后，使用 EKM 将训练样本从输入空间映射到经验特征空间，公式表示为

$$x \rightarrow \Lambda^{-\frac{1}{2}}P^{\text{T}}(k(x, x_1), k(x, x_2), \cdots, k(x, x_m))^{\text{T}} \tag{3-24}$$

对于整个训练样本集，则有 $X^{\text{e}}_{\text{train}}=K_{\text{train}}P\Lambda^{-1/2}$（$X^{\text{e}}_{\text{train}}$为经验特征空间中的训练样本集)。值得注意的是，原输入空间样本的维数为 n，而经验特征空间中样本维数为 r。

最后，以 $X^{\text{e}}_{\text{train}}$ 作为新的训练样本集，直接执行线性 LPTSVM。测试时，用式 (3-24) 将未知样本转换到经验特征空间后再决策。

3.5　基于局部支持向量文本描述的组合复杂数据分析算法

3.5.1　长短期记忆神经网络和 BiLSTM

长短期记忆神经网络的全称是 Long Short-Term Memory，它是循环神经网络 (Recurrent Neural Network) 的一种。长短期记忆神经网络由于其设计的特点，非常适合用于对时序数据的建模。BiLSTM 是 Bi-directional Long Short-Term Memory 的缩写，是由前向长短期记忆神经网络与后向长短期记忆神经网络组合而成。两者在自然语言处理任务中都常被用来建模上下文信息。

将词的表示组合成句子的表示，可以采用相加的方法，即将所有词的表示进行加和，或者取平均等方法，但是这些方法没有考虑到词语在句子中前后顺序。如句子“我不觉得他好”。“不”字是对后面“好”的否定，即该句子的情感极性是贬义。使用长短期记忆神经网络模型可以更好的捕捉到较长距离的依赖关系。因为长短期记忆神经网络通过训练过程可以学到记忆哪些信息和遗忘哪些信息。但是利用长短期记忆神经网络对句子进行建模还存在一个问题：无法编码从后到前的信息。在更细粒度的分类时，如对于强程度的褒义、弱程度的褒义、中性、弱程度的贬义、强程度的贬义的五分类任务需要注意情感词、程度词、否定词之间的交互。举一个例子，“这个餐厅脏得不行，没有隔壁好”，这里的“不行”是对“脏”的程度的一种修饰，通过 BiLSTM 可以更好的捕捉双向的语义依赖。

长短期记忆神经网络模型是由 t 时刻的输入词 X_t，细胞状态 C_t，临时细胞状态 $\overline{C}_t$，隐层状态 h_t，遗忘门 f_t，记忆门 i_t，输出门 o_t 组成。长短期记忆神经网络的计算过程可以概括为，通过对细胞状态中信息遗忘和记忆新的信息使得对后续时刻计算有用的信息得以传递，而无用的信息被丢弃，并在每个时间步都会输出

隐层状态 h_t，其中遗忘，记忆与输出由通过上个时刻的隐层状态 h_{t-1} 和当前输入 X_t 计算出来的遗忘门 f_t，记忆门 i_t，输出门 o_t 来控制。

总体框架如图 3-2 所示。

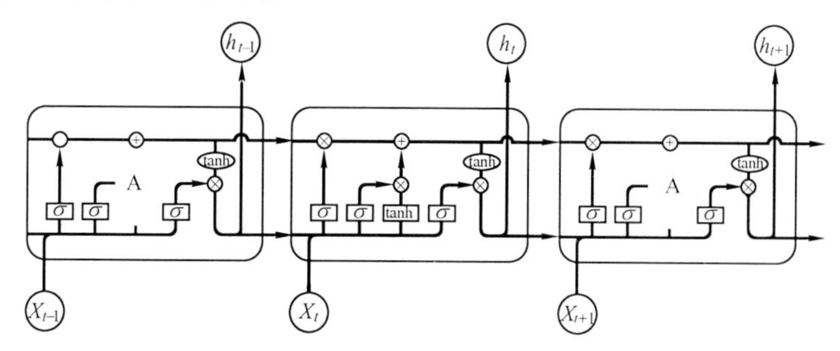

图 3-2 长短期记忆神经网络总体框架

Bi-LSTM 即双向长短期记忆神经网络，与单向的长短期记忆神经网络相比较，Bi-LSTM 能更好地捕获句子中上下文的信息。

Bi-LSTM+高斯混合模型就是在 Bi-LSTM 的模型上加入注意力机制模型层，在 Bi-LSTM 中我们会用最后一个时序的输出向量作为特征向量，然后进行 softmax 分类。注意力机制模型是先计算每个时序的权重，然后将所有时序的向量进行加权和作为特征向量，然后进行 softmax 分类。在实验中，加上注意力机制模型确实对结果有所提升。其模型结构如图 3-3 所示。

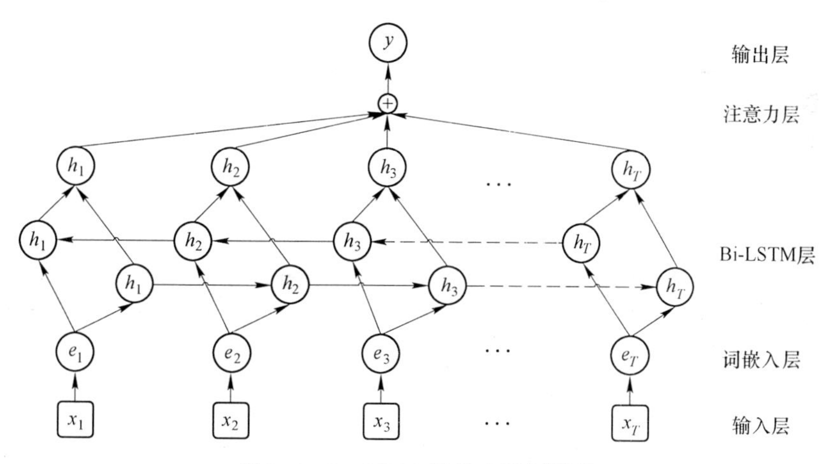

图 3-3 Bi-LSTM+注意力机制模型

3.5.2 长短期记忆神经网络详细介绍计算过程

计算遗忘门，选择要遗忘的信息。

输入：前一时刻的隐层状态 h_{t-1}，当前时刻的输入词 X_t。

输出：遗忘门的值 f_t（见图 3--4）。

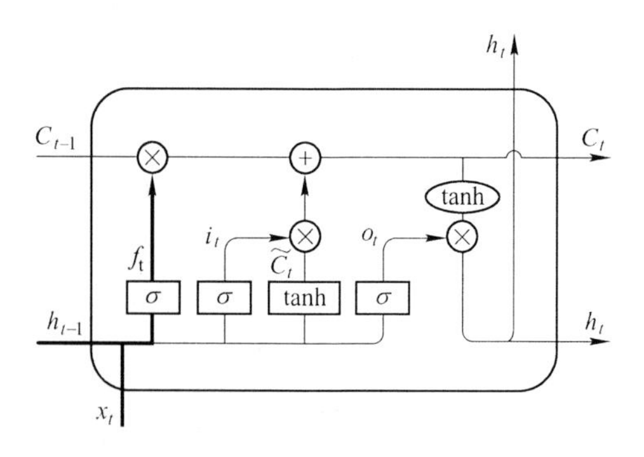

$$f_t = \sigma\{W_f \cdot [h_{t-1}, x_t] + b_f\}$$

图 3-4　计算遗忘门

计算记忆门，选择要记忆的信息。

输入：前一时刻的隐层状态 h_{t-1}，当前时刻的输入词 X_t。

输出：记忆门的值 i_t，临时细胞状态 $\widetilde{C}_t$（见图 3-5）。

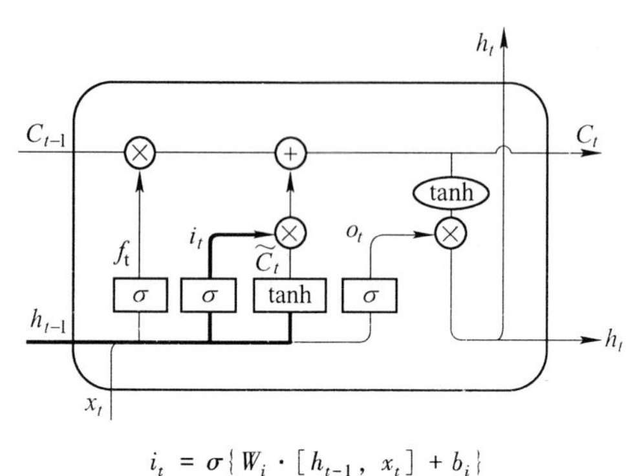

$$i_t = \sigma\{W_i \cdot [h_{t-1}, x_t] + b_i\}$$

$$\widetilde{C}_t = \tanh\{W_C \cdot [h_{t-1}, x_t] + b_C\}$$

图 3-5　计算记忆门和临时细胞状态

计算当前时刻细胞状态。

输入：记忆门的值 i_t，遗忘门的值 f_t，临时细胞状态 $\widetilde{C}_t$，上一刻细胞状态 C_{t-1}。

输出：当前时刻细胞状态 C_t。

输入：前一时刻的隐层状态 h_{t-1}，当前时刻的输入词 X_t，当前时刻细胞状态 C_t。

输出：输出门的值 o_t，隐层状态 h_t。

最终，我们可以得到与句子长度相同的隐层状态序列 $\{h_0, h_1, \cdots, h_{n-1}\}$（见图 3-6 和图 3-7）。

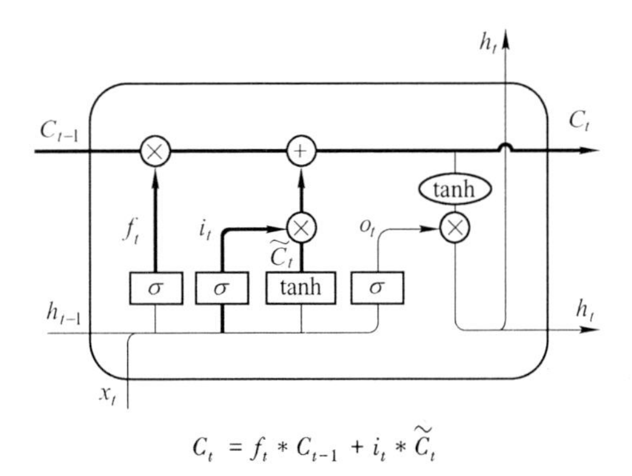

$$C_t = f_t * C_{t-1} + i_t * \widetilde{C}_t$$

图 3-6 计算当前时刻细胞状态计算输出门和当前时刻隐层状态

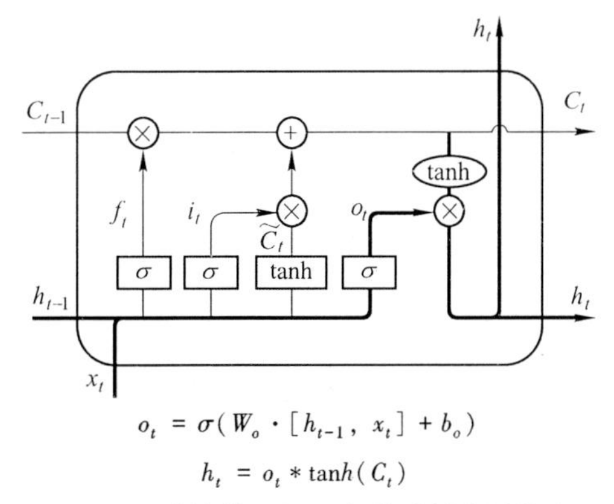

$$o_t = \sigma(W_o \cdot [h_{t-1}, x_t] + b_o)$$

$$h_t = o_t * \tanh(C_t)$$

图 3-7 计算输出门和当前时刻隐层状态

3.5.3 Bi 长短期记忆神经网络

前向的长短期记忆神经网络与后向的长短期记忆神经网络结合成 Bi 长短期记忆神经网络。比如，我们对“我爱中国”这句话进行编码，模型如图 3-8 所示。

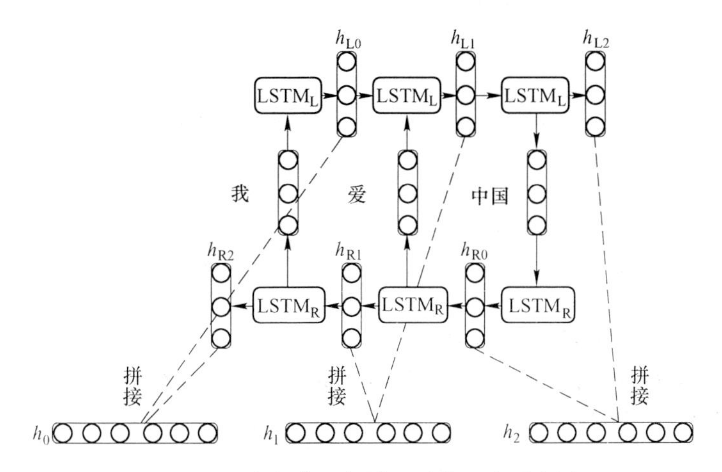

图 3-8 Bi 长短期记忆神经网络“我爱中国”

图 3-8 双向长短期记忆神经网络编码句子前向的长短期记忆神经网络 L 依次输入“我”，“爱”，“中国”得到三个向量 $\{h_{L0}, h_{L1}, h_{L2}\}$。后向的长短期记忆神经网络 R 依次输入“中国”，“爱”，“我”得到三个向量 $\{h_{R0}, h_{R1}, h_{R2}\}$。最后将前向和后向的隐向量进行拼接得到 $\{[h_{L0}, h_{R2}], [h_{L1}, h_{R1}], [h_{L2}, h_{R0}]\}$，即 $\{h_0, h_1, h_2\}$。

对于情感分类任务来说，我们采用的句子的表示往往是 $[h_{L2}, h_{R2}]$。因为其包含了前向与后向的所有信息。

3.6　本章小结

本章提出了一种基于局部支持向量文本描述的复杂情感分析算法 LPTSVM。本章根据已有 MSSVM 方法存在的不足，将 LPP 基本原理引入到 MSSVM 中，提出一种全新的 MSSVM 方法：局部保持对支持向量机 LPTSVM，该方法不仅继承了 MSSVM 方法较好的异或（XOR）问题的求解能力，而且在一定程度上克服了已有 MSSVM 方法没有充分考虑训练样本间局部几何结构信息的缺陷。在小样本情况下，PCA 方法被用来实现高维样本空间的降维处理，从而保证了本文 LPTSVM 方法的有效性。对于非线性分类问题，本章采用经验核映射方法构造经验核空间，这样，LPTSVM 方法可以直接在经验核空间中执行。通过把具有代表性的 TSVM 和 PTSVM 作比较，结果表明本章 LPTSVM 方法具有较好的泛化性能。同时，在本章中我们还结合情感分类任务介绍了长短期记忆神经网络以及 Bi 长短期记忆神经网络的基本原理。除了情感分类任务，长短期记忆神经网络与 Bi 长短期记忆神经网络在自然语言处理领域的其他任务上也得到了广泛应用，如机器翻译任务中使用其进行源语言的编码和目标语言的解码，机器阅读理解任务中使用其对文章和问题的编码等。

4 文本处理及其处理方法研究

4.1 引言

微博是一种新兴的、开放的互联网社交服务，注册微博账号后，就可以通过关注机制分享实时信息。用户既可以作为观众阅览感兴趣的信息，又可以作为发布者发布信息。随着微博在中国网民中的日益火热，各种热词从微博中产生，并迅速蹿红网络，微博效应正在慢慢形成。

情感分析又称为观点挖掘，即从文本中挖掘用户所要表达的观点及情感倾向。根据文本的不同粒度，情感分析任务可以分为篇章级、句子级和词语级。随着注册用户的急剧增加，微博的影响力日益增大，国内外很多学者都已经积极参与到对微博的研究工作中。

目前，国内关于中文微博情感分析的研究尚处于起步阶段，针对中文微博的语料库还很少。国外对于微博的情感分析已经做出一些尝试和探索，但将英文微博的情感分析方法具体在自然语言处理方向，对语料库的处理主要分为三个层次：文档段落、句子，以及单词。目前已开发出了多种使用向量表达单词的算法。但单词的向量表达还不足以满足自然语言处理中情感分析，简单问答等多种复杂的任务。句嵌入是在句子层面，对词嵌入的进一步概括。从主观上理解，句嵌入算法相较于词嵌入算法能够更好地理解整句话的中心思想与情感。目前主流的句嵌入算法采用的多为有监督学习机制，其优点是所得训练结果更准确，但同时，带有标签的语料库需要耗费大量的人力劳动，也不利于语料库的及时更新。同时，有监督学习算法多针对于某一具体任务，不具有通用性。因此如何使用无监督的方法学习准确表达句意的向量空间成为本文的主要研究方向。最近的学习句子向量空间表达的方法可以概括为两类：

（1）从句子中的词向量入手，映射到句向量空间。例如平均词向量算法对每个单词求平均，得到整个句子的向量表达。

（2）直接通过神经网络训练词向量。另外，在研究词向量与句向量表达算法时，大家所普遍认可的理论基础是：相似的词语/句子拥有相似的上下文。

基于这个假设，可以通过核心词汇预测上下文的概率（skip-gram）或者基于上下文词汇来预测核心词（连续词袋模型）。本书也基于这个假设，通过编码器-解码器模型去学习句向量表达，并通过句向量预测其上下文句子。通过最大化真实上下文出现的概率来构建损失函数，并通过自然语言的多任务来对比评价本书的训练结果与其他句向量的优劣。

4.2　基本分类算法介绍

分类算法属于监督式学习，使用类标签已知的样本建立一个分类函数或分类模型，应用分类模型，能把数据库中的类标签未知的数据进行归类。分类是数据挖掘、机器学习和模式识别中一个重要的研究领域。分类在数据挖掘中是一项重要的任务，目前在商业上应用最多，常见的典型应用场景有流失预测、精确营销、客户获取、个性偏好等。机器学习库目前支持分类算法有：逻辑回归、支持向量机、朴素贝叶斯和决策等。

4.2.1　逻辑回归（Logistic Regression-LR）

4.2.1.1　简介

logistic 回归是一种广义线性回归（generalized linear model），因此与多重线性回归分析有很多相同之处，常用于数据挖掘等领域。它们的模型形式基本上相同，都具有 $w'x+b$，其中 w 和 b 是待求参数，其区别在于他们的因变量不同，多重线性回归直接将 $w'x+b$ 作为因变量，即 $y=w'x+b$，而 logistic 回归则通过函数 L 将 $w'x+b$ 对应一个隐状态 p，$p=L(w'x+b)$，然后根据 p 与 $1-p$ 的大小决定因变量的值。如果 L 是 logistic 函数，就是 logistic 回归，如果 L 是多项式函数就是多项式回归。首先明确是分类而不是回归逻辑回归的名字中虽然带有回归两个字，不过这是一个并不是一个回归算法，而是一个分类算法，它是在线性回归的基础上加入了 sigmoid 函数，将线性回归的结果输入至 sigmoid 函数中，并且设定一个阈值，如果大于阈值为 1，小于阈值为 0（见图 4-1）。

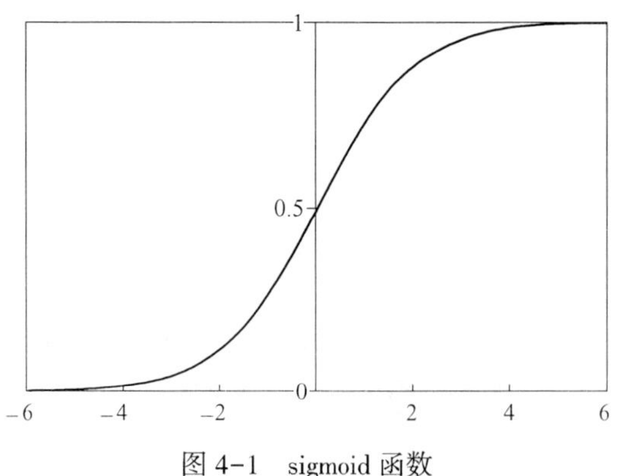

图 4-1　sigmoid 函数

在图中我们可以看到 x 趋于负无穷时 y 趋向与 0，反之趋向于 1。

4.2.1.2 logistic 回归的推导过程

(1) 准备公式:

sigmoid 函数:

$$g(z)=\frac{1}{1+e^{-z}}$$

预测函数:

$$h_\theta(x)=g(\theta^T X)=\frac{1}{1+e^{-\theta TX}}$$

(2) 用概率的形式表示时间是否发生:

1) 在样本 x 的条件下 $y=1$ 的概率: $p(y=1|x;\ \theta)=h_\theta(x)$

2) 在样本 x 的条件下 $y=0$ 的概率: $p(y=1|x;\ \theta)=1-h_\theta(x)$

3) 上面两个公式合并: $p(y|\ x;\ \theta)=(h_\theta(x)^y+\ (1-h_\theta(x))^{1-y})$

(3) 通过最大似然函数求损失函数:

$$L(\theta)=\prod_m^i((h_\theta(x)^y+(1-h_\theta(x))^{1-y}))$$

$$l(\theta)=\sum_i^m y*\lg(h_\theta(x^i))+(1-y)*\lg(1-h_\theta(x^i))$$

(4) 损失函数:

$$J(\theta)=\sum_i^m(y^{(i)}*\lg(h_\theta(x^{(i)}))+(1-y^{(i)})*\lg(1-h_\theta(x^{(i)})))$$

在这里我们发现损失函数是一个恒正的函数，所以我们使用梯度上升算法，这个和梯度下降算法并没有什么区别。

(5) 梯度上升迭代函数:

$$\theta_j=\theta_j+\alpha\frac{\partial J(\theta)}{\theta_j}$$

偏导函数，为了推导方便，暂时省略求和计算。偏导公式进行链式分解:

$$\frac{\partial J(\theta)}{\partial\theta j}=\frac{\partial J(\theta)}{\partial g(\theta^{\mathrm{T}}X)}*\frac{\partial g(\theta^{\mathrm{T}}X)}{\partial\theta^{\mathrm{T}}X}*\frac{\partial\theta^{\mathrm{T}}X}{\partial\theta j}$$

$$\frac{\partial J(\theta)}{\partial g(\theta^{\mathrm{T}}X)}=y*\left(\frac{1}{g(\theta^{\mathrm{T}}X)}\right)+(y-1)*\left(\frac{1}{1-g(\theta^{\mathrm{T}}X)}\right)$$

$$\frac{\partial g(\theta^{\mathrm{T}}X)}{\partial\theta^{\mathrm{T}}X}=\frac{-e^{-\theta^{\mathrm{T}}X}}{(1+e^{-\theta^{\mathrm{T}}X})^2}=\frac{1}{1+e^{-\theta^{\mathrm{T}}X}}*\frac{-\theta^{\mathrm{T}}X}{1+e^{-\theta^{\mathrm{T}}X}}=g(z)*(1-g(z))$$

$$\frac{\partial\theta^{\mathrm{T}}X}{\partial\theta_j}=x_j$$

上面三式综上:

$$\frac{\partial J(\theta)}{\partial \theta_j} = (y - h_\theta(x)) * x_j$$

综上可以得：

$$\theta_j = \theta_j + \alpha \sum_i^m (y^{(i)} - h_\theta(x^{(i)})) * x_j^i = \theta + \alpha X^T(g(\theta^T X) - y)$$

4.2.1.3　logistic 回归的应用

（1）寻找危险因素。正如上面所说的寻找某一疾病的危险因素等。

（2）预测。如果已经建立了 logistic 回归模型，则可以根据模型，预测在不同的自变量情况下，发生某病或某种情况的概率有多大。

（3）判别。实际上跟预测有些类似，也是根据 logistic 模型，判断某人属于某病或属于某种情况的概率有多大，也就是看一下这个人有多大的可能性是属于某病。

这是 logistic 回归最常用的三个用途，实际中的 logistic 回归用途是极为广泛的，logistic 回归几乎已经成了流行病学和医学中最常用的分析方法，因为它与多重线性回归相比有很多的优势，以后会对该方法进行详细的阐述。实际上有很多其他分类方法，只不过 logistic 回归是最成功也是应用最广的。

4.2.2　支持向量机（SVM）

4.2.2.1　简介

支持向量机（Support Vector Machine，SVM）是一类按监督学习方式对数据进行二元分类的广义线性分类器，支持向量机被提出于 1964 年，在 20 世纪 90 年代后得到快速发展并衍生出一系列改进和扩展算法，在人像识别、文本分类等模式识别问题中有得到应用。它的目的是寻找一个超平面来对样本进行分割，分割的原则是间隔最大化，最终转化为一个凸二次规划问题来求解。由简至繁的模型包括：

（1）当训练样本线性可分时，通过硬间隔最大化，学习一个线性可分支持向量机；

（2）当训练样本近似线性可分时，通过软间隔最大化，学习一个线性支持向量机；

（3）当训练样本线性不可分时，通过核技巧和软间隔最大化，学习一个非线性支持向量机。

支持向量机是由模式识别中广义肖像算法（generalized portrait algorithm）发展而来的分类器，其早期工作来自前苏联学者 Vladimir N. Vapnik 和 Alexander Y. Lerner 在 1963 年发表的研究。1964 年，Vapnik 和 Alexey Y. Chervonenkis 对广

义肖像算法进行了进一步讨论并建立了硬边距的线性支持向量机。此后在 20 世纪 70~80 年代，随着模式识别中最大边距决策边界的理论研究、基于松弛变量（slack variable）的规划问题求解技术的出现，和 VC 维（Vapnik-Chervonenkis dimension，VC dimension）的提出，支持向量机被逐步理论化并成为统计学习理论的一部分。1992 年，Bernhard E. Boser、Isabelle M. Guyon 和 Vapnik 通过核方法得到了非线性支持向量机。1995 年，Corinna Cortes 和 Vapnik 提出了软边距的非线性支持向量机并将其应用于手写字符识别问题，这份研究在发表后得到了关注和引用，为支持向量机在各领域的应用提供了参考。

支持向量机的基本思想可概括如下：首先，要利用一种变换将空间高维化，当然这种变换是非线性的，然后，在新的复杂空间取最优线性分类表面。由此种方式获得的分类函数在形式上类似于神经网络算法。支持向量机是统计学习领域中一个代表性算法，但它与传统方式的思维方法很不同，输入空间、提高维度从而将问题简短化，使问题归结为线性可分的经典解问题。支持向量机应用于垃圾邮件识别，人脸识别等多种分类问题。

4.2.2.2　线性可分支持向量机

给定训练样本集 $D=(x_1, y_1), (x_2, y_2), \cdots, (x_m, y_m)$，其中 $y_i \in \{-1, +1\}$，分类学习最基本的想法就是基于训练集 D 在样本空间中找到一个划分超平面，将不同类别的样本分开。

直观看上去，能将训练样本分开的划分超平面有很多，但应该用两类训练样本“正中间”的超平面来分开样本，即图 4-2 中较粗的那条，因为该划分超平面对训练样本局部扰动的“容忍”性最好。例如，由于训练集的局限性或者噪声的因素，训练集外的样本可能比图 4-2 中的训练样本更接近两个类的分隔界，这将使许多划分超平面出现错误。而红色超平面的影响最小，简言之，这个划分超平面所产生的结果是鲁棒性的。

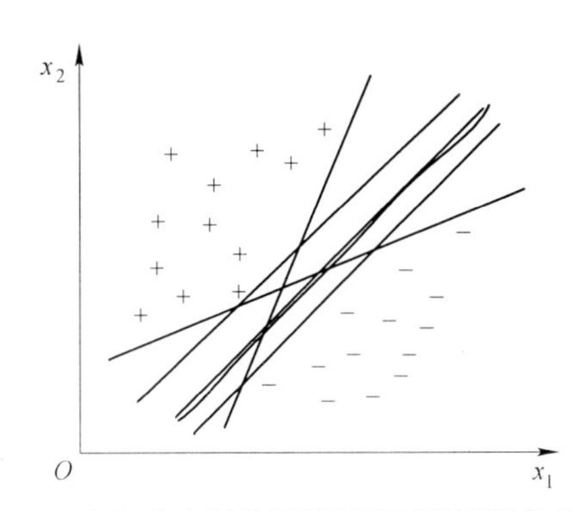

图 4-2　存在多个划分超平面将两类训练样本分开

4.2.2.3　logistic 回归与支持向量机的异同

A　相同点

（1）logistic 回归和支持向量机都是分类算法。

（2）logistic 回归和支持向量机都是监督学习算法。

（3）logistic 回归和支持向量机都是判别模型。

（4）如果不考虑核函数，logistic 回归和支持向量机都是线性分类算法，也就是说他们的分类决策面都是线性的。

说明：logistic 回归也是可以用核函数的，但 logistic 回归通常不采用核函数的方法。

B　logistic 回归和支持向量机不同点

（1）logistic 回归采用 log 损失，支持向量机采用合页损失。

逻辑回归的损失函数：

$$J(\theta) = -\frac{1}{m}\left[\sum_{i=1}^{m} y^{(i)}\lg h_\theta(x^{(i)}) + (1 - y^{(i)})\lg(1 - h_\theta(x^{(i)}))\right]$$

支持向量机的目标函数：

$$L(w,\ b,\ \alpha) = \frac{1}{2}\|w\|^2 - \sum_{i=1}^{n}\alpha_i(y_i(w^{\mathrm{T}}x_i + b) - 1)$$

logistic 回归方法基于概率理论，假设样本为 1 的概率可以用 sigmoid 函数来表示，然后通过极大似然估计的方法估计出参数的值（基于统计的，其损失函数是人为设定的凸函数）。支持向量机基于几何间隔最大化原理，认为存在最大几何间隔的分类面为最优分类面。

（2）logistic 回归对异常值敏感，支持向量机对异常值不敏感。支持向量机只考虑局部的边界线附近的点，而逻辑回归考虑全局。logistic 回归模型找到的那个超平面，是尽量让所有点都远离他，而支持向量机寻找的那个超平面，是只让最靠近中间分割线的那些点尽量远离，即只用到那些支持向量的样本。

支持向量机改变非支持向量样本并不会引起决策面的变化（见图 4-3）：

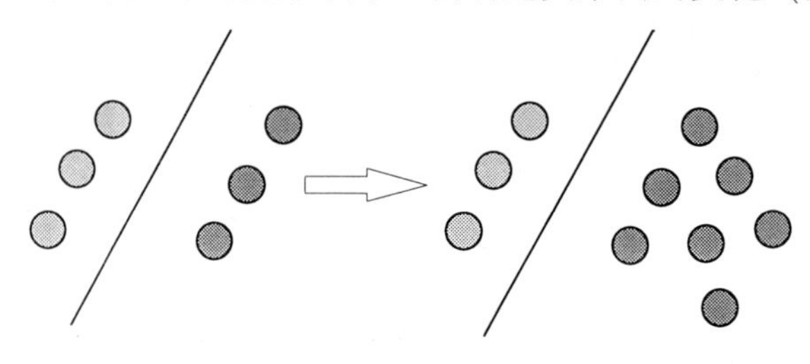

图 4-3　支持向量机决策面

logistic 回归中改变任何样本都会引起决策面的变化（见图 4-4）：

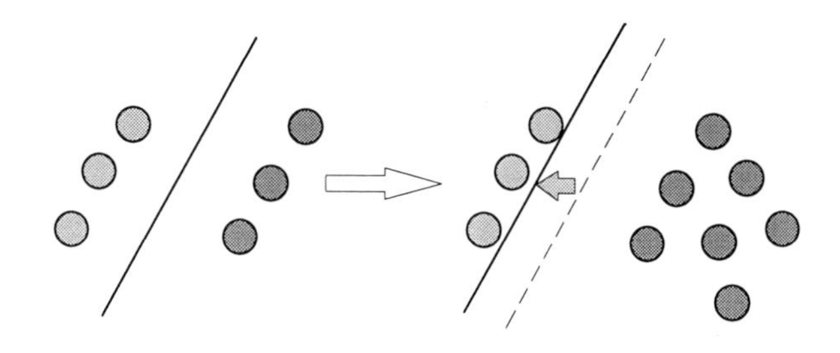

图 4-4 logistic 回归中的决策面

logistic 回归则受所有数据点的影响，如果数据不同类别 strongly unbalance，一般需要先对数据做 balancing。

（3）计算复杂度不同。对于海量数据，支持向量机的效率较低，logistic 回归效率比较高。

（4）对非线性问题的处理方式不同，logistic 回归主要靠特征构造，必须组合交叉特征，特征离散化。支持向量机也可以这样，还可以通过 kernel（因为只有支持向量参与核计算，计算复杂度不高）。由于可以利用核函数，支持向量机则可以通过对偶求解高效处理。logistic 回归则在特征空间维度很高时，表现较差。

（5）支持向量机的损失函数就自带正则。（损失函数中的 $1/2\|w\|^2$ 项），这就是为什么支持向量机是结构风险最小化算法的原因，而 logistic 回归必须另外在损失函数上添加正则项。

4.2.2.4 支持向量机的性质

稳健性与稀疏性：支持向量机的优化问题同时考虑了经验风险和结构风险最小化，因此具有稳定性。从几何观点，支持向量机的稳定性体现在其构建超平面决策边界时要求边距最大，因此间隔边界之间有充裕的空间包容测试样本。支持向量机使用铰链损失函数作为代理损失，铰链损失函数的取值特点使支持向量机具有稀疏性，即其决策边界仅由支持向量决定，其余的样本点不参与经验风险最小化。在使用核方法的非线性学习中，支持向量机的稳健性和稀疏性在确保了可靠求解结果的同时降低了核矩阵的计算量和内存开销。

与其他线性分类器的关系：支持向量机是一个广义线性分类器，通过在支持向量机的算法框架下修改损失函数和优化问题可以得到其他类型的线性分类器，例如将支持向量机的损失函数替换为 logistic 损失函数就得到了接近于 logistic 回归的优化问题。支持向量机和 logistic 回归是功能相近的分类器，二者的区别在于 logistic 回归的输出具有概率意义，也容易扩展至多分类问题，而支持向量机的稀疏性和稳定性使其具有良好的泛化能力并在使用核方法时计算量更小。

作为核方法的性质：支持向量机不是唯一可以使用核技巧的机器学习算法，logistic 回归、岭回归和线性判别分析（Linear Discriminant Analysis，LDA）也可通过核方法得到核 logistic 回归（kernel logistic regression）、核岭回归（kernel ridge regression）和核线性判别分析（Kernelized LDA，KLDA）方法。因此支持向量机是广义上核学习的实现之一。

4.2.2.5　支持向量机的改进算法

（1）偏斜数据的改进算法。软边距的线性和非线性支持向量机可以通过修该正则化系数为偏斜数据赋权。具体地，若学习样本中正例的数量远大于负例，则可按样本比例设定正则化系数：

$$C_{+1}N_{+1} = C_{-1}N_{-1}$$

式中的+1，-1 表示正例和负例，即在正例多时，对正利使用小的正则化系数，使支持向量机倾向于通过正例降低结构风险，同时也对负例使用大的正则化系数，使支持向量机倾向于通过负例降低经验风险。

（2）概率支持向量机（platt’s probabilistic outputs）。概率支持向量机可以视为 logistic 回归和支持向量机的结合，支持向量机由决策边界直接输出样本的分类，概率支持向量机则通过 Sigmoid 函数计算样本属于其类别的概率。具体地，在计算标准支持向量机得到学习样本的决策边界后，概率支持向量机通过缩放和平移参数（A，B）对决策边界进行线性变换，并使用极大似然估计（Maximum Liklihood Estimation，MLE）得到（A，B）的值，将样本到线性变换后超平面的距离作为 Sigmoid 函数的输入得到概率。在通过标准支持向量机求解决策边界后，概率支持向量机的改进可表示如下：

$$\hat{A},\ \hat{B} = \arg\lim_{A,\ B} \frac{1}{N} \sum_{i=1}^{N} (y_i + 1)\lg(p_i) + (1 - y_i)\lg(1 - p_i)$$

$$p_i = \mathrm{sigmoid}[\hat{A}(w^{\mathrm{T}}\phi(X_i) + b) + \hat{B}]$$

式中第一行的优化问题实际上是缩放和平移参数的 logistic 回归，需要使用梯度下降算法求解，这意味着概率支持向量机的运行效率低于标准支持向量机。在通过学习样本得到缩放和平移参数的 MLE 后，将参数应用于测试样本可计算支持向量机的输出概率。

（3）多分类支持向量机（multiple class SVM）。标准支持向量机是基于二元分类问题设计的算法，无法直接处理多分类问题。利用标准支持向量机的计算流程有序地构建多个决策边界以实现样本的多分类，通常的实现为“一对多（one-against-all）”和“一对一（one-against-one）”。一对多支持向量机对 m 个分类建立 m 个决策边界，每个决策边界判定一个分类对其余所有分类的归属；

一对一支持向量机是一种投票法（voting），其计算流程是对 m 个分类中的任意 2 个建立决策边界，即共有$\frac{m(m-1)}{2}$个决策边界，样本的类别按其对所有决策边界的判别结果中得分最高的类别选取。一对多支持向量机通过对标准支持向量机的优化问题进行修改可以实现一次迭代计算所有决策边界。

（4）最小二乘支持向量机（Least Square SVM，LS-SVM）。最小二乘支持向量机是标准支持向量机的一种变体，两者的差别是最小二乘支持向量机没有使用铰链损失函数，而是将其优化问题改写为类似于岭回归（ridge regression）的形式，对软边距支持向量机，最小二乘支持向量机的优化问题如下：

$$\max_{w,\ b} \frac{1}{2} \| w \|^2 + C \sum_{i=1}^{N} e_i^2 ,\ e_i = y_i - (w^{\mathrm{T}} X_i + b)$$

$$s.t.\ y_i(w^{\mathrm{T}} X_i + b) \geqslant 1 - e_i$$

类比标准支持向量机，可以通过拉格朗日乘子

$$\alpha = [\alpha_1,\ \cdots,\ \alpha_N]$$

得到最小二乘支持向量机的对偶问题，该对偶问题是一个线性系统：

$$\begin{bmatrix} 0 & -y^{\mathrm{T}} \\ y & X^{\mathrm{T}}X + C^{-1}I \end{bmatrix} \begin{bmatrix} b \\ \alpha \end{bmatrix} = \begin{bmatrix} 0 \\ 1 \end{bmatrix}$$

（5）结构化支持向量机（structured SVM）。结构化支持向量机是标准支持向量机在处理结构化预测（structured prediction）问题时所得到的推广，给定样本空间和标签空间的结构化数据 $(X,\ y) \in x \times y$ 和标签空间内的距离函数

$\Delta: y \times y \rightarrow R_+$，其优化问题如下：

$$\max_{w,\ b} \frac{1}{2} \| w \|^2 + C \sum_{i=1}^{N} \xi_i$$

$$s.t.\ w^{\mathrm{T}} \psi(X_i,\ y_i) - w^{\mathrm{T}} \psi(X_i,\ y) \geqslant \Delta(y_i,\ y) - \xi_i,\ \xi_i \geqslant 0$$

结构化支持向量机被应用于自然语言处理（Natural Language Processing，NLP）问题中，例如给定语料库数据对其语法分析器（parser）的结构进行预测，也被用于生物信息学（bioinformatics）中的蛋白质结构预测（protein structure prediction）。

（6）多核支持向量机（multiple kernel SVM）。多核支持向量机是多核学习（multiple kernel learning）在监督学习中的实现，是在标准的非线性支持向量机中将单个核函数替换为核函数族（kernel family）的改进算法。多核支持向量机的构建方法可以被归纳为以下 5 类：

显式规则（fixed rule）：在不加入任何超参数的情形下使用核函数的性质，例如线性可加性构建核函数族。显示规则构建的多核支持向量机可以直接使用标准支持向量机的方法进行求解。

启发式方法（heuristic approach）：使用包含参数的组合函数构建核函数族，参数按参与构建的单个核函数的核矩阵或分类表现确定。

优化方法（optimization approach）：使用包含参数的组合函数构建核函数族，参数按核函数间的相似性或最小化结构风险或所得到的优化问题求解。

贝叶斯方法（bayesian approach）：使用包含参数的组合函数构建核函数族，参数被视为随机变量并按贝叶斯推断方法进行估计。

提升方法（boosting approach）：按迭代方式不断在核函数族中加入核函数直到多核支持向量机的分类表现不再提升为止。

研究表明，从分类的准确性而言，多核支持向量机具有更高的灵活性，在总体上也优于使用其核函数族中某个单核计算的标准支持向量机，但非线性和依赖于样本的核函数族构建方法不总是更优的。核函数族的构建通常依具体问题而定。

4.2.2.6　支持向量机的扩展算法

A　支持向量回归

将支持向量机由分类问题推广至回归问题可以得到支持向量回归（Support Vector Regression，SVR），此时支持向量机的标准算法也被称为支持向量分类（Support Vector Classification，SVC）。SVC 中的超平面决策边界是 SVR 的回归模型：$f(X)=w^{\mathrm{T}}X+b$。SVR 具有稀疏性，若样本点与回归模型足够接近，即落入回归模型的间隔边界内，则该样本不计算损失，对应的损失函数被称为 ε-不敏感损失函数（ε-insensitive loss）：$L(z)=\max(0,\ |z|-\in)$，其中 $\in$ 是决定间隔边界宽度的超参数。可知，不敏感损失函数与 SVC 使用的铰链损失函数相似，在原点附近的部分取值被固定为 0。类比软边距支持向量机，SVR 是如下形式的二次凸优化问题：

$$\max_{w,\ b} \frac{1}{2} \| w \|^2 s.t.\ | y_i - f(X) | \leqslant \varepsilon$$

使用松弛变量 ξ，ξ^* 表示 ε-不敏感损失函数的分段取值后可得：

$$\max_{w,\ b} \frac{1}{2} \| w \|^2 + C \sum_{i=1}^{N} (\xi_i + \xi_i^*)$$

$$s.t.\ y_i - f(X) \leqslant \in + \xi_i$$

$$f(X) - y_i \leqslant \in + \xi_i$$

$$\xi \geqslant 0,\ \xi^* \geqslant 0$$

类似于软边距支持向量机，通过引入拉格朗日乘子：α，α^*，μ，μ^* 可得到其拉格朗日函数和对偶问题：

$$L(w,\ b,\ \xi,\ \xi^*,\ \alpha,\ \alpha^*,\ \mu,\ \mu^*)$$
$$=\frac{1}{2}\|w\|^2+C\sum_{i=1}^{N}(\xi_i+\xi_i^*)-\sum_{i=1}^{N}\mu_i\xi_i-\sum_{i=1}^{N}\mu_i^*\xi_i^*+\sum_{i=1}^{N}\alpha_i\left|f(X_i)_i-y_i-\in-\xi_i\right.$$
$$+\sum_{i=1}^{N}\alpha_i^*\ [f(X_i)i-y_i-\in-\xi_i^*]\max_{\alpha,\ \alpha^*}\sum_{i=1}^{N}[y_i(\alpha_i^*-\alpha_i)-\in(\alpha_i^*+\alpha_i)]-$$
$$\frac{1}{2}\sum_{i=1}^{N}\sum_{j=1}^{N}[(\alpha_i^*-\alpha_i)(X_i)^{\mathrm{T}}(X_j)(\alpha_j^*-\alpha_j)]$$
$$s.t.\ \sum_{i=1}^{N}(\alpha_i^*-\alpha_i)=0,\ 0\leqslant\alpha_i,\ \alpha_i^*\leqslant C$$

其中对偶问题有如下 KKT 条件：

$$\begin{cases}\alpha_i\alpha_i^*=0,\ \xi_i\xi_i^*=0\\(C-\alpha_i)\xi_i=0,\ (C-\alpha_i^*)\xi_i^*=0\\\alpha_i[f(X)-y_i-\in-\xi_i]=0\\\alpha_i^*[y_i-f(X)-\in-\xi_i^*]=0\end{cases}$$

对该对偶问题进行求解可以得到 SVR 的形式为：

$$f(X)=\sum_{i=1}^{m}(\alpha_i^*-\alpha_i)X_i^{\mathrm{T}}X+b$$

SVR 可以通过核方法得到非线性的回归结果。此外 LS-SVM 可以按与 SVR 相似的方法求解回归问题。

B 支持向量聚类

使用 RBF 核和不同超参数的支持向量聚类实例。支持向量聚类（support vector clustering）是一类非参数的聚类算法，是支持向量机在聚类问题中的推广。具体地，支持向量聚类首先使用核函数，通常是径向基函数核，将样本映射至高维空间，随后使用 SVDD（Support Vector Domain Description）算法得到一个闭合超曲面作为高维空间中样本点富集区域的刻画。最后，支持向量聚类将该曲面映射回原特征空间，得到一系列闭合等值线，每个等值线内部的样本会被赋予一个类别。

支持向量聚类不要求预先给定聚类个数，研究表明，支持向量聚类在低维学习样本的聚类中有稳定表现，高维样本通过其他降维（dimensionality reduction）方法进行预处理后也可进行支持向量聚类。

C 半监督支持向量机

S3VM（Semi-Supervised SVM，S3VM）是支持向量机在半监督学习中的应用，可以应用于少量标签数据和大量无标签数据组成的学习样本。在不考虑未标记样本时，支持向量机会求解最大边距超平面，在考虑无标签数据后，S3VM 会依据低密度分隔（low density separation）假设求解能将两类标签样本分开，且穿过无标签数据低密度区域的划分超平面。

S3VM 的一般形式是按标准支持向量机的方法从标签数据中求解决策边界，并通过探索无标签数据对决策边界进行调整。在软边距支持向量机的基础上，S3VM 的优化问题另外引入了 2 个松弛变量：

$$\max_{w, b} \frac{1}{2} \| w \|^2 + C \sum_{i=1}^{L} \xi_i + C \sum_{j=1}^{L} \min(\eta, \eta^*)$$

$$s.t. \ y_i(w^T X_i + b) \geq 1 - \xi_i, \ \xi_i \geq 0$$

$$w^T X_i + b \geq 1 - \eta, \ \eta_j \geq 0$$

$$-(w^T X_j + b) \geq 1 - \eta^*, \ \eta_j^* \geq 0$$

式中，L，N 为有标签和无标签样本的个数，松弛变量 η，η^* 表示 SSVM 将无标签数据归入两个类别产生的经验风险。

S3VM 有很多变体，包括直推式支持向量机（Transductive SVM，TSVM）、拉普拉斯支持向量机（Laplacian SVM）和均值 S3VM（mean S3VM）。

4.2.2.7 支持向量机的应用

支持向量机在各领域的模式识别问题中有应用，包括人像识别、文本分类、手写字符识别、生物信息学等。

在包含支持向量机的编程模块中，按引用次数，由台湾大学资讯工程研究所开发的 LIBSVM 是使用最广的支持向量机工具。LIBSVM 包含标准支持向量机算法、概率输出、支持向量回归、多分类支持向量机等功能，其源代码由 C 编写，并有 JAVA、Python、R、MATLAB 等语言的调用接口、基于 CUDA 的 GPU 加速和其他功能性组件，例如多核并行计算、模型交叉验证等。

基于 Python 开发的机器学习模块 scikit-learn 提供预封装的支持向量机工具，其设计参考了 LIBSVM。其他包含支持向量机的 Python 模块有 MDP、MLPy、PyMVPA 等。TensorFlow 的高阶 API 组件 Estimators 有提供支持向量机的封装模型。

4.2.3 朴素贝叶斯（NB）

4.2.3.1 简介

贝叶斯学习是机器学习较早的研究方向，其方法最早起源于英国数学家托马斯，贝叶斯在 1763 年所证明的一个关于贝叶斯定理的一个特例。经过多位统计学家的共同努力，贝叶斯统计在 20 世纪 50 年代之后逐步建立起来，成为统计学中一个重要的组成部分。

朴素贝叶斯法是基于贝叶斯定理与特征条件独立假设的分类方法。最为广泛的两种分类模型是决策树模型（Decision Tree Model）和朴素贝叶斯模型（Naive

Bayesian Model，NBM）。和决策树模型相比，朴素贝叶斯分类器（Naive Bayes Classifier，NBC）发源于古典数学理论，有着坚实的数学基础，以及稳定的分类效率。同时，NBC 模型所需估计的参数很少，对缺失数据不太敏感，算法也比较简单。理论上，NBC 模型与其他分类方法相比具有最小的误差率。但是实际上并非总是如此，这是因为 NBC 模型假设属性之间相互独立，这个假设在实际应用中往往是不成立的，这给 NBC 模型的正确分类带来了一定影响。

朴素贝叶斯算法是一种分类算法。它不是单一算法，而是一系列算法，它们都有一个共同的原则，即被分类的每个特征都与任何其他特征的值无关。朴素贝叶斯分类器认为这些“特征”中的每一个都独立地贡献概率，而不管特征之间的任何相关性。然而，特征并不总是独立的，这通常被视为朴素贝叶斯算法的缺点。简而言之，朴素贝叶斯算法允许我们使用概率给出一组特征来预测一个类。与其他常见的分类方法相比，朴素贝叶斯算法需要的训练很少。在进行预测之前必须完成的唯一工作是找到特征的个体概率分布的参数，这通常可以快速且确定地完成。这意味着即使对于高维数据点或大量数据点，朴素贝叶斯分类器也可以表现良好。

朴素贝叶斯分类（NBC）是以贝叶斯定理为基础并且假设特征条件之间相互独立的方法，先通过已给定的训练集，以特征词之间独立作为前提假设，学习从输入到输出的联合概率分布，再基于学习到的模型，输入 X 求出使得后验概率最大的输出 Y。

设有样本数据集 $D=[d_1, d_2, \cdots, d_n]$，对应样本数据的特征属性集为 $X=[x_1, x_2, \cdots, x_d]$ 类变量为 $Y=[y_1, y_2, \cdots, y_m]$，即 D 可以分为 y_m 类别。其中相互独立且随机，则 Y 的先验概率 $P_{\text{prior}}=P(Y)$，Y 的后验概率 $P_{\text{post}}=P(Y|X)$，由朴素贝叶斯算法可得，后验概率可以由先验概率 $P_{\text{prior}}=P(Y)$、证据 $P(X)$、类条件概率 $P(Y|X)$ 计算出：

$$P(Y|X)=\frac{P(Y)P(X|Y)}{P(X)}$$

朴素贝叶斯基于各特征之间相互独立，在给定类别为 y 的情况下，上式可以进一步表示为下式：

$$P(X|Y=y)=\prod_{i=1}^{d}P(x_i|Y=y)$$

由以上两式可以计算出后验概率为：

$$P_{\text{post}}=P(Y|X)=\frac{P(Y)\prod_{i=1}^{d}P(x_i|Y)}{P(X)}$$

由于 $P(X)$ 的大小是固定不变的，因此在比较后验概率时，只比较上式的分子部分即可。因此可以得到一个样本数据属于类别 y_i 的朴素贝叶斯计算如下所示：

$$P(y_i \mid x_1, x_2, \cdots, x_d) = \frac{P(y_i)\prod_{j=1}^{d} P(x_j \mid y_j)}{\prod_{j=1}^{d} P(x_j)}$$

4.2.3.2　朴素贝叶斯的优缺点

（1）优点。朴素贝叶斯算法假设了数据集属性之间是相互独立的，因此算法的逻辑性十分简单，并且算法较为稳定，当数据呈现不同的特点时，朴素贝叶斯的分类性能不会有太大的差异。换句话说就是朴素贝叶斯算法的健壮性比较好，对于不同类型的数据集不会呈现出太大的差异性。当数据集属性之间的关系相对比较独立时，朴素贝叶斯分类算法会有较好的效果。

（2）缺点。属性独立性的条件同时也是朴素贝叶斯分类器的不足之处。数据集属性的独立性在很多情况下是很难满足的，因为数据集的属性之间往往都存在着相互关联，如果在分类过程中出现这种问题，会导致分类的效果大大降低。

4.2.3.3　朴素贝叶斯的应用

（1）文本分类。分类是数据分析和机器学习领域的一个基本问题。文本分类已广泛应用于网络信息过滤、信息检索和信息推荐等多个方面。数据驱动分类器学习一直是近年来的热点，方法很多，比如神经网络、决策树、支持向量机、朴素贝叶斯等。相对于其他精心设计的更复杂的分类算法，朴素贝叶斯分类算法是学习效率和分类效果较好的分类器之一。直观的文本分类算法，也是最简单的贝叶斯分类器，具有很好的可解释性，朴素贝叶斯算法特点是假设所有特征的出现相互独立互不影响，每一特征同等重要。但事实上这个假设在现实世界中并不成立：首先，相邻的两个词之间的必然联系，不能独立；其次，对一篇文章来说，其中的某一些代表词就确定它的主题，不需要通读整篇文章、查看所有词。所以需要采用合适的方法进行特征选择，这样朴素贝叶斯分类器才能达到更高的分类效率。

（2）其他。朴素贝叶斯算法在文字识别，图像识别方向有着较为重要的作用。可以将未知的一种文字或图像，根据其已有的分类规则来进行分类，最终达到分类的目的。

现实生活中朴素贝叶斯算法应用广泛，如文本分类，垃圾邮件的分类，信用评估，钓鱼网站检测等等。

4.2.4　决策树

4.2.4.1　简介

决策树（Decision Tree）是机器学习常见的一种方法。20 世纪末期，机器学习研究者 J. Ross Quinlan 将 Shannon 的信息论引入到了决策树算法中，提出了 ID3 算法。1984 年 I. Kononenko、E. Roskar 和 I. Bratko 在 ID3 算法的基础上提出了 AS-SISTANT Algorithm，这种算法允许类别的取值之间有交集。同年，A. Hart 提出了 Chi-Squa 统计算法，该算法采用了一种基于属性与类别关联程度的统计量。1984 年 L. Breiman、C. Ttone、R. Olshen 和 J. Freidman 提出了决策树剪枝概念，极大地改善了决策树的性能。2007 年房祥飞表述了一种叫 SLIQ（决策树分类）算法，这种算法的分类精度与其他决策树算法不相上下，但其执行的速度比其他决策树算法快，它对训练样本集的样本数量以及属性的数量没有限制。SLIQ 算法能够处理大规模的训练样本集，具有较好的伸缩性；执行速度快而且能生成较小的二叉决策树。SLIQ 算法允许多个处理器同时处理属性表，从而实现了并行性。但是 SLIQ 算法依然不能摆脱主存容量的限制。2000 年 RajeevRaSto 等提出了 PUBLIC 算法，该算法是对尚未完全生成的决策树进行剪枝，因而提高了效率。近几年模糊决策树也得到了蓬勃发展。研究者考虑到属性间的相关性提出了分层回归算法、约束分层归纳算法和功能树算法，这三种算法都是基于多分类器组合的决策树算法，它们对属性间可能存在的相关性进行了部分实验和研究，但是这些研究并没有从总体上阐述属性间的相关性是如何影响决策树性能。此外，还有很多其他的算法，如 J Zhang 于 2014 年提出的一种基于粗糙集的优化算法、R Wang 在 2015 年提出的基于极端学习树的算法模型等。

决策树是在已知各种情况发生概率的基础上，通过构成决策树来求取净现值的期望值大于等于零的概率，评价项目风险，判断其可行性的决策分析方法，是直观运用概率分析的一种图解法。由于这种决策分支画成图形很像一棵树的枝干，故称决策树。在机器学习中，决策树是一个预测模型，他代表的是对象属性与对象值之间的一种映射关系。决策树是一种基本的分类与回归方法，此处主要讨论分类的决策树。

决策树是一种树形结构，其中每个内部节点表示一个属性上的测试，每个分支代表一个测试输出，每个叶节点代表一种类别。

在分类问题中，表示基于特征对实例进行分类的过程，可以认为是 if-then 的集合，也可以认为是定义在特征空间与类空间上的条件概率分布。

决策树及其变种是一类将输入空间分成不同的区域，每个区域有独立参数的算法。决策树算法充分利用了树形模型，根节点到一个叶子节点是一条分类的路径规则，每个叶子节点象征一个判断类别。先将样本分成不同的子集，再进行分割递推，直至每个子集得到同类型的样本，从根节点开始测试，到子树再到叶子节点，即可得出预测类别。此方法的特点是结构简单、处理数据效率较高。

决策树通常有三个步骤：特征选择、决策树的生成、决策树的修剪。

（1）决策树分类：从根节点开始，对实例的某一特征进行测试，根据测试结果将实例分配到其子节点，此时每个子节点对应着该特征的一个取值，如此递归的对实例进行测试并分配，直到到达叶节点，最后将实例分到叶节点的类中。图 4-5 为决策树示意图。

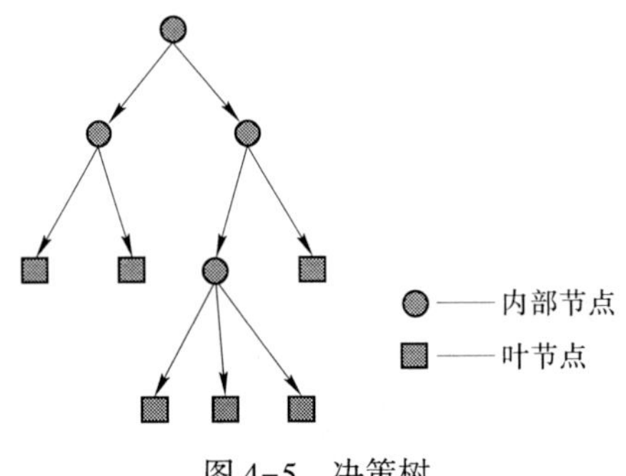

图 4-5　决策树

(2) 决策树学习的本质：从训练集中归纳出一组分类规则，或者说是由训练数据集估计条件概率模型。

(3) 决策树学习的损失函数：正则化的极大似然函数。

(4) 决策树学习的测试：最小化损失函数。

(5) 决策树学习的目标：在损失函数的意义下，选择最优决策树的问题。

图 4-6 为一个决策树流程图，正方形代表判断模块，椭圆代表终止模块，表示已经得出结论，可以终止运行，左右箭头叫做分支。决策树的优势在于数据形式非常容易理解。

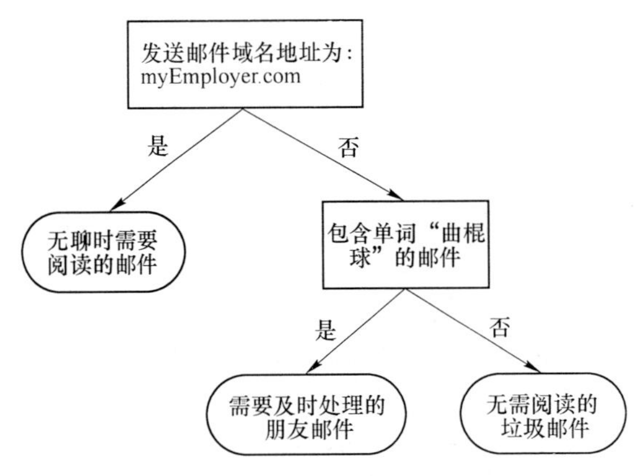

图 4-6　流程图形式的决策树

4.2.4.2　决策树的构造

决策树学习的算法通常是一个递归地选择最优特征，并根据该特征对训练数据进行分割，使得各个子数据集有一个最好的分类的过程。这一过程对应着对特征空间的划分，也对应着决策树的构建。

（1）开始：构建根节点，将所有训练数据都放在根节点，选择一个最优特征，按着这一特征将训练数据集分割成子集，使得各个子集有一个在当前条件下最好的分类。

（2）如果这些子集已经能够被基本正确分类，那么构建叶节点，并将这些子集分到所对应的叶节点去。

（3）如果还有子集不能够被正确的分类，那么就对这些子集选择新的最优特征，继续对其进行分割，构建相应的节点，如果递归进行，直至所有训练数据子集被基本正确的分类，或者没有合适的特征为止。

（4）每个子集都被分到叶节点上，即都有了明确的类，这样就生成了一颗决策树。

4.2.4.3 决策树的特点

优点：计算复杂度不高，输出结果易于理解，对中间值的缺失不敏感，可以处理不相关特征数据。

缺点：可能会产生过度匹配的问题。

4.2.4.4 决策树的适用数据类型

决策树的适用数据类型是数值型和标称型。首先：确定当前数据集上的决定性特征，为了得到该决定性特征，必须评估每个特征，完成测试之后，原始数据集就被划分为几个数据子集，这些数据子集会分布在第一个决策点的所有分支上，如果某个分支下的数据属于同一类型，则当前无序阅读的垃圾邮件已经正确的划分数据分类，无需进一步对数据集进行分割，如果不属于同一类，则要重复划分数据子集，直到所有相同类型的数据均在一个数据子集内。

4.2.4.5 使用决策树做预测需要的过程

（1）收集数据：可以使用任何方法。比如想构建一个相亲系统，我们可以从媒婆那里，或者通过参访相亲对象获取数据。根据他们考虑的因素和最终的选择结果，就可以得到一些供我们利用的数据了。

（2）准备数据：收集完的数据，我们要进行整理，将这些所有收集的信息按照一定规则整理出来，并排版，方便我们进行后续处理。

（3）分析数据：可以使用任何方法，决策树构造完成后，就可以检查决策树图形是否符合预期。

（4）训练算法：这个过程也就是构造决策树，同样也可以说是决策树学习，就是构造一个决策树的数据结构。

(5) 测试算法：使用经验树计算错误率。当错误率达到了可接收范围，这个决策树就可以投放使用了。

(6) 使用算法：此步骤可以使用适用于任何监督学习算法，而使用决策树可以更好地理解数据的内在含义。

4.2.5 K最近邻法（KNN）

4.2.5.1 简介

K最近邻（K-Nearest Neighbor，KNN）分类算法，是一个理论上比较成熟的方法，也是最简单的机器学习算法之一。该方法的思路是：如果一个样本在特征空间中的 K 个最相似（即特征空间中最邻近）的样本中的大多数属于某一个类别，则该样本也属于这个类别。用官方的话来说，所谓K近邻算法，即是给定一个训练数据集，对新的输入实例，在训练数据集中找到与该实例最邻近的 K 个实例（也就是上面所说的 K 个邻居），这 K 个实例的多数属于某个类，就把该输入实例分类到这个类中。

KNN算法本身简单有效，它是一种lazy-learning算法，分类器不需要使用训练集进行训练，训练时间复杂度为0。KNN分类的计算复杂度和训练集中的文档数目成正比，也就是说，如果训练集中文档总数为 n，那么KNN的分类时间复杂度为 $O(n)$。

实现K近邻算法时，主要考虑的问题是如何对训练数据进行快速K近邻搜索，这在特征空间维数大及训练数据容量大时非常必要。

KNN方法虽然从原理上也依赖于极限定理，但在类别决策时，只与极少量的相邻样本有关。由于KNN方法主要靠周围有限的邻近的样本，而不是靠判别类域的方法来确定所属类别的，因此对于类域的交叉或重叠较多的待分样本集来说，KNN方法较其他方法更为适合。

4.2.5.2 KNN算法的核心思想

KNN算法的核心思想我们用下面这个案例来了解。如下图所示，有两类不同的样本数据，分别用蓝色的小正方形和红色的小三角形表示，而图正中间的那个绿色的圆所标示的数据则是待分类的数据。也就是说，现在，我们不知道中间那个绿色的数据是从属于哪一类（蓝色小正方形or红色小三角形），下面，我们就要解决这个问题：给这个绿色的圆分类。

我们常说，物以类聚，人以群分，判别一个人是一个什么样品质特征的人，常常可以从他/她身边的朋友入手，所谓观其友，而识其人。我们不是要判别图4-7中那个绿色的圆是属于哪一类数据吗？那么就从它的邻居下手。但一次性看多少个邻居呢？

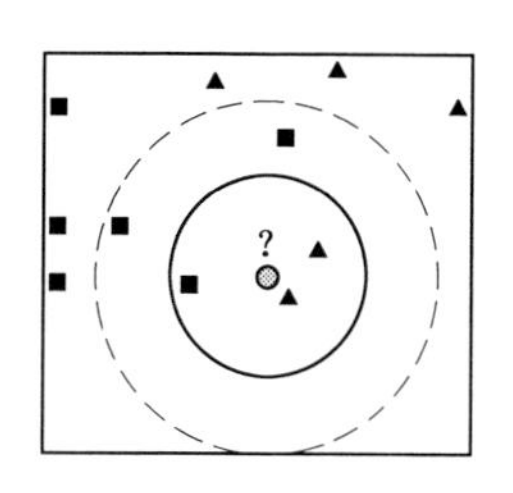

图 4-7　KNN 算法案例

如果 $K=3$，绿色圆点的最近的 3 个邻居是 2 个红色小三角形和 1 个蓝色小正方形，少数从属于多数，基于统计的方法，判定绿色的这个待分类点属于红色的三角形一类。

如果 $K=5$，绿色圆点的最近的 5 个邻居是 2 个红色三角形和 3 个蓝色的正方形，还是少数从属于多数，基于统计的方法，判定绿色的这个待分类点属于蓝色的正方形一类。

由此我们看到，当无法判定当前待分类点是从属于已知分类中的哪一类时，我们可以依据统计学的理论看它所处的位置特征，衡量它周围邻居的权重，而把它归为（或分配）到权重更大的那一类。这就是 K 近邻算法的核心思想。

KNN 算法中，所选择的邻居都是已经正确分类的对象。该方法在定类决策上只依据最邻近的一个或者几个样本的类别来决定待分样本所属的类别。

4.2.5.3　影响 KNN 算法的因素

K 近邻算法使用的模型实际上对应于对特征空间的划分。K 值的选择，距离度量和分类决策规则是该算法的三个基本要素。

K 值的选择会对算法的结果产生重大影响。K 值较小意味着只有与输入实例较近的训练实例才会对预测结果起作用，但容易发生过拟合；如果 K 值较大，优点是可以减少学习的估计误差，但缺点是学习的近似误差增大，这时与输入实例较远的训练实例也会对预测起作用，使预测发生错误。在实际应用中，K 值一般选择一个较小的数值，通常采用交叉验证的方法来选择最优的 K 值。随着训练实例数目趋向于无穷和 $K=1$ 时，误差率不会超过贝叶斯误差率的 2 倍，如果 K 也趋向于无穷，则误差率趋向于贝叶斯误差率。

该算法中的分类决策规则往往是多数表决，即由输入实例的 K 个最临近的训练实例中的多数类决定输入实例的类别。

距离度量一般采用 L_p 距离，当 $p=2$ 时，即为欧氏距离，在度量之前，应该将每个属性的值规范化，这样有助于防止具有较大初始值域的属性比具有较小初始值域的属性的权重过大。

4.2.5.4　KNN 算法的使用

KNN 算法不仅可以用于分类，还可以用于回归。通过找出一个样本的 K 个最近邻居，将这些邻居的属性的平均值赋给该样本，就可以得到该样本的属性。更有用的方法是将不同距离的邻居对该样本产生的影响给予不同的权值（weight），如权值与距离成反比。

4.2.5.5　KNN 算法的缺点

该算法在分类时有个主要的不足是，当样本不平衡时，如一个类的样本容量很大，而其他类样本容量很小时，有可能导致当输入一个新样本时，该样本的 K 个邻居中大容量类的样本占多数。该算法只计算“最近的”邻居样本，某一类的样本数量很大，那么或者这类样本并不接近目标样本，或者这类样本很靠近目标样本。无论怎样，数量并不能影响运行结果。可以采用权值的方法（和该样本距离小的邻居权值大）来改进。

该方法的另一个不足之处是计算量较大，因为对每一个待分类的文本都要计算它到全体已知样本的距离，才能求得它的 K 个最近邻点。目前常用的解决方法是事先对已知样本点进行剪辑，事先去除对分类作用不大的样本。该算法比较适用于样本容量比较大的类域的自动分类，而那些样本容量较小的类域采用这种算法比较容易产生误分。

4.2.5.6　特征工程

特征工程在机器学习中往往是最耗时耗力的，但却极其的重要。抽象来讲，机器学习问题是把数据转换成信息再提炼到知识的过程，特征是“数据-->信息”的过程，决定了结果的上限，而分类器是“信息-->知识”的过程，则是去逼近这个上限。然而特征工程不同于分类器模型，不具备很强的通用性，往往需要结合对特征任务的理解。

文本分类问题所在的自然语言领域自然也有其特有的特征处理逻辑，传统分本分类任务大部分工作也在此处。文本特征工程分为文本预处理、特征提取、文本表示三个部分，最终目的是把文本转换成计算机可理解的格式，并封装足够用于分类的信息，即很强的特征表达能力。

A　文本预处理

文本预处理过程是在文本中提取关键词表示文本的过程，中文文本处理中主要包括文本分词和去停用词两个阶段。之所以进行分词，是因为很多研究表明特征粒度为词粒度远好于字粒度，其实很好理解，因为大部分分类算法不考虑词序信息，基于字粒度显然损失了过多“n-gram”信息。

具体到中文分词，不同于英文有天然的空格间隔，需要设计复杂的分词算法。传统算法主要有基于字符串匹配的正向/逆向/双向最大匹配；基于理解的句法和语义分析消歧；基于统计的互信息/CRF 方法。近年来随着深度学习的应用，WordEmbedding+Bi-长短期记忆神经网络+CRF 方法逐渐成为主流，本章重点在文本分类，就不展开了。而停止词是文本中一些高频的代词连词介词等对文本分类无意义的词，通常维护一个停用词表，特征提取过程中删除停用表中出现的词，本质上属于特征选择的一部分。

经过文本分词和去停止词之后淘宝商品示例标题变成了下图“/”分割的一个个关键词的形式：

夏装/雪纺/条纹/短袖/t 恤/女/春/半袖/衣服/夏天/中长款/大码/胖 mm/显瘦/上衣/夏

B 文本表示和特征提取

（1）文本表示。文本表示的目的是把文本预处理后的转换成计算机可理解的方式，是决定文本分类质量最重要的部分。传统做法常用词袋模型或向量空间模型，最大的不足是忽略文本上下文关系，每个词之间彼此独立，并且无法表征语义信息。词袋模型的示例如下：

（0，0，0，0，...，1，...0，0，0，0）

一般来说词库量至少都是百万级别，因此词袋模型有个两个最大的问题：高纬度、高稀疏性。词袋模型是向量空间模型的基础，因此向量空间模型通过特征项选择降低维度，通过特征权重计算增加稠密性。

（2）特征提取。向量空间模型的文本表示方法的特征提取对应特征项的选择和特征权重计算两部分。特征选择的基本思路是根据某个评价指标独立的对原始特征项（词项）进行评分排序，从中选择得分最高的一些特征项，过滤掉其余的特征项。常用的评价有文档频率、互信息、信息增益、χ^2 统计量等。

特征权重主要是经典的 TF-IDF 方法及其扩展方法，主要思路是一个词的重要度与在类别内的词频成正比，与所有类别出现的次数成反比。

C 基于语义的文本表示

传统做法在文本表示方面除了向量空间模型，还有基于语义的文本表示方法，比如 LDA 主题模型、LSI/PLSI 概率潜在语义索引等方法，一般认为这些方法得到的文本表示可以认为文档的深层表示，而词嵌入向量文本分布式表示方法则是深度学习方法的重要基础，下文会展现。

4.2.6 人工神经网络

4.2.6.1 简介

人工神经网络（Artificial Neural Network），是 20 世纪 80 年代以来人工智能

领域兴起的研究热点。它从信息处理角度对人脑神经元网络进行抽象，建立某种简单模型，按不同的连接方式组成不同的网络。在工程与学术界也常直接简称为神经网络或类神经网络。神经网络是一种运算模型，由大量的节点（或称神经元）之间相互联接构成。每个节点代表一种特定的输出函数，称为激励函数（activation function）。每两个节点间的连接都代表一个对于通过该连接信号的加权值，称之为权重，这相当于人工神经网络的记忆。网络的输出则依网络的连接方式，权重值和激励函数的不同而不同。而网络自身通常都是对自然界某种算法或者函数的逼近，也可能是对一种逻辑策略的表达。

人工神经网络是一种具有非线性适应性信息处理能力的算法，可克服传统人工智能方法对于直觉，如模式、语音识别、非结构化信息处理方面的缺陷。早在20世纪40年代人工神经网络已被关注，并随后得到迅速发展。

神经网络通常需要进行训练，训练的过程就是网络进行学习的过程。训练改变了网络节点的连接权重使其具有分类的功能，经过训练的网络就可以用于对象的识别。

人工神经网络与神经元组成的异常复杂的网络此大体相似，是个体单元互相连接而成，每个单元有数值量的输入和输出，形式可以为实数或线性组合函数。它先要以一种学习准则去学习，然后才能进行工作。当网络判断错误时，通过学习使其减少犯同样错误的可能性。此方法有很强的泛化能力和非线性映射能力，可以对信息量少的系统进行模型处理。从功能模拟角度看具有并行性，且传递信息速度极快。

神经网络已有上百种不同的模型，常见的有反向传播算法网络、径向基ERBF网络、Hopfield网络、随机神经网络、竞争神经网络等，但是当前的神经网络仍普遍存在收敛速度慢，计算量大、训练时间长和不可解释等缺点。

最近十多年来，人工神经网络的研究工作不断深入，已经取得了很大的进展，其在模式识别、智能机器人、自动控制、预测估计、生物、医学、经济等领域已成功地解决了许多现代计算机难以解决的实际问题，表现出了良好的智能特性。

4.2.6.2　人工神经网络的发展历史

1943年，心理学家W. S. McCulloch和数理逻辑学家W. Pitts建立了神经网络和数学模型，称为MP模型。他们通过MP模型提出了神经元的形式化数学描述和网络结构方法，证明了单个神经元能执行逻辑功能，从而开创了人工神经网络研究的时代。1949年，心理学家提出了突触联系强度可变的设想。60年代，人工神经网络得到了进一步发展，更完善的神经网络模型被提出人工神经网络，其中包括感知器和自适应线性元件等。M. Minsky等仔细分析了以感知器为代表的神经网络系统的功能及局限后，于1969年出版了《Perceptron》一书，指出感知器不能解决高阶谓词问题。他们的论点极大地影响了神经网络的研究，加之当时串行计算机和人工智能所取得的成就，掩盖了发展新型计算机和人工智能新途径的必要性和迫切性，使人工神经网络的研究处于低潮。在此期间，一些人工神经网络的研究者仍然致力于这一研究，提出了适应谐振理论（ART网）、自组织映射、认知机网络，同时进行了神经网络数学理论的研究。以上研究为神经网络的研究和发展奠定了基础。1982年，美国加州工学院物理学家J. J. Hopfield提出了Hopfield神经网格模型，引入了“计算能量”概念，给出了网络稳定性判断。1984年，他又提出了连续时间Hopfield神经网络模型，为神经计算机的研究做了开拓性的工作，开创了神经网络用于联想记忆和优化计算的新途径，有力地推动了神经网络的研究，1985年，又有学者提出了波耳兹曼模型，在学习中采用统计热力学模拟退火技术，保证整个系统趋于全局稳定点。1986年进行认知微观结构地研究，提出了并行分布处理的理论。1986年，Rumelhart，Hinton，Williams发展了算法。Rumelhart和McClelland出版了《Parallel distribution processing：explorations in the microstructures of cognition》。迄今，反向传播算法已被用于解决大量实际问题。1988年，Linsker对感知机网络提出了新的自组织理论，并在Shanon信息论的基础上形成了最大互信息理论，从而点燃了基于NN的信息应用理论的光芒。1988年，Broomhead和Lowe用径向基函数（Radial basis function，RBF）提出分层网络的设计方法，从而将NN的设计与数值分析和线性适应滤波相挂钩。90年代初，Vapnik等提出了支持向量机（Support vector machines，SVM）和VC维数（Vapnik-Chervonenkis）的概念。人工神经网络的研究受到了各个发达国家的重视，美国国会通过决议将1990年1月5日开始的十年定为“脑的十年”，国际研究组织号召它的成员国将“脑的十年”变为全球行为。在日本的“真实世界计算（RWC）”项目中，人工智能的研究成了一个重要的组成部分。

4.2.6.3 人工神经网络的由来

人工神经元就是受自然神经元静息和动作电位的产生机制启发而建立的一个运算模型。神经元通过位于细胞膜或树突上的突触接受信号。当接受到的信号足够大时（超过某个门限值），神经元被激活然后通过轴突发射信号，发射的信号也许被另一个突触接受，并且可能激活别的神经元。

人工神经元模型已经把自然神经元的复杂性进行了高度抽象的符号性概括。神经元模型基本上包括多个输入（类似突触），这些输入分别被不同的权值相乘（收到的信号强度不同），然后被一个数学函数用来计算决定是否激发神经元。还有一个函数（也许是不变，就是复制）计算人工神经元的输出（有时依赖于某个门限)。人工神经网络把这些人工神经元融合在一起用于处理信息（见图 4-8)。

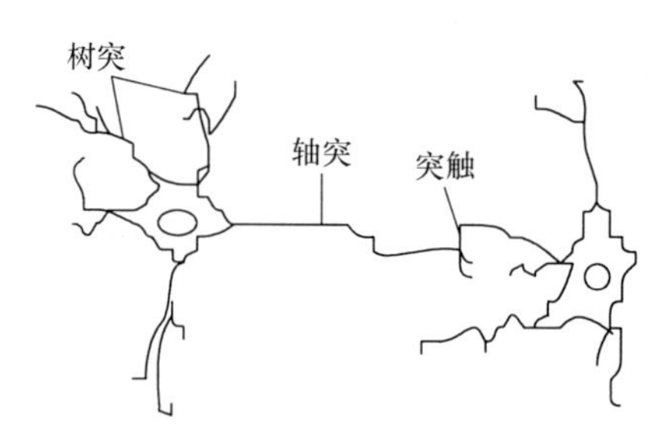

图 4-8　人工神经元

权值越大表示输入的信号对神经元影响越大。权值可以为负值，意味着输入信号收到了抑制。权值不同那么神经元的计算也不同。通过调整权值可以得到固定输入下需要的输出值。但是当人工神经网络是由成百上千的神经元组成时，手工计算这些权值会变得异常复杂。这时就需要一些算法技巧。调整权重的过程称为“学习”或者“训练”(见图 4-9)。

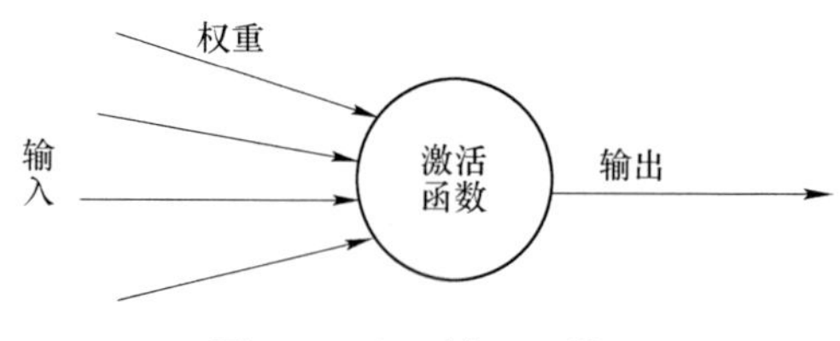

图 4-9　人工神经元模型

人工神经网络的类型和使用方式也有很多种。从 McCulloch 和 Pitts（1943 年）建立第一个神经元模型起，已经产生了几百个不同的也被称为人工神经网络的模型。这些模型之间的不同也许是功能不同、也许是接受值和拓扑结构不同、也许是学习算法不同等等。同时也有一些混合模型，这些模型里的神经元有更多在上文中没有提到的属性。由于文章篇幅的原因，我们只讲解使用后向传播算法学习的人工神经网络来学习合适的权值，这种人工神经网络是所有人工神经网络里最通用的模型，并且许多模型都是基于它的。

由于人工神经网络是用来处理信息的，自然它被应用在与信息相关的领域。有许多的人工神经网络就是对真实神经元网络进行建模，用来研究动物和机器的行为与控制，但是也有许多是用于工程的，比如：模式识别、预测、数据压缩。

4.2.6.4　后向传播算法

后向传播算法（Rumelhart and McClelland，1986）是应用在分层前馈式人工神经网络上的一种算法。这就意味着人工神经元是根据不同层次来组织划分的，并且是通过前向方式发送信号的，然后把错误率通过反馈方式传播给后向上的神经元。网络通过位于输入层（input layer）的神经元收集输入信号，网络的输出值是通过位于输出层（output）的神经元给出的。可能存在一层或者多层的中间隐藏层（hidden layers）。后向传播算法使用监督学习，也就是说我们给这个算法提供了输入值和本来想让计算的输出值，然后计算出误差（真实值和计算值之间的误差）。后向传播算法的思想就在于学习完训练样本后误差要尽量的小。训练是以权值为任意值开始的，目的就是不停的调整权值，使误差最小。

实现后向传播算法的人工神经网络里的神经元的激发函数是加权和（输入的 x_i 与各自的权值 w_{ji} 相乘后的和）：

$$A_j(\bar{x}, \bar{w}) = \sum_{i=0}^{n} x_i w_{ji} \tag{4-1}$$

可以看出激活函数只与输入值和权值有关。

如果输出函数不变（输出等于激活函数），称神经元是线性的。但是这有严重的局限性。最通用的输出函数是S型函数：

$$O_j(\bar{x}, \bar{w}) = \frac{1}{1 + e^{-A_i(\bar{x}, \bar{w})}} \tag{4-2}$$

S型函数是这样的函数：对于大的正数变量，函数的值渐渐趋近与1，对于大的负数变量，函数的值渐渐趋于0，在零点，函数的值为0.5。这就给神经元输出的高低值有一个平稳的过度（接近于1或接近于0）。我们发现输出只和激活函数有关，而激活函数又与输入值和对应的权值有关。

现在，训练的目标就变成了给定输入值得到希望的输出值。既然误差是真实输出值与希望输出值的差值，并且误差依赖于权值，我们需要调整权值来最小化误差。我们可以为每个神经元的输出定义一个误差函数：

$$E_j(\bar{x}, \bar{w}, \bar{d}) = (O_j(\bar{x}, \bar{w}) - d_j)^2 \tag{4-3}$$

我们把输出值与希望值的差做了平方，这样可以保证误差值都为正，因为差别越大误差值也越大，差别越小误差值也越小。网络的误差值就是简单的把所有在输出层上神经元的误差求和：

$$E(\bar{x}, \bar{w}, d) = \sum_{j} (O_j(\bar{x}, \bar{w}) - d_j)^2 \tag{4-4}$$

后向传播算法现在计算误差是怎么随着输出值、输入值和权重而变化的。我们理解了这些，就可以通过梯度下降法来调整权值了：

$$\Delta w_{ji} = -\eta \frac{\partial E}{\partial w_{ji}} \tag{4-5}$$

上面的公式可以按照下面的思路来理解：每个调整的 ΔW_{ji} 值将会根据上次调整后权重与网络误差的依赖程度进行调整，这种依赖程度是 E 关于 w_i 的导数。每次调整的步长还依赖于 η。也就是说对误差影响大的权值相比于影响小的，每次调整的值也比较大。式（4-5）循环计算直到找到满意的权值才停止（误差很小了)。如果你对导数不理解，你可以把它看着一个函数，并且在下文本章将立即用线性代数来代替。如果你理解了，请自己写出来然后和本章的做个比较。

所以，我们只须求得 E 关于 W_{ji} 的导数。这就是后向传播算法的目标，我们需要得到这个反馈。首先，我们需要计算输出值是怎么影响误差的，它是 E 关于 O_j 的导数（来自式（4-3））。

$$\frac{\partial E}{\partial O_j} = 2(O_j - d_j) \tag{4-6}$$

然后计算激活函数是怎么影响输出的，其次是权值怎么影响激活函数的（来自式（4-1）和式（4-2））：

$$\frac{\partial O_j}{\partial w_{ji}} = \frac{\partial O_j}{\partial A_j}\frac{\partial A_j}{\partial w_{ji}} = O_j(1 - O_j)x_i \tag{4-7}$$

继续推导（来自式（4-6）和式（4-7））：

$$\frac{\partial E}{\partial w_{ji}} = \frac{\partial E}{\partial O_j}\frac{\partial O_j}{\partial w_{ji}} = 2(O_j - d_j)O_j(1 - O_j)x_i \tag{4-8}$$

因此，对于每个权值做如下调整（来自式（4-5）和式（4-8））：

$$\Delta w_{ji} = -2\eta(O_j - d_j)O_j(1 - O_j)x_i \tag{4-9}$$

我们可以使用式（4-9）来训练含有两层的人工神经网络。现在我们想训练再多一层的网络还要考虑许多。如果我们想调整前面一层的权重（我们把它记为 V_{ik}）。我们首先需要计算误差是怎么依赖于来自上层的输入的，而和权值无关。这很简单，我们只须把式（4-7）~式（4-9）里的 X_i 用 W_{ji} 代替。但是也需要知道网路的误差是怎么随 V_{ik} 变化的。因此：

$$\Delta v_{ik} = -\eta\frac{\partial E}{\partial v_{ik}} = -\eta\frac{\partial E}{\partial x_i}\frac{\partial x_i}{\partial v_{ik}} \tag{4-10}$$

这里：

$$\frac{\partial E}{\partial x_i} = 2(O_j - d_j)O_j(1 - O_j)w_{ji} \tag{4-11}$$

另外，假设有输入值为 u_k、权重为 V_{ik} 的信号进入神经元（来自式（4-7））：

$$\frac{\partial x_i}{\partial v_{ik}} = x_i(1 - x_i)u_k \tag{4-12}$$

如果我们还想增加一层，用同样的方法计算误差是怎么随第一层的输入和权值而变化的。我们只须对这些公式及字母稍加注意，毕竟每层的神经元个数是不一样的，不能混淆。

对于实践推理来说，实现后向传播算法的人工神经网络不能有太多的层，因为花在计算上的时间是随层数指数级别上升的。同时，还有许多具有更快学习速度的改进算法。

4.2.6.5 人工神经网络的发展趋势

人工神经网络特有的非线性适应性信息处理能力，克服了传统人工智能方法对于直觉，如模式、语音识别、非结构化信息处理方面的缺陷，使之在神经专家系统、模式识别、智能控制、组合优化、预测等领域得到成功应用。人工神经网络与其他传统方法相结合，将推动人工智能和信息处理技术不断发展。近年来，人工神经网络正向模拟人类认知的道路上更加深入发展，与模糊系统、遗传算法、进化机制等结合，形成计算智能，成为人工智能的一个重要方向，将在实际应用中得到发展。将信息几何应用于人工神经网络的研究，为人工神经网络的理论研究开辟了新的途径。神经计算机的研究发展很快，已有产品进入市场。光电结合的神经计算机为人工神经网络的发展提供了良好条件。

神经网络在很多领域已得到了很好的应用，但其需要研究的方面还很多。其中，具有分布存储、并行处理、自学习、自组织以及非线性映射等优点的神经网络与其他技术的结合以及由此而来的混合方法和混合系统，已经成为一大研究热点。由于其他方法也有它们各自的优点，所以将神经网络与其他方法相结合，取长补短，继而可以获得更好的应用效果。目前这方面工作有神经网络与模糊逻辑、专家系统、遗传算法、小波分析、混沌、粗集理论、分形理论、证据理论和灰色系统等的融合。

下面主要就神经网络与小波分析、混沌、粗集理论、分形理论的融合进行分析。

A 与小波分析的结合

1981 年，法国地质学家 Morlet 在寻求地质数据时，通过对 Fourier 变换与加窗 Fourier 变换的异同、特点及函数构造进行创造性的研究，首次提出了“小波分析”的概念，建立了以他的名字命名的 Morlet 小波。1986 年以来由于 YMeyer、S. Mallat 及 IDaubechies 等的奠基工作，小波分析迅速发展成为一门新兴学科。Meyer 所著的“小波与算子”，Daubechies 所著的“小波十讲”是小波研究领域最权威的著作。

小波变换是对 Fourier 分析方法的突破。它不但在时域和频域同时具有良好的局部化性质，而且对低频信号在频域和对高频信号在时域里都有很好的分辨率，从而可以聚集到对象的任意细节。小波分析相当于一个数学显微镜，具有放大、缩小和平移功能，通过检查不同放大倍数下的变化来研究信号的动态特性。因此，小波分析已成为地球物理、信号处理、图像处理、理论物理等诸多领域的强有力工具。

小波神经网络将小波变换良好的时频局域化特性和神经网络的自学习功能相结合，因而具有较强的逼近能力和容错能力。在结合方法上，可以将小波函数作为基函数构造神经网络形成小波网络，或者小波变换作为前馈神经网络的输入前置处理工具，即以小波变换的多分辨率特性对过程状态信号进行处理，实现信噪分离，并提取出对加工误差影响最大的状态特性，作为神经网络的输入。

小波神经网络在电机故障诊断、高压电网故障信号处理与保护研究、轴承等机械故障诊断以及许多方面都有应用，将小波神经网络用于感应伺服电机的智能控制，使该系统具有良好的跟踪控制性能，以及好的鲁棒性，利用小波包神经网络进行心血管疾病的智能诊断，小波层进行时频域的自适应特征提取，前向神经网络用来进行分类，正确分类率达到94%。

小波神经网络虽然应用于很多方面，但仍存在一些不足。从提取精度和小波变换实时性的要求出发，有必要根据实际情况构造一些适应应用需求的特殊小波基，以便在应用中取得更好的效果。另外，在应用中的实时性要求，也需要结合DSP的发展，开发专门的处理芯片，从而满足这方面的要求。

B 混沌神经网络

混沌第一个定义是20世纪70年代才被Li-Yorke第一次提出的。由于它具有广泛的应用价值，自它出现以来就受到各方面的普遍关注。混沌是一种确定的系统中出现的无规则的运动，混沌是存在于非线性系统中的一种较为普遍的现象，混沌运动具有遍历性、随机性等特点，能在一定的范围内按其自身规律不重复地遍历所有状态。混沌理论所决定的是非线性动力学混沌，目的是揭示貌似随机的现象背后可能隐藏的简单规律，以求发现一大类复杂问题普遍遵循的共同规律。

1990年Kaihara、T. Takabe和M. Toyoda等人根据生物神经元的混沌特性首次提出混沌神经网络模型，将混沌学引入神经网络中，使得人工神经网络具有混沌行为，更加接近实际的人脑神经网络，因而混沌神经网络被认为是可实现其真实世界计算的智能信息处理系统之一，成为神经网络的主要研究方向之一。

与常规的离散型Hopfield神经网络相比较，混沌神经网络具有更丰富的非线性动力学特性，主要表现为：在神经网络中引入混沌动力学行为；混沌神经网络的同步特性；混沌神经网络的吸引子。

在神经网络实际应用中，网络输入发生较大变异时，应用网络的固有容错能力往往感到不足，经常会发生失忆现象。混沌神经网络动态记忆属于确定性动力学运动，记忆发生在混沌吸引子的轨迹上，通过不断地运动（回忆过程）——联想到记忆模式，特别对于那些状态空间分布的较接近或者发生部分重叠的记忆模式，混沌神经网络总能通过动态联想记忆加以重现和辨识，而不发生混淆，这是混沌神经网络所特有的性能，它将大大改善Hopfield神经网络的记忆能力。混沌吸引子的吸引域存在，形成了混沌神经网络固有容错功能。这将对复杂的模式识别、图像处理等工程应用发挥重要作用。

混沌神经网络受到关注的另一个原因是混沌存在于生物体真实神经元及神经网络中，并且起到一定的作用，动物学的电生理实验已证实了这一点。

混沌神经网络由于其复杂的动力学特性，在动态联想记忆、系统优化、信息处理、人工智能等领域受到人们极大的关注。针对混沌神经网络具有联想记忆功能，但其搜索过程不稳定，提出了一种控制方法可以对混沌神经网络中的混沌现象进行控制。研究了混沌神经网络在组合优化问题中的应用。

为了更好的应用混沌神经网络的动力学特性，并对其存在的混沌现象进行有效的控制，仍需要对混沌神经网络的结构进行进一步的改进和调整，以及混沌神经网络算法的进一步研究。

C 基于粗集理论

粗糙集（rough sets）理论是 1982 年由波兰华沙理工大学教授 Z. Pawlak 首先提出，它是一个分析数据的数学理论，研究不完整数据、不精确知识的表达、学习、归纳等方法。粗糙集理论是一种新的处理模糊和不确定性知识的数学工具，其主要思想就是在保持分类能力不变的前提下，通过知识约简，导出问题的决策或分类规则。目前，粗糙集理论已被成功应用于机器学习、决策分析、过程控制、模式识别与数据挖掘等领域。

粗集和神经网络的共同点是都能在自然环境下很好的工作，但是，粗集理论方法模拟人类的抽象逻辑思维，而神经网络方法模拟形象直觉思维，因而二者又具有不同特点。粗集理论方法以各种更接近人们对事物的描述方式的定性、定量或者混合性信息为输入，输入空间与输出空间的映射关系是通过简单的决策表简化得到的，它考虑知识表达中不同属性的重要性确定哪些知识是冗余的，哪些知识是有用的，神经网络则是利用非线性映射的思想和并行处理的方法，用神经网络本身结构表达输入与输出关联知识的隐函数编码。

在粗集理论方法和神经网络方法处理信息中，两者存在很大的两个区别：其一是神经网络处理信息一般不能将输入信息空间维数简化，当输入信息空间维数较大时，网络不仅结构复杂，而且训练时间也很长；而粗集方法却能通过发现数据间的关系，不仅可以去掉冗余输入信息，而且可以简化输入信息的表达空间维数。其二是粗集方法在实际问题的处理中对噪声较敏感，因而用无噪声的训练样本学习推理的结果在有噪声的环境中应用效果不佳。而神经网络方法有较好的抑制噪声干扰的能力。

因此将两者结合起来，用粗集方法先对信息进行预处理，即把粗集网络作为前置系统，再根据粗集方法预处理后的信息结构，构成神经网络信息处理系统。通过二者的结合，不但可减少信息表达的属性数量，减小神经网络构成系统的复杂性，而且具有较强的容错及抗干扰能力，为处理不确定、不完整信息提供了一条强有力的途径。

目前粗集与神经网络的结合已应用于语音识别、专家系统、数据挖掘、故障诊断等领域，将神经网络和粗集用于声源位置的自动识别，将神经网络和粗集用于专家系统的知识获取中，取得比传统专家系统更好的效果，其中粗集进行不确定和不精确数据的处理，神经网络进行分类工作。

虽然粗集与神经网络的结合已应用于许多领域的研究，为使这一方法发挥更大的作用还需考虑如下问题：模拟人类抽象逻辑思维的粗集理论方法和模拟形象直觉思维的神经网络方法更加有效的结合；二者集成的软件和硬件平台的开发，提高其实用性。

D　与分形理论的结合

自从美国哈佛大学数学系教授 Benoit B. Mandelbrot 于 20 世纪 70 年代中期引入分形这一概念，分形几何学（fractal geometry）已经发展成为科学的方法论——分形理论，且被誉为开创了 20 世纪数学重要阶段。现已被广泛应用于自然科学和社会科学的几乎所有领域，成为现今国际上许多学科的前沿研究课题之一。

由于在许多学科中的迅速发展，分形已成为一门描述自然界中许多不规则事物的规律性的学科。它已被广泛应用在生物学、地球地理学、天文学、计算机图形学等各个领域。

用分形理论来解释自然界中那些不规则、不稳定和具有高度复杂结构的现象，可以收到显著的效果，而将神经网络与分形理论相结合，充分利用神经网络非线性映射、计算能力、自适应等优点，可以取得更好的效果。

分形神经网络的应用领域有图像识别、图像编码、图像压缩，以及机械设备系统的故障诊断等。分形图像压缩/解压缩方法有着高压缩率和低遗失率的优点，但运算能力不强，由于神经网络具有并行运算的特点，将神经网络用于分形图像压缩/解压缩中，提高了原有方法的运算能力。将神经网络与分形相结合用于果实形状的识别，首先利用分形得到几种水果轮廓数据的不规则性，然后利用 3 层神经网络对这些数据进行辨识，继而对其不规则性进行评价。

虽然，分形神经网络已取得了许多应用，但仍有些问题值得进一步研究：分形维数的物理意义；分形的计算机仿真和实际应用研究。随着研究的不断深入，分形神经网络必将得到不断的完善，并取得更好的应用效果。

4.2.6.6　人工神经网络的应用

经过几十年的发展，神经网络理论在模式识别、自动控制、信号处理、辅助决策、人工智能等众多研究领域取得了广泛的成功。下面介绍神经网络在一些领域中的应用现状。

A　人工神经网络在信息领域中的应用

在处理许多问题中，信息来源既不完整，又包含假象，决策规则有时相互矛盾，有时无章可循，这给传统的信息处理方式带来了很大的困难，而神经网络却能很好的处理这些问题，并给出合理的识别与判断。

（1）信息处理。现代信息处理要解决的问题是很复杂的，人工神经网络具有模仿或代替与人的思维有关的功能，可以实现自动诊断、问题求解，解决传统方法所不能或难以解决的问题。人工神经网络系统具有很高的容错性、鲁棒性及自组织性，即使连接线遭到很高程度的破坏，它仍能处在优化工作状态，这点在军事系统电子设备中得到广泛的应用。现有的智能信息系统有智能仪器、自动跟踪监测仪器系统、自动控制制导系统、自动故障诊断和报警系统等。

（2）模式识别。模式识别是对表征事物或现象的各种形式的信息进行处理和分析，来对事物或现象进行描述、辨认、分类和解释的过程。该技术以贝叶斯概率论和申农的信息论为理论基础，对信息的处理过程更接近人类大脑的逻辑思维过程。现在有两种基本的模式识别方法，即统计模式识别方法和结构模式识别方法。人工神经网络是模式识别中的常用方法，近年来发展起来的人工神经网络模式的识别方法逐渐取代传统的模式识别方法。经过多年的研究和发展，模式识别已成为当前比较先进的技术，被广泛应用到文字识别、语音识别、指纹识别、遥感图像识别、人脸识别、手写体字符的识别、工业故障检测、精确制导等方面。

B 人工神经网络在医学中的应用

由于人体和疾病的复杂性、不可预测性，在生物信号与信息的表现形式上、变化规律（自身变化与医学干预后变化）上，对其进行检测与信号表达，获取的数据及信息的分析、决策等诸多方面都存在非常复杂的非线性联系，适合人工神经网络的应用。目前的研究几乎涉及从基础医学到临床医学的各个方面，主要应用在生物信号的检测与自动分析，医学专家系统等。

（1）生物信号的检测与分析。大部分医学检测设备都是以连续波形的方式输出数据的，这些波形是诊断的依据。人工神经网络是由大量的简单处理单元连接而成的自适应动力学系统，具有巨量并行性，分布式存贮，自适应学习的自组织等功能，可以用它来解决生物医学信号分析处理中常规法难以解决或无法解决的问题。神经网络在生物医学信号检测与处理中的应用主要集中在对脑电信号的分析，听觉诱发电位信号的提取、肌电和胃肠电等信号的识别，心电信号的压缩，医学图像的识别和处理等。

（2）医学专家系统。传统的专家系统，是把专家的经验和知识以规则的形式存储在计算机中，建立知识库，用逻辑推理的方式进行医疗诊断。但是在实际应用中，随着数据库规模的增大，将导致知识“爆炸”，在知识获取途径中也存在“瓶颈”问题，致使工作效率很低。以非线性并行处理为基础的神经网络为专家系统的研究指明了新的发展方向，解决了专家系统的以上问题，并提高了知识的推理、自组织、自学习能力，从而神经网络在医学专家系统中得到广泛的应用和发展。在麻醉与危重医学等相关领域的研究中，涉及多生理变量的分析与预测，在临床数据中存在着一些尚未发现或无确切证据的关系与现象，信号的处理，干扰信号的自动区分检测，各种临床状况的预测等，都可以应用到人工神经网络技术。

C　人工神经网络在经济领域的应用

（1）市场价格预测。对商品价格变动的分析，可归结为对影响市场供求关系的诸多因素的综合分析。传统的统计经济学方法因其固有的局限性，难以对价格变动做出科学的预测，而人工神经网络容易处理不完整的、模糊不确定或规律性不明显的数据，所以用人工神经网络进行价格预测是有着传统方法无法相比的优势。从市场价格的确定机制出发，依据影响商品价格的家庭户数、人均可支配收入、贷款利率、城市化水平等复杂、多变的因素，建立较为准确可靠的模型。该模型可以对商品价格的变动趋势进行科学预测，并得到准确客观的评价结果。

（2）风险评估。风险是指在从事某项特定活动的过程中，因其存在的不确定性而产生的经济或财务的损失、自然破坏或损伤的可能性。防范风险的最佳办法就是事先对风险做出科学的预测和评估。应用人工神经网络的预测思想是根据具体现实的风险来源，构造出适合实际情况的信用风险模型的结构和算法，得到风险评价系数，然后确定实际问题的解决方案。利用该模型进行实证分析能够弥补主观评估的不足，可以取得满意效果。

D　人工神经网络在控制领域中的应用

人工神经网络由于其独特的模型结构和固有的非线性模拟能力，以及高度的自适应和容错特性等突出特征，在控制系统中获得了广泛的应用。其在各类控制器框架结构的基础上，加入了非线性自适应学习机制，从而使控制器具有更好的性能。基本的控制结构有监督控制、直接逆模控制、模型参考控制、内模控制、预测控制、最优决策控制等。

E　人工神经网络在交通领域的应用

近年来人们对神经网络在交通运输系统中的应用开始了深入的研究。交通运输问题是高度非线性的，可获得的数据通常是大量的、复杂的，用神经网络处理相关问题有它巨大的优越性。应用范围涉及汽车驾驶员行为的模拟、参数估计、路面维护、车辆检测与分类、交通模式分析、货物运营管理、交通流量预测、运输策略与经济、交通环保、空中运输、船舶的自动导航及船只的辨认、地铁运营及交通控制等领域并已经取得了很好的效果。

F　人工神经网络在心理学领域的应用

从神经网络模型的形成开始，它就与心理学就有着密不可分的联系。神经网络抽象于神经元的信息处理功能，神经网络的训练则反映了感觉、记忆、学习等认知过程。人们通过不断地研究，变化着人工神经网络的结构模型和学习规则，从不同角度探讨着神经网络的认知功能，为其在心理学的研究中奠定了坚实的基础。近年来，人工神经网络模型已经成为探讨社会认知、记忆、学习等高级心理过程机制的不可或缺的工具。人工神经网络模型还可以对脑损伤病人的认知缺陷进行研究，对传统的认知定位机制提出了挑战。

虽然人工神经网络已经取得了一定的进步，但是还存在许多缺陷，例如：应用的面不够宽阔、结果不够精确；现有模型算法的训练速度不够高；算法的集成度不够高；同时我们希望在理论上寻找新的突破点，建立新的通用模型和算法。需进一步对生物神经元系统进行研究，不断丰富人们对人脑神经的认识。

4.2.7 关联规则算法

4.2.7.1 简介

关联规则是形如 X→Y 的蕴涵式，其中，X 和 Y 分别称为关联规则的先导（Antecedent 或 Left-Hand-Side，LHS）和后继（consequent 或 right-hand-side，RHS）。其中，关联规则 XY，存在支持度和信任度。

关联分析又称关联挖掘，就是在交易数据、关系数据或其他信息载体中，查找存在于项目集合或对象集合之间的频繁模式、关联、相关性或因果结构。或者说，关联分析是发现交易数据库中不同商品（项）之间的联系。

关联规则最初提出的动机是针对购物篮分析（Market Basket Analysis）问题提出的。假设分店经理想更多的了解顾客的购物习惯。特别是，想知道哪些商品顾客可能会在一次购物时同时购买？为回答该问题，可以对商店的顾客事物零售数量进行购物篮分析。该过程通过发现顾客放入“购物篮”中的不同商品之间的关联，分析顾客的购物习惯。这种关联的发现可以帮助零售商了解哪些商品频繁的被顾客同时购买，从而帮助他们开发更好的营销策略。

1993 年，Agrawal 等人在首先提出关联规则概念，同时给出了相应的挖掘算法 AIS，但是性能较差。1994 年，他们建立了项目集格空间理论，并依据上述两个定理，提出了著名的 Apriori 算法，至今 Apriori 仍然作为关联规则挖掘的经典算法被广泛讨论，以后诸多的研究人员对关联规则的挖掘问题进行了大量的研究。

关联规则是用规则去描述两个变量或多个变量之间的关系，是客观反映数据本身性质的方法。它是机器学习的一大类任务，可分为两个阶段，先从资料集中找到高频项目组，再去研究它们的关联规则。其得到的分析结果即是对变量间规律的总结。

4.2.7.2 关联规则的两个阶段

关联规则挖掘过程主要包含两个阶段：第一阶段必须先从资料集合中找出所

有的高频项目组（frequent itemsets），第二阶段再由这些高频项目组中产生关联规则（association rules）。

关联规则挖掘的第一阶段必须从集合中，找出所有高频项目组（large itemsets）。高频的意思是指某一项目组出现的频率相对于所有记录而言，必须达到某一水平。一项目组出现的频率称为支持度（support）。一个满足最小支持度的 k-itemset，则称为高频 k-项目组（frequent k-itemset），一般表示为 Large k 或 Frequent k。算法并从 Large k 的项目组中再产生 Large k+1，直到无法再找到更长的高频项目组为止。

关联规则挖掘的第二阶段是要产生关联规则（association rules）。从高频项目组产生关联规则，是利用前一步骤的高频 k-项目组来产生规则，在最小信赖度（minimum confidence）的条件门槛下，若一规则所求得的信赖度满足最小信赖度，称此规则为关联规则。

4.2.7.3　关联规则的分类

（1）基于规则中处理的变量的类别。关联规则处理的变量可以分为布尔型和数值型。布尔型关联规则处理的值都是离散的、种类化的，它显示了这些变量之间的关系；而数值型关联规则可以和多维关联或多层关联规则结合起来，对数值型字段进行处理，将其进行动态的分割，或者直接对原始的数据进行处理，当然数值型关联规则中也可以包含种类变量。例如：性别 =“女”⇒职业 =“秘书”，是布尔型关联规则；性别 =“女”⇒avg(收入) = 2300，涉及的收入是数值类型，所以是一个数值型关联规则。

（2）基于规则中数据的抽象层次。基于规则中数据的抽象层次，可以分为单层关联规则和多层关联规则。在单层的关联规则中，所有的变量都没有考虑到现实的数据是具有多个不同的层次的；而在多层的关联规则中，对数据的多层性已经进行了充分的考虑。例如：IBM 台式机⇒Sony 打印机，是一个细节数据上的单层关联规则；台式机⇒Sony 打印机，是一个较高层次和细节层次之间的多层关联规则。

（3）基于规则中涉及的数据的维数。关联规则中的数据，可以分为单维的和多维的。在单维的关联规则中，我们只涉及数据的一个维，如用户购买的物品；而在多维的关联规则中，要处理的数据将会涉及多个维。换成另一句话，单维关联规则是处理单个属性中的一些关系；多维关联规则是处理各个属性之间的某些关系。例如：啤酒⇒尿布，这条规则只涉及用户的购买的物品；性别 =“女”⇒职业 =“秘书”，这条规则就涉及两个字段的信息，是两个维上的一条关联规则。

4.2.7.4 Apriori 算法

Apriori 算法是挖掘产生布尔关联规则所需频繁项集的基本算法，也是最著名的关联规则挖掘算法之一。Apriori 算法就是根据有关频繁项集特性的先验知识而命名的。它使用一种称作逐层搜索的迭代方法，k—项集用于探索（k+1）—项集。首先，找出频繁 1—项集的集合，记做 L1，L1 用于找出频繁 2—项集的集合 L2，再用于找出 L3，如此下去，直到不能找到频繁 k—项集。找每个 Lk 需要扫描一次数据库。

为提高按层次搜索并产生相应频繁项集的处理效率，Apriori 算法利用了一个重要性质，并应用 Apriori 性质来帮助有效缩小频繁项集的搜索空间。

一个频繁项集的任一子集也应该是频繁项集。证明根据定义，若一个项集 I 不满足最小支持度阈值 min_sup，则 I 不是频繁的，即 $P(I)<min\_sup$。若增加一个项 A 到项集 I 中，则结果新项集（$I\cup A$）也不是频繁的，在整个事务数据库中所出现的次数也不可能多于原项集 I 出现的次数，因此 $P(I\cup A)<min\_sup$，即（$I\cup A$）也不是频繁的。这样就可以根据逆反公理很容易地确定 Apriori 性质成立。

Apriori 算法存在如下不足：

（1）在每一步产生候选项目集时循环产生的组合过多，没有排除不应该参与组合的元素。

（2）每次计算项集的支持度时，都对数据库中的全部记录进行了一遍扫描比较，需要很大的 I/O 负载。

针对 Apriori 算法的不足，对其进行优化：

（1）基于划分的方法。该算法先把数据库从逻辑上分成几个互不相交的块，每次单独考虑一个分块并对它生成所有的频繁项集，然后把产生的频繁项集合并，用来生成所有可能的频繁项集，最后计算这些项集的支持度。这里分块的大小选择要使得每个分块可以被放入主存，每个阶段只需被扫描一次。而算法的正确性是由每一个可能的频繁项集至少在某一个分块中是频繁项集保证的。

上面所讨论的算法是可以高度并行的。可以把每一分块分别分配给某一个处理器生成频繁项集。产生频繁项集的每一个循环结束后，处理器之间进行通信来产生全局的候选是一项集。通常这里的通信过程是算法执行时间的主要瓶颈。而另一方面，每个独立的处理器生成频繁项集的时间也是一个瓶颈。其他的方法还有在多处理器之间共享一个杂凑树来产生频繁项集，更多关于生成频繁项集的并行化方法可以在其中找到。

（2）基于 Hash 的方法。Park 等人提出了一个高效地产生频繁项集的基于杂凑（Hash）的算法。通过实验可以发现，寻找频繁项集的主要计算是在生成频繁 2—项集 Lk 上，Park 等就是利用这个性质引入杂凑技术来改进产生频繁 2—项集的方法。

（3）基于采样的方法。基于前一遍扫描得到的信息，对它详细地做组合分析，可以得到一个改进的算法，其基本思想是：先使用从数据库中抽取出来的采样得到一些在整个数据库中可能成立的规则，然后对数据库的剩余部分验证这个结果。这个算法相当简单并显著地减少了 FO 代价，但是一个很大的缺点就是产生的结果不精确，即存在所谓的数据扭曲（dataskew）。分布在同一页面上的数据时常是高度相关的，不能表示整个数据库中模式的分布，由此而导致的是采样 5%的交易数据所花费的代价同扫描一遍数据库相近。

（4）减少交易个数。减少用于未来扫描事务集的大小，基本原理就是当一个事务不包含长度为志的大项集时，则必然不包含长度为走 k+1 的大项集。从而可以将这些事务删除，在下一遍扫描中就可以减少要进行扫描的事务集的个数。这就是 AprioriTid 的基本思想。

4.2.7.5　FP-growth 算法

由于 Apriori 方法的固有缺陷，即使进行了优化，其效率也仍然不能令人满意。2000 年，Han Jiawei 等人提出了基于频繁模式树（Frequent Pattern Tree，FP-tree）的发现频繁模式的算法 FP-growth。在 FP-growth 算法中，通过两次扫描事务数据库，把每个事务所包含的频繁项目按其支持度降序压缩存储到 FP-tree 中。在以后发现频繁模式的过程中，不需要再扫描事务数据库，而仅在 FP-Tree 中进行查找即可，并通过递归调用 FP-growth 的方法来直接产生频繁模式，因此在整个发现过程中也不需产生候选模式。该算法克服了 Apriori 算法中存在的问题，在执行效率上也明显好于 Apriori 算法。

4.2.7.6　关联规则的应用

关联规则挖掘技术已经被广泛应用在西方金融行业企业中，它可以成功预测银行客户需求。一旦获得了这些信息，银行就可以改善自身营销。银行天天都在开发新的沟通客户的方法。各银行在自己的 ATM 机上就捆绑了顾客可能感兴趣的本行产品信息，供使用本行 ATM 机的用户了解。如果数据库中显示，某个高信用限额的客户更换了地址，这个客户很有可能新近购买了一栋更大的住宅，因此会有可能需要更高信用限额，更高端的新信用卡，或者需要一个住房改善贷款，这些产品都可以通过信用卡账单邮寄给客户。当客户打电话咨询的时候，数据库可以有力地帮助电话销售代表。销售代表的电脑屏幕上可以显示出客户的特点，同时也可以显示出顾客会对什么产品感兴趣。

再比如市场的数据，它不仅十分庞大、复杂，而且包含着许多有用信息。随着数据挖掘技术的发展以及各种数据挖掘方法的应用，从大型超市数据库中可以发现一些潜在的、有用的、有价值的信息来，从而应用于超级市场的经营。通过对所积累的销售数据的分析，可以得出各种商品的销售信息。从而更合理地制定各种商品的定货情况，对各种商品的库存进行合理地控制。另外根据各种商品销售的相关情况，可分析商品的销售关联性，从而可以进行商品的货篮分析和组合管理，以更加有利于商品销售。

同时，一些知名的电子商务站点也从强大的关联规则挖掘中受益。这些电子购物网站使用关联规则中规则进行挖掘，然后设置用户有意要一起购买的捆绑包。也有一些购物网站使用它们设置相应的交叉销售，也就是购买某种商品的顾客会看到相关的另外一种商品的广告。

但是在我国，“数据海量，信息缺乏”是商业银行在数据大集中之后普遍所面对的尴尬。金融业实施的大多数数据库只能实现数据的录入、查询、统计等较低层次的功能，却无法发现数据中存在的各种有用的信息，譬如对这些数据进行分析，发现其数据模式及特征，然后可能发现某个客户、消费群体或组织的金融和商业兴趣，并可观察金融市场的变化趋势。可以说，关联规则挖掘的技术在我国的研究与应用并不是很广泛深入。

由于许多应用问题往往比超市购买问题更复杂，大量研究从不同的角度对关联规则做了扩展，将更多的因素集成到关联规则挖掘方法之中，以此丰富关联规则的应用领域，拓宽支持管理决策的范围。如考虑属性之间的类别层次关系，时态关系，多表挖掘等。围绕关联规则的研究主要集中于两个方面，即扩展经典关联规则能够解决问题的范围，改善经典关联规则挖掘算法效率和规则兴趣性。

4.2.8 期望最大化算法

4.2.8.1 简介

期望最大化算法（Expectation-Maximization algorithm，EM）或 Dempster-Laird-Rubin 算法，是一类通过迭代进行极大似然估计（Maximum Likelihood Estimation，MLE）的优化算法，通常作为牛顿迭代法（Newton-Raphson method）的替代用于对包含隐变量（latent variable）或缺失数据（incomplete-data）的概率模型进行参数估计，也是一种渐进逼近算法，定义一个最优化函数后，分为两步：根据参数调整模型（E 步）；根据模型调整参数（M 步）；E 步和 M 步交替进行，直至最优（局部）。还是一种迭代算法，用于含有隐变量（latent variable）的概率参数模型的最大似然估计或极大后验概率估计。最大期望经常用在机器学习和计算机视觉的数据聚类（Data Clustering）领域。

期望最大化算法的标准计算框架由 E 步（Expectation-step）和 M 步（Maximization step）交替组成，算法的收敛性可以确保迭代至少逼近局部极大值。期望最大化算法是 MM 算法（Minorize-Maximization algorithm）的特例之一，有多个改进版本，包括使用了贝叶斯推断的期望最大化算法、EM 梯度算法、广义期望最大化算法等。

4.2.8.2　期望最大化算法的历史

对期望最大化算法的研究起源于统计学的误差分析（error analysis）问题。1886 年，美国数学家 Simon Newcomb 在使用高斯混合模型（Gaussian Mixture Model，GMM）解释观测误差的长尾效应时提出了类似期望最大化算法的迭代求解技术。在极大似然估计（Maximum Likelihood Estimation，MLE）方法出现后，英国学者 Anderson McKendrick 在 1926 年发展了 Newcomb 的理论并在医学样本中进行了应用。1956 年，Michael Healy 和 Michael Westmacott 提出了统计学试验中估计缺失数据的迭代方法，该方法被认为是期望最大化算法的一个特例。1970 年，B. J. N. Blight 使用 MLE 对指数族分布的 I 型删失数据（Type I censored data）进行了讨论。Rolf Sundberg 在 1971～1974 年进一步发展了指数族分布样本的 MLE 并给出了迭代计算的完整推导。

期望最大化算法的正式提出来自美国数学家 Arthur Dempster、Nan Laird 和 Donald Rubin，其在 1977 年发表的研究对先前出现的作为特例的期望最大化算法进行了总结并给出了标准算法的计算步骤，期望最大化算法也由此被称为 Dempster-Laird-Rubin 算法。1983 年，美国数学家吴建福（C. F. Jeff Wu）给出了期望最大化算法在指数族分布以外的收敛性证明。

此外，在 20 世纪 60～70 年代对隐马尔可夫模型（Hidden Markov Model，HMM）的研究中，Leonard E. Baum 提出的基于 MLE 的隐马尔可夫模型参数估计方法，即 Baum-Welch 算法（Baum-Welch algorithm）也是期望最大化算法的特例之一。

期望最大化算法是 Dempster，Laind，Rubin 于 1977 年提出的求参数极大似然估计的一种方法，它可以从非完整数据集中对参数进行 MLE 估计，是一种非常简单实用的学习算法。这种方法可以广泛地应用于处理缺损数据，截尾数据，带有噪声等所谓的不完全数据（incomplete data）。

由于迭代规则容易实现并可以灵活考虑隐变量，期望最大化算法被广泛应用于处理数据的缺测值，以及很多机器学习（machine learning）算法，包括高斯混合模型（Gaussian Mixture Model，GMM）和隐马尔可夫模型（Hidden Markov Model，HMM）的参数估计。

在进行机器学习的过程中需要用到极大似然估计等参数估计方法，在有潜在变量的情况下，通常选择期望最大化算法，不是直接对函数对象进行极大估计，而是添加一些数据进行简化计算，再进行极大化模拟。它是对本身受限制或比较难直接处理的数据的极大似然估计算法。

4.2.8.3 期望最大化算法的性质

收敛性与稳定性：期望最大化算法必然收敛于对数似然的局部极大值或鞍点（saddle point），其证明考虑如下不等关系：

$$\lg p(X|\theta^{(t+1)}) \geqslant L(\theta^{(t+1)},\ q^{(t+1)}) \geqslant L(\theta^{(t)},\ q^{(t+1)}) = \lg p(X|\theta^{(t)})$$

由上式可知期望最大化算法得到的对数似然是单调递增的，即从 t 次迭代到 $t+1$ 次迭代，期望最大化算法至少能维持当前的优化结果，不会向极大值的相反方向运动，因此期望最大化算法具有数值稳定性（numerical stablility）。上述不等关系也被用于期望最大化算法迭代终止的判定，给定计算精度 ϵ，当 $\lg p(X|\theta^{(t+1)}) - \lg p(X|\theta^{(t)}) \leqslant \epsilon$时迭代结束。

计算复杂度：在 E 步具有解析形式时，期望最大化算法是一个计算复杂度和存储开销都很低的算法，可以在很小的计算资源下完成计算。在 E 步不具有解析形式或使用 MAP-EM 时，期望最大化算法需要结合其他数值方法，例如变分贝叶斯估计或 MCMC 对隐变量的后验分布进行估计，此时的计算开销取决于问题本身。

与其他算法的比较：相比于梯度算法，例如牛顿迭代法和随机梯度下降（Stochastic Gradient Descent，SGD），期望最大化算法的优势是其求解框架可以加入求解目标的额外约束，例如在高斯混合模型的例子中，期望最大化算法在求解协方差时可以确保每次迭代的结果都是正定矩阵。期望最大化算法的不足在于其会陷入局部最优，在高维数据的问题中，局部最优和全局最优可能有很大差异。

4.2.8.4 期望最大化算法的应用

期望最大化算法及其改进版本被用于机器学习算法的参数求解，常见的例子包括高斯混合模型（Gaussian Mixture Model，GMM）、概率主成分分析（probabilistic Principal Component Analysis）、隐马尔可夫模型（Hidden Markov Model，HMM）等非监督学习算法。期望最大化算法可以给出隐变量，即缺失数据的后验 $q(Z|X,\ \theta)$，因此在缺失数据问题中有应用。

4.3 文本处理对分类的影响

数据挖掘、机器学习、模式识别中的涉及分类方面的理论大致是一致的。数据挖掘侧重于搜索数据库或数据仓库中模式，包括描述、预测、检测。机器学习的动机倾向于将分类问题看成一个分类假设，分类假设建立了样本集到类标号集当文档有多个类标号时的映射，机器学习的目标就是在假设空间中搜索最接近真实假设的分类假设。模式识别将每个类看成一个模式，模式识别的目标是寻找区分模式的判别函数或决策面。演化算法设计仅作为一种搜索手段。它不仅解决分类问题中的搜索问题，它还广泛地应用在其他更为复杂的数值优化、带约束优化问题中。文本分类作为数据挖掘、机器学习、模式识别在某一个具体领域的应用，除需要用到以上领域的分类理论之外，由于其自身的特点，还需要另外引入文本分类领域中一些特殊的术语、方法和概念。

现实数据中往往存在着一定的文本问题现象，因此文本处理吸引了大批的学者的研究兴趣。对比以前的分类方法和现在的机器学习的分类方法，文本处理对此产生了一定的影响。

4.3.1　传统文本分类方法

文本分类问题算是自然语言处理领域中一个非常经典的问题了，相关研究最早可以追溯到 20 世纪 50 年代，当时是通过专家规则进行分类，甚至在 80 年代初一度发展到利用知识工程建立专家系统，这样做的好处是短平快的解决顶端问题，但显然天花板非常低，不仅费时费力，覆盖的范围和准确率都非常有限。

后来伴随着统计学习方法的发展，特别是 90 年代后互联网在线文本数量增长和机器学习学科的兴起，逐渐形成了一套解决大规模文本分类问题的经典玩法，这个阶段的主要套路是人工特征工程+浅层分类模型。训练文本分类器过程见图 4-10。

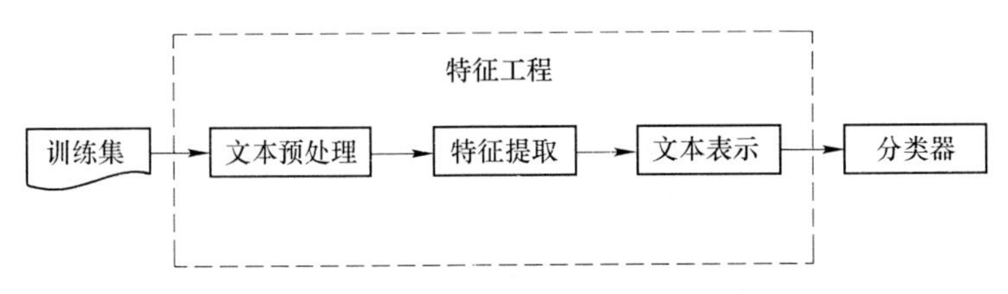

图 4-10　传统文本分类方法

分类器基本都是统计分类方法了，基本上大部分机器学习方法都在文本分类领域有所应用，比如朴素贝叶斯分类算法、支持向量机、最大熵和神经网络等等，传统分类模型不是本章重点，在这里就不展开了。

4.3.2　机器学习文本分类方法

文本分类是机器学习领域新的研究热点。基于机器学习算法的文本分类方法比传统的文本分类方法优势明显，本节综述了现有的基于机器学习的文本分类方法，讨论了各种方法的优缺点，并指出了文本分类方法未来可能的发展趋势。

文本分类算法主要通过训练数据建立最优的分类假设，以便对测试数据进行分类。文本分类算法主要有两类算法在线算法和批处理算法。在线算法一次提供一个样本，每次根据该样本更新参数一般维的类权重，随后丢弃该样本。批处理算法更新参数时考虑所有的样本集，它可以取得更好的分类结果，但是需要更多的存储空间。文本分类中的批处理算法有算法最近邻算法、贝叶斯方法等。

学习是计算机程序针对某一类问题任务从经验中学习，它的性能用来衡量。很多的学者认为为使机器具有推广性具有小的测试错误率的唯一因素是使它在训练集上的错误率最小。

学习工程的研究分化成两个分支学习过程的应用分析和学习过程的理论分析。前者注重寻找使训练错误率最小的决策规则系数，后者研究除最小化训练错误率的归纳原则之外，或许还有其他的归纳原理能够达到更好的推广能力。

4.3.3 深度学习文本分类方法

上面介绍了传统的文本分类做法，传统做法主要问题的文本表示是高纬度高稀疏的，特征表达能力很弱，而且神经网络很不擅长对此类数据的处理；此外需要人工进行特征工程，成本很高。而深度学习最初在之所以图像和语音取得巨大成功，一个很重要的原因是图像和语音原始数据是连续和稠密的，有局部相关性。应用深度学习解决大规模文本分类问题最重要的是解决文本表示，再利用循环神经网络等网络结构自动获取特征表达能力，去掉繁杂的人工特征工程，端到端的解决问题。接下来会分别介绍：

4.3.3.1 文本的分布式表示

分布式表示（Distributed Representation）其实 Hinton 最早在 1986 年就提出了，基本思想是将每个词表达成 n 维稠密、连续的实数向量，与之相对的 one-hot encoding 向量空间只有一个维度是 1，其余都是 0。分布式表示最大的优点是具备非常 powerful 的特征表达能力，比如 n 维向量每维 k 个值，可以表征 k^n 个概念。事实上，不管是神经网络的隐层，还是多个潜在变量的概率主题模型，都是应用分布式表示。图 4-11 是 2003 年 Bengio 在 A Neural Probabilistic Language Model 的网络结构。

这篇文章里提出的神经网络语言模型（Neural Probabilistic Language Model，NNLM）采用的是文本分布式表示，即每个词表示为稠密的实数向量。神经网络语言模型的目标是构建语言模型：

The objective is to learn a good model $f(w_t, \cdots, w_{t-n+1}) = \hat{P}(w_t \mid w_1^{t-1})$

词的分布式表示即词向量（word embedding）是训练语言模型的一个附加产物，即图中的 Matrix C。

尽管 Hinton 1986 年就提出了词的分布式表示，Bengio 2003 年便提出了神经网络语言模型，词向量真正火起来是谷歌 Mikolov 2013 年发表的两篇 word2vec 的文章更重要的是发布了简单好用的 word2vec 工具包，在语义维度上得到了很好的

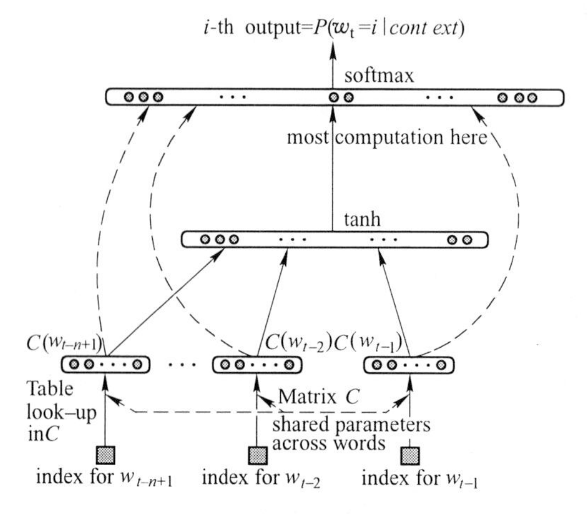

图 4-11　神经网络语言模型

验证，极大的推进了文本分析的进程。文中提出的连续词袋模型和 skip-gram 两个模型的结构（见图 4-12），基本类似于神经网络语言模型，不同的是模型去掉了非线性隐层，预测目标不同，连续词袋模型是上下文词预测当前词，Skip-Gram 则相反。

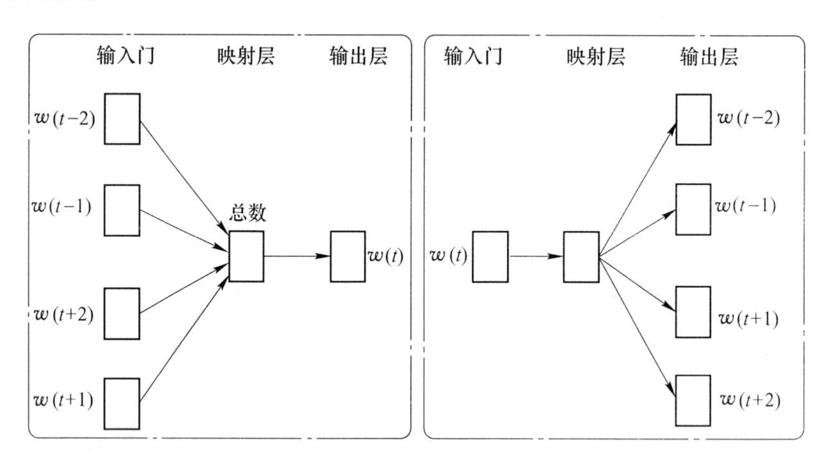

图 4-12　连续词袋模型和 skip-gram 比较

除此之外，提出了 Hierarchical Softmax 和 Negative Sample 两个方法，很好地解决了计算有效性，事实上这两个方法都没有严格的理论证明，有些技巧之处，非常的实用主义。详细的过程不再阐述了。实际上 word2vec 学习的向量和真正语义还有差距，更多学到的是具备相似上下文的词，比如“good”“bad”相似度也很高，反而是文本分类任务输入有监督的语义能够学到更好的语义表示，有机会后续系统分享下。

至此，文本的表示通过词向量的表示方式，把文本数据从高纬度高稀疏的神经网络难处理的方式，变成了类似图像、语音的连续稠密数据。深度学习算法本身有很强的数据迁移性，很多之前在图像领域很适用的深度学习算法比如卷积神经网络等也可以很好的迁移到文本领域了，下一小节具体阐述下文本分类领域深度学习的方法。

4.3.3.2　深度学习文本分类模型

词向量解决了文本表示的问题，该部分介绍的文本分类模型则是利用循环神经网络等深度学习网络及其变体解决自动特征提取（即特征表达）的问题。

A　fastText

fastText 是上面提到的 word2vec 作者 Mikolov 转战 Facebook 后 2016 年 7 月发表的一篇论文 Bag of Tricks for Efficient Text Classification。把 fastText 放在此处并非因为它是文本分类的主流做法，而是它极致简单，模型见图 4-13。

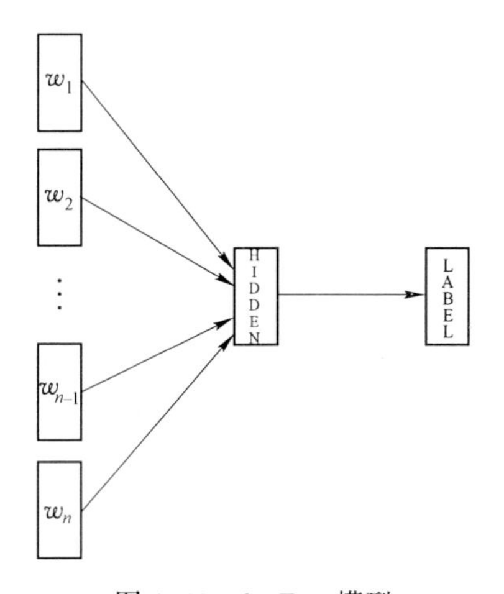

图 4-13　fastText 模型

原理是把句子中所有的词向量进行平均然后直接接 softmax 层。其实在文章中也加入了一些 n-gram 特征的 trick 来捕获局部序列信息。文章带来的思考是文本分类问题是有一些“线性”问题的部分，也就是说不必做过多的非线性转换、特征组合即可捕获很多分类信息，因此有些任务即便简单的模型便可以搞定了。

B　TextCNN

本章的题图选用的就是 2014 年这篇文章提出的 TextCNN 的结构（见图 4-14）。fastText 中的网络结果是完全没有考虑词序信息的，而它用的 n-gram 特征 trick 恰恰说明了局部序列信息的重要意义。卷积神经网络（CNN Convolutional Neural Network）最初在图像领域取得了巨大成功，卷积神经网络核心点在于可以捕捉局部相关性，具体到文本分类任务中可以利用卷积神经网络来提取句子中类似n-gram 的关键信息。

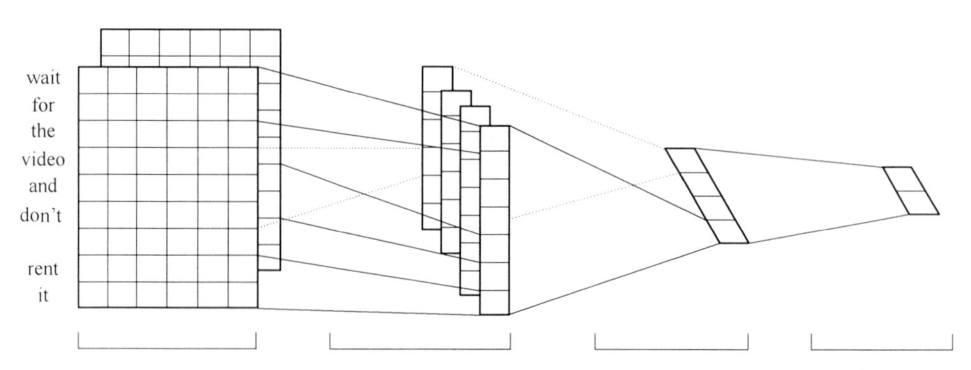

图 4-14　TextCNN 模型

TextCNN 的详细过程原理图见图 4-15。

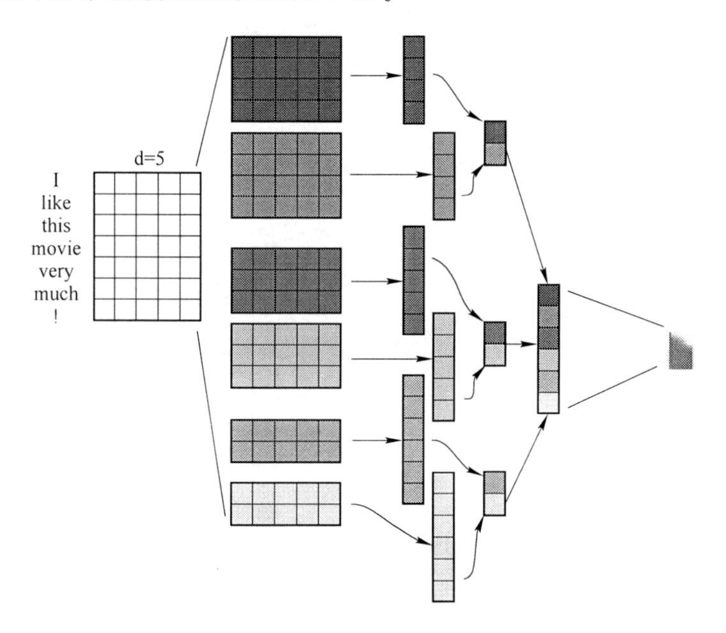

图 4-15　TextCNN 的详细过程原理图

TextCNN 详细过程：第一层是图中最左边的 7 乘 5 的句子矩阵，每行是词向量，维度=5，这个可以类比为图像中的原始像素点了。然后经过有 filter_size=(2，3，4) 的一维卷积层，每个 filter_size 有两个输出通道。第三层是一个 1-max pooling 层，这样不同长度句子经过 pooling 层之后都能变成定长的表示了，最后接一层全连接的 softmax 层，输出每个类别的概率。

特征：这里的特征就是词向量，有静态和非静态方式。static 方式采用比如 word2vec 预训练的词向量，训练过程不更新词向量，实质上属于迁移学习，特别是数据量比较小的情况下，采用静态的词向量往往效果不错。non-static 则是在训练过程中更新词向量。在本章比较推荐的方式是 non-static 中的 fine-tunning 方式，它是以预训练的 word2vec 向量初始化词向量，训练过程中调整词向量，能加速收敛，当然如果有充足的训练数据和资源，直接随机初始化词向量效果也是可以的。

通道：图像中可以利用（R，G，B）作为不同通道，而文本的输入的通道通常是不同方式的 embedding 方式（比如 word2vec 或 Glove），实践中也有利用静态词向量和 fine-tunning 词向量作为不同通道的做法。

一维卷积（conv-1d）：图像是二维数据，经过词向量表达的文本为一维数据，因此在 TextCNN 卷积用的是一维卷积。一维卷积带来的问题是需要设计通过不同 filter_size 的 filter 获取不同宽度的视野。

Pooling 层：利用卷积神经网络解决文本分类问题的文章还是很多的，比如 A Convolutional Neural Network for Modelling Sentences 这篇文章，最有意思的输入是在 pooling 改成（dynamic）k-max pooling，pooling 阶段保留 k 个最大的信息，保留了全局的序列信息。比如在情感分析场景，举个例子：

“我觉得这个地方景色还不错，但是人也实在太多了”

虽然前半部分体现情感是正向的，但全局文本表达的是偏负面的情感，利用 k-max pooling 能够很好捕捉这类信息。

C TextCNN

尽管 TextCNN 能够在很多任务里面能有不错的表现，但卷积神经网络有个最大问题是固定 filter_size 的视野，一方面无法建模更长的序列信息，另一方面 filter_size 的超参调节也很繁琐。卷积神经网络本质是做文本的特征表达工作，而自然语言处理中更常用的是递归神经网络（循环神经网络，Recurrent Neural Network），能够更好的表达上下文信息。具体在文本分类任务中，Bi-directional 循环神经网络（实际使用的是双向长短期记忆神经网络）从某种意义上可以理解为可以捕获变长且双向的“n-gram”信息。

循环神经网络算是在自然语言处理领域非常一个标配网络了，在序列标注/命名体识别/seq2seq 模型等很多场景都有应用，Recurrent Neural Network for Text Classification with Multi-Task Learning 这篇文章中介绍了循环神经网络用于分类问题的设计，图 4-16 介绍了长短期记忆神经网络用于网络结构原理示意图，示例中的是利用最后一个词的结果直接接全连接层 softmax 输出了。

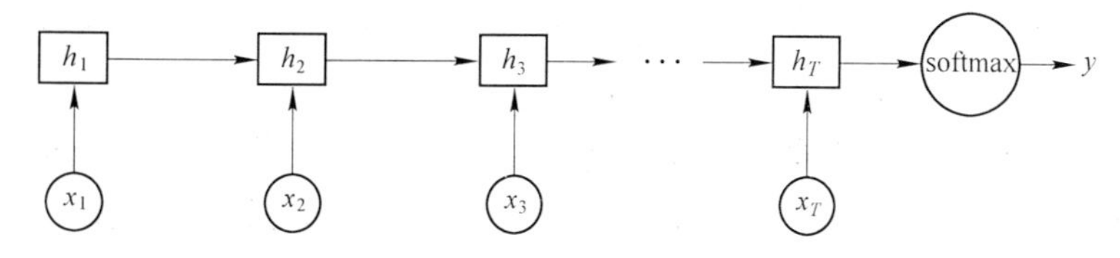

图 4-16 长短期记忆神经网络用于网络结构原理示意图

D　TextRNN+注意力机制模型

卷积神经网络和循环神经网络用在文本分类任务中尽管效果显著，但都有一个不足的地方就是不够直观，可解释性不好，特别是在分析 badcase 时候感受尤其深刻。而注意力（attention）机制是自然语言处理领域一个常用的建模长时间记忆机制，能够很直观的给出每个词对结果的贡献，基本成了 Seq2Seq 模型的标配了。实际上文本分类从某种意义上也可以理解为一种特殊的 Seq2Seq。

4.4　基本聚类算法介绍

俗话说："物以类聚，人以群分"，在自然科学和社会科学中，存在着大量的分类问题。所谓类，通俗地说，就是指相似元素的集合。

聚类分析起源于分类学，在古老的分类学中，人们主要依靠经验和专业知识来实现分类，很少利用数学工具进行定量的分类。随着人类科学技术的发展，对分类的要求越来越高，以致有时仅凭经验和专业知识难以确切地进行分类，于是人们逐渐地把数学工具引用到了分类学中，形成了数值分类学，之后又将多元分析的技术引入到数值分类学形成了聚类分析。聚类分析内容非常丰富，有系统聚类法、有序样品聚类法、动态聚类法、模糊聚类法、图论聚类法、聚类预报法等。

聚类算法属于非监督式学习，通常被用于探索性的分析，是根据"物以类聚"的原理，将本身没有类别的样本聚集成不同的组，这样的一组数据对象的集合叫做簇，并且对每一个这样的簇进行描述的过程。它的目的是使得属于同一簇的样本之间应该彼此相似，而不同簇的样本应该足够不相似，常见的典型应用场景有客户细分、客户研究、市场细分、价值评估。机器学习库目前支持广泛使用的 K 均值聚类算法。

4.4.1　K 均值聚类算法

4.4.1.1　简介

K 均值聚类算法（k-means clustering algorithm，以下简称 k-means 算法）是一种迭代求解的聚类分析算法，所谓聚类，即根据相似性原则，将具有较高相似度的数据对象划分至同一类簇，将具有较高相异度的数据对象划分至不同类簇。聚类与分类最大的区别在于，聚类过程为无监督过程，即待处理数据对象没有任何先验知识，而分类过程为有监督过程，即存在有先验知识的训练数据集。其步骤是随机选取 K 个对象作为初始的聚类中心，然后计算每个对象与各个种子聚类中心之间的距离，把每个对象分配给距离它最近的聚类中心。聚类中心以及分配给它们的对象就代表一个聚类。每分配一个样本，聚类的聚类中心会根据聚类中现有的对象被重新计算。这个过程将不断重复直到满足某个终止条件。终止条件可以是没有（或最小数目）对象被重新分配给不同的聚类，没有（或最小数目）

聚类中心再发生变化，误差平方和局部最小。

K均值聚类是最著名的划分聚类算法，由于简洁和效率使得他成为所有聚类算法中最广泛使用的。给定一个数据点集合和需要的聚类数目 K，K 由用户指定，K均值算法根据某个距离函数反复把数据分入 K 个聚类中。

K均值聚类是使用最大期望算法求解的高斯混合模型在正态分布的协方差为单位矩阵，且隐变量的后验分布为一组狄拉克 δ 函数时所得到的特例。

K均值聚类算法思想：对给定的样本集，事先确定聚类簇数 K，让簇内的样本尽可能紧密分布在一起，使簇间的距离尽可能大。该算法试图使集群数据分为 n 组独立数据样本，使 n 组集群间的方差相等，数学描述为最小化惯性或集群内的平方和。K均值聚类算法作为无监督的聚类算法，实现较简单，聚类效果好，因此被广泛使用。

4.4.1.2 K均值聚类算法原理

K均值聚类算法的步骤是随机选取 K 个对象作为初始的聚类中心，然后计算每个对象与各个种子聚类中心之间的距离，把每个对象分配给距离它最近的聚类中心。聚类中心以及分配给它们的对象就代表一个聚类。每分配一个样本，聚类的聚类中心会根据聚类中现有的对象被重新计算。这个过程将不断重复直到满足某个终止条件。终止条件可以是没有（或最小数目）对象被重新分配给不同的聚类，没有（或最小数目）聚类中心再发生 z 变化，误差平方和局部最小。

K均值聚类算法中的 K 代表类簇个数，means 代表类簇内数据对象的均值（这种均值是一种对类簇中心的描述），因此，K均值聚类算法又称为K均值算法。K均值聚类算法是一种基于划分的聚类算法，以距离作为数据对象间相似性度量的标准，即数据对象间的距离越小，则它们的相似性越高，则它们越有可能在同一个类簇。数据对象间距离的计算有很多种，K均值聚类算法通常采用欧氏距离来计算数据对象间的距离。

K均值聚类算法聚类过程示意图，如图4-17所示。

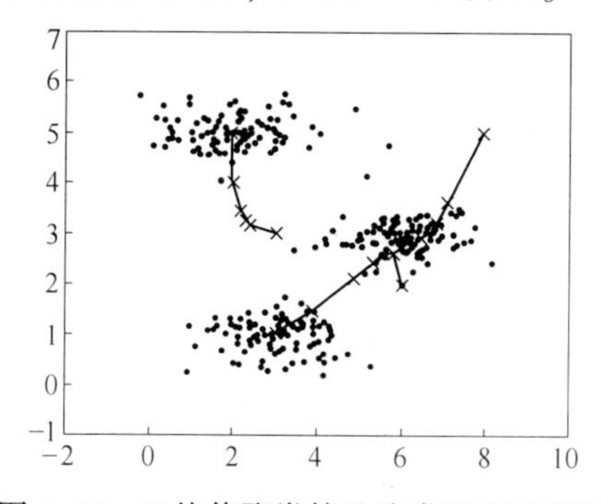

图4-17 K均值聚类算法聚类过程示意图

4.4.1.3 K 均值聚类算法优缺点分析

优点：算法简单易实现。

缺点：需要用户事先指定类簇个数；聚类结果对初始类簇中心的选取较为敏感；容易陷入局部最优；只能发现球形类簇。

4.4.2 均值偏移聚类算法

4.4.2.1 简介

均值漂移聚类是基于滑动窗口的算法，来找到数据点的密集区域。这是一个基于质心的算法，通过将中心点的候选点更新为滑动窗口内点的均值来完成，来定位每个组/类的中心点。然后对这些候选窗口进行相似窗口进行去除，最终形成中心点集及相应的分组。

4.4.2.2 具体步骤

（1）确定滑动窗口半径 r，以随机选取的中心点 C 半径为 r 的圆形滑动窗口开始滑动。均值漂移类似一种爬山算法，在每一次迭代中向密度更高的区域移动，直到收敛。

（2）每一次滑动到新的区域，计算滑动窗口内的均值来作为中心点，滑动窗口内的点的数量为窗口内的密度。在每一次移动中，窗口会想密度更高的区域移动。

（3）移动窗口，计算窗口内的中心点以及窗口内的密度，知道没有方向在窗口内可以容纳更多的点，即一直移动到圆内密度不再增加为止。

（4）步骤一到三会产生很多个滑动窗口，当多个滑动窗口重叠时，保留包含最多点的窗口，然后根据数据点所在的滑动窗口进行聚类。

4.4.2.3 均值偏移聚类算法的优缺点

优点：（1）不同于 K 均值聚类算法，均值漂移聚类算法不需要我们知道有多少类/组。

（2）基于密度的算法相比于 K 均值聚类算法受均值影响较小。

缺点：窗口半径 r 的选择可能是不重要的。

4.4.3 DBSCAN 聚类算法

4.4.3.1 简介

DBSCAN（Density-Based Spatial Clustering of Applications with Noise）是一个

比较有代表性的基于密度的聚类算法。与划分和层次聚类方法不同，它将簇定义为密度相连的点的最大集合，能够把具有足够高密度的区域划分为簇，并可在噪声的空间数据库中发现任意形状的聚类。与均值漂移聚类类似，DBSCAN 也是基于密度的聚类算法。

DBSCAN 中的几个定义：

（1）E 邻域：给定对象半径为 E 内的区域称为该对象的 E 邻域；

（2）核心对象：如果给定对象 E 邻域内的样本点数大于等于 MinPts，则称该对象为核心对象；

（3）直接密度可达：对于样本集合 D，如果样本点 q 在 p 的 E 邻域内，并且 p 为核心对象，那么对象 q 从对象 p 直接密度可达。

（4）密度可达：对于样本集合 D，给定一串样本点 $p1$，$p2 \cdots. pn$，$p=p1$，$q=pn$，假如对象 pi 从 $pi-1$ 直接密度可达，那么对象 q 从对象 p 密度可达。

（5）密度相连：存在样本集合 D 中的一点 o，如果对象 o 到对象 p 和对象 q 都是密度可达的，那么 p 和 q 密度相联。

可以发现，密度可达是直接密度可达的传递闭包，并且这种关系是非对称的。密度相连是对称关系。DBSCAN 目的是找到密度相连对象的最大集合。

举一个简单的例子，假设半径 $E=3$，MinPts=3，点 p 的 E 邻域中有点 $\{m, p, p1, p2, o\}$，点 m 的 E 邻域中有点 $\{m, q, p, m1, m2\}$，点 q 的 E 邻域中有点 $\{q, m\}$，点 o 的 E 邻域中有点 $\{o, p, s\}$，点 s 的 E 邻域中有点 $\{o, s, s1\}$。

那么核心对象有 p，m，o，s（q 不是核心对象，因为它对应的 E 邻域中点数量等于 2，小于 minPts=3）；

点 m 从点 p 直接密度可达，因为 m 在 p 的 E 邻域内，并且 p 为核心对象；

点 q 从点 p 密度可达，因为点 q 从点 m 直接密度可达，并且点 m 从点 p 直接密度可达；

点 q 到点 s 密度相连，因为点 q 从点 p 密度可达，并且 s 从点 p 密度可达。

4.4.3.2 DBSCAN 算法描述

输入：包含 n 个对象的数据库，半径 e，最少数目 minPts；

输出：所有生成的簇，达到密度要求。

（1）不断地重复；

（2）从数据库中抽出一个未处理的点；

（3）如果抽出的点是核心点，然后找出所有从该点密度可达的对象，形成一个簇；

（4）如果抽出的点是边缘点（非核心对象），跳出本次循环，寻找下一个点；

（5）直到所有的点都被处理。

DBSCAN 对用户定义的参数很敏感，细微的不同都可能导致差别很大的结果，而参数的选择无规律可循，只能靠经验确定（见图 4-18）。

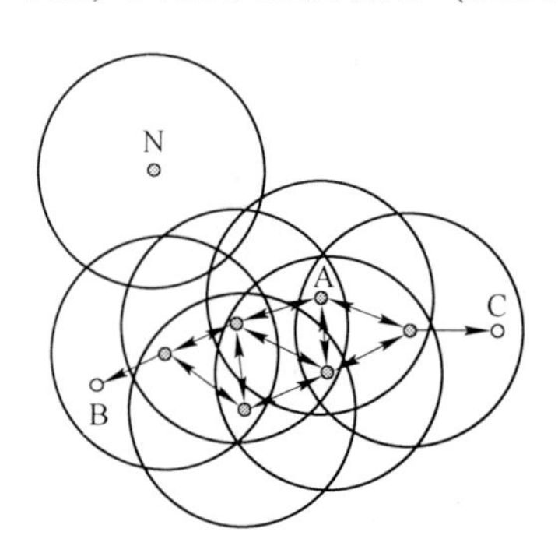

图 4-18　DBSCAN 算法描述

4.4.3.3　具体步骤

（1）首先确定半径 r 和 minPoints，从一个没有被访问过的任意数据点开始，以这个点为中心，r 为半径的圆内包含的点的数量是否大于或等于 minPoints，如果大于或等于 minPoints 则改点被标记为 central point，反之则会被标记为 noise point。

（2）重复步骤 1，如果一个 noise point 存在于某个 central point 为半径的圆内，则这个点被标记为边缘点，反之仍为 noise point。重复步骤 1，知道所有的点都被访问过。

4.4.3.4　DBSCAN 聚类算法的优缺点

优点：（1）不需要知道簇的数量。

（2）与 K 均值聚类算法方法相比，DBSCAN 不需要事先知道要形成的簇类的数量。

（3）与 K 均值聚类算法方法相比，DBSCAN 可以发现任意形状的簇类。

（4）同时，DBSCAN 能够识别出噪声点。

（5）DBSCAN 对于数据库中样本的顺序不敏感，即 Pattern 的输入顺序对结果的影响不大。但是，对于处于簇类之间边界样本，可能会根据哪个簇类优先被探测到而其归属有所摆动。

缺点：（1）需要确定距离 r 和 minPoints。

（2）DBScan 不能很好反映高维数据。

（3）DBScan 不能很好反映数据集以变化的密度。

（4）如果样本集的密度不均匀、聚类间距差相差很大时，聚类质量较差。

4.4.4 使用高斯混合模型（GMM）的期望最大化聚类

4.4.4.1 简介

使用高斯混合模型（GMM）做聚类首先假设数据点是呈高斯分布的，相对应K均值聚类算法假设数据点是圆形的，高斯分布（椭圆形）给出了更多的可能性。我们有两个参数来描述簇的形状：均值和标准差。所以这些簇可以采取任何形状的椭圆形，因为在 x，y 方向上都有标准差。因此，每个高斯分布被分配给单个簇。

4.4.4.2 具体步骤

（1）选择簇的数量（与K均值聚类算法类似）并随机初始化每个簇的高斯分布参数（均值和方差）。也可以先观察数据给出一个相对精确的均值和方差。

（2）给定每个簇的高斯分布，计算每个数据点属于每个簇的概率。一个点越靠近高斯分布的中心就越可能属于该簇。

（3）基于这些概率我们计算高斯分布参数使得数据点的概率最大化，可以使用数据点概率的加权来计算这些新的参数，权重就是数据点属于该簇的概率。

（4）重复迭代步骤2和步骤3直到在迭代中的变化不大。

4.4.4.3 高斯混合模型的优点

（1）高斯混合模型使用均值和标准差，簇可以呈现出椭圆形而不是仅仅限制于圆形。K均值聚类算法是高斯混合模型的一个特殊情况，是方差在所有维度上都接近于0时簇就会呈现出圆形。

（2）高斯混合模型是使用概率，所有一个数据点可以属于多个簇。例如数据点 X 可以有20%的概率属于A簇，80%的概率属于B簇。也就是说高斯混合模型可以支持混合资格。

4.4.5 层次聚类算法

4.4.5.1 简介

在社会学领域，一般通过给定网络的拓扑结构定义网络节点间的相似性或距离，然后采用单连接层次聚类或全连接层次聚类将网络节点组成一个树状图层次结构。其中，树的叶节点表示网络节点，非叶节点一般由相似或距离接近的子节点合并而得到。

4.4.5.2 层次聚类算法的分类

层次聚类算法分为两类：自上而下和自下而上。凝聚层级聚类（HAC）是自下而上的一种聚类算法。凝聚层级聚类首先将每个数据点视为一个单一的簇，然后计算所有簇之间的距离来合并簇，知道所有的簇聚合成为一个簇为止。

4.4.5.3 具体步骤

层次聚类方法的基本思想是：通过某种相似性测度计算节点之间的相似性，并按相似度由高到低排序，逐步重新连接个节点。该方法的优点是可随时停止划分，主要步骤如下：

（1）首先我们将每个数据点视为一个单一的簇，然后选择一个测量两个簇之间距离的度量标准。例如我们使用平均连接作为标准，它将两个簇之间的距离定义为第一个簇中的数据点与第二个簇中的数据点之间的平均距离。

（2）在每次迭代中，我们将两个具有最小平均连接的簇合并成为一个簇。

（3）重复步骤 2 知道所有的数据点合并成一个簇，然后选择我们需要多少个簇。

4.4.5.4 层次聚类算法的优缺点

优点：（1）不需要知道有多少个簇；

（2）对于距离度量标准的选择并不敏感。

缺点：效率低。

4.4.6 图团体检测

4.4.6.1 简介

当我们的数据可以被表示为网络或图时，可以使用图团体检测（Graph Community Detection）方法完成聚类。在这个算法中图团体通常被定义为一种顶点的子集，其中的顶点相对于网络的其他部分要连接的更加紧密。图 4-19 展示了一个简单的图，展示了最近浏览过的 8 个网站，根据它们的维基百科页面中的链接进行了连接。

模块性可以使用以下公式进行计算：

$$M = \frac{1}{2L}\sum_{i,\ j=1}^{N}\left(A_{ij} - \frac{K_i K_j}{2L}\right)\delta(C_i,\ C_j)$$

其中，L 代表网络中边的数量；A_{ij} 代表真实的顶点 i 和 j 之间的边数；K_i，K_j 代表每个顶点的程度，可以通过将每一行每一列的项相加起来而得到。两者相乘再除以 $2L$ 表示该网络是随机分配的时候顶点 i 和 j 之间的预期边数。所以 $A_{ij}-\frac{K_i K_j}{2L}$ 代表了该网络的真实结构和随机组合时的预期结构之间的差。当 A_{ij} 为 1 时，且

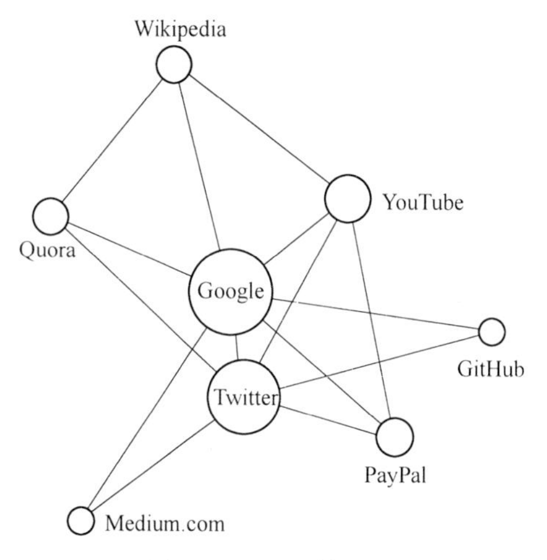

图 4-19 图团体检测

$\frac{K_iK_j}{2L}$很小的时候，其返回值最高。也就是说，当在定点 i 和 j 之间存在一个非预期边是得到的值更高。

通过上述公式可以计算图的模块性，且模块性越高，该网络聚类成不同团体的程度越好，因此通过最优化方法寻找最大模块性就能发现聚类该网络的最佳方法。

组合学告诉我们对于一个仅有 8 个顶点的网络，就存在 4140 种不同的聚类方式，16 个顶点的网络的聚类方式将超过 100 亿种。32 个顶点的网络的可能聚类方式更是将超过 10^{21}种。因此，我们必须寻找一种启发式的方法使其不需要尝试每一种可能性。这种方法叫做快速贪婪模块性最大化的算法，这种算法在一定程度上类似于上面描述的集聚层次聚类算法。只是这种算法不根据距离来融合团体，而是根据模块性的改变来对团体进行融合。

4.4.6.2 具体步骤

（1）首先初始分配每个顶点到其自己的团体，然后计算整个网络的模块性 M。

（2）第 1 步要求每个团体对至少被一条单边链接，如果有两个团体融合到了一起，该算法就计算由此造成的模块性改变 ΔM。

（3）第 2 步是取 ΔM 出现了最大增长的团体对，然后融合。然后为这个聚类计算新的模块性 M，并记录下来。

（4）重复第 1 步和第 2 步。每一次都融合团体对，这样最后得到 ΔM 的最大增益，然后记录新的聚类模式及其相应的模块性分数 M。

(5) 重复第 1 步和第 2 步。每一次都融合团体对，这样最后得到 ΔM 的最大增益，然后记录新的聚类模式及其相应的模块性分数 M。

4.5　基本回归算法介绍

回归算法属于监督式学习，每个个体都有一个与之相关联的实数标签，并且我们希望在给出用于表示这些实体的数值特征后，所预测出的标签值可以尽可能接近实际值。机器学习库目前支持回归算法有：线性回归、岭回归、Lasso 和决策树。

4.5.1　线性回归模型

4.5.1.1　简介

线性回归，就是能够用一个直线较为精确地描述数据之间的关系。这样当出现新的数据的时候，就能够预测出一个简单的值。线性回归中最常见的就是房价的问题。一直存在很多房屋面积和房价的数据，如图 4-20 所示。

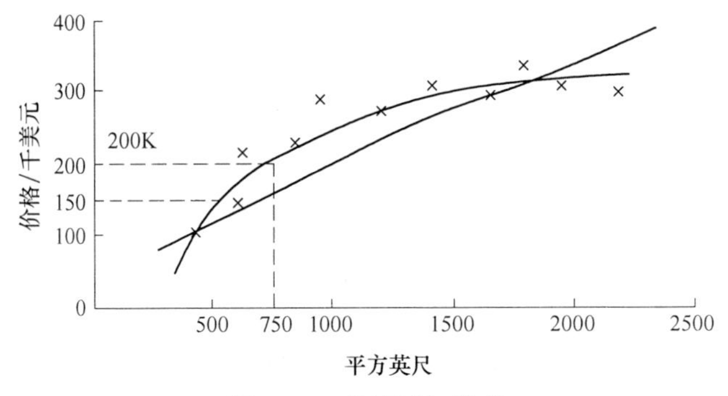

图 4-20　线性回归模型

在这种情况下，就可以利用线性回归构造出一条直线来近似地描述房价与房屋面积之间的关系，从而就可以根据房屋面积推测出房价。

线性回归是利用数理统计中回归分析，来确定两种或两种以上变量间相互依赖的定量关系的一种统计分析方法，运用十分广泛。其表达形式为 $y=w'x+e$，e 为误差服从均值为 0 的正态分布。

回归分析中，只包括一个自变量和一个因变量，且二者的关系可用一条直线近似表示，这种回归分析称为一元线性回归分析。如果回归分析中包括两个或两个以上的自变量，且因变量和自变量之间是线性关系，则称为多元线性回归分析。

4.5.1.2　线性回归的函数模型

通过线性回归构造出来的函数一般称之为了线性回归模型。线性回归模型的函数一般写为：

$$h_\theta(x) = \theta_o + \theta_1 x$$

4.5.1.3 线性回归模型的代价函数

通过线性回归算法，我们可能会得到很多的线性回归模型，但是不同的模型对于数据的拟合或者是描述能力是不一样的。我们的目的最终是需要找到一个能够最精确地描述数据之间关系的线性回归模型。这是就需要用到代价函数。代价函数就是用来描述线性回归模型与正式数据之前的差异。如果完全没有差异，则说明此线性回归模型完全描述数据之前的关系。如果需要找到最佳拟合的线性回归模型，就需要使得对应的代价函数最小，相关的公式描述如下：

$$\text{Hhypothesis：} h_\theta(x) = \theta_o + \theta_1 x$$

$$\text{Parameters：} \theta_o，\theta_1$$

$$\text{Cost Function：} J(\theta_o，\theta_1) = \frac{1}{2m}\sum_{i=1}^{m}(h_o(x^{(i)}) - y^{(i)})^2$$

$$\text{Goal：} \min_{\theta_o,\theta_1} J(\theta_o，\theta_1)$$

Hypothesis 表示的就是线性回归模型 Cost Function，代价函数目标，就是要求对应的代价函数最小时线性回归模型求解。

4.5.1.4 线性回归模型的特点

（1）建模速度快，不需要很复杂的计算，在数据量大的情况下依然运行速度很快。

（2）可以根据系数给出每个变量的理解和解释。

（3）对异常值很敏感。

4.5.1.5 线性回归的含义

在统计学中，线性回归（linear regression）是利用称为线性回归方程的最小平方函数对一个或多个自变量和因变量之间关系进行建模的一种回归分析。这种函数是一个或多个称为回归系数的模型参数的线性组合。只有一个自变量的情况称为简单回归，大于一个自变量情况的叫做多元回归（这反过来又应当由多个相关的因变量预测的多元线性回归区别，而不是一个单一的标量变量）。

回归分析中有多个自变量：这里有一个原则问题，这些自变量的重要性，究竟谁是最重要，谁是比较重要，谁是不重要。所以，spss 线性回归有一个和逐步判别分析的等价的设置。

原理：F 检验。spss 中的操作是“分析”~“回归”~“线性”主对话框方法框中需先选定“逐步”方法~“选项”子对话框。

如果是选择“用F检验的概率值”，越小代表这个变量越容易进入方程。原因是这个变量的F检验的概率小，说明它显著，也就是这个变量对回归方程的贡献越大，进一步说就是该变量被引入回归方程的资格越大。究其根本，就是零假设分水岭，例如要是把进入设为0.05，大于它说明接受零假设，这个变量对回归方程没有什么重要性，但是一旦小于0.05，说明，这个变量很重要应该引起注意。这个0.05就是进入回归方程的通行证。

下一步：“移除”选项：如果一个自变量F检验的P值也就是概率值大于移除中所设置的值，这个变量就要被移除回归方程。spss回归分析也就是把自变量作为一组待选的商品，高于这个价就不要，低于一个比这个价小一些的就买来。所以“移除”中的值要大于“进入”中的值，默认“进入”值为0.05，“移除”值为0.10。

如果，使用“采用F值”作为判据，整个情况就颠倒了，“进入”值大于“移除”值，并且是自变量的进入值需要大于设定值才能进入回归方程。这里的原因就是F检验原理的计算公式。所以才有这样的差别。

结果：如同判别分析的逐步方法，表格中给出所有自变量进入回归方程情况。这个表格的标志是，第一列写着拟合步骤编号，第二列写着每步进入回归方程的编号，第三列写着从回归方程中剔除的自变量。第四列写着自变量引入或者剔除的判据，下面跟着一堆文字。

这种设置的根本目的：挑选符合的变量，剔除不符合的变量。

注意：spss中还有一个设置，“在等式中包含常量”，它的作用是如果不选择它，回归模型经过原点，如果选择它，回归方程就有常数项。这个选项选和不选是不一样的。

在线性回归中，数据使用线性预测函数来建模，并且未知的模型参数也是通过数据来估计。这些模型被叫做线性模型。最常用的线性回归建模是给定X值的y的条件均值是X的仿射函数。不太一般的情况，线性回归模型可以是一个中位数或一些其他的给定X的条件下y的条件分布的分位数作为X的线性函数表示。像所有形式的回归分析一样，线性回归也把焦点放在给定X值的y的条件概率分布，而不是X和y的联合概率分布（多元分析领域）。

线性回归是回归分析中第一种经过严格研究并在实际应用中广泛使用的类型。这是因为线性依赖于其未知参数的模型比非线性依赖于其位置参数的模型更容易拟合，而且产生的估计的统计特性也更容易确定。

线性回归模型经常用最小二乘逼近来拟合，但它们也可能用别的方法来拟合，比如用最小化“拟合缺陷”在一些其他规范里（比如最小绝对误差回归），或者在桥回归中最小化最小二乘损失函数的惩罚。相反，最小二乘逼近可以用来拟合那些非线性的模型，因此，尽管“最小二乘法”和“线性模型”是紧密相连的，但它们是不能划等号的。

4.5.1.6 线性回归的应用

（1）数学。线性回归有很多实际用途。分为以下两大类：

如果目标是预测或者映射，线性回归可以用来对观测数据集的和 X 的值拟合出一个预测模型。当完成这样一个模型以后，对于一个新增的 X 值，在没有给定与它相配对的 y 的情况下，可以用这个拟合过的模型预测出一个 y 值。

给定一个变量 y 和一些变量 X_1，…，X_p，这些变量有可能与 y 相关，线性回归分析可以用来量化 y 与 X_j 之间相关性的强度，评估出与 y 不相关的 X_j，并识别出哪些 X_j 的子集包含了关于 y 的冗余信息。

（2）趋势线。一条趋势线代表着时间序列数据的长期走势。它告诉我们一组特定数据（如 GDP、石油价格和股票价格）是否在一段时期内增长或下降。虽然我们可以用肉眼观察数据点在坐标系的位置大体画出趋势线，更恰当的方法是利用线性回归计算出趋势线的位置和斜率。

（3）流行病学。有关吸烟对死亡率和发病率影响的早期证据来自采用了回归分析的观察性研究。为了在分析观测数据时减少伪相关，除最感兴趣的变量之外，通常研究人员还会在他们的回归模型里包括一些额外变量。例如，假设我们有一个回归模型，在这个回归模型中吸烟行为是我们最感兴趣的独立变量，其相关变量是经数年观察得到的吸烟者寿命。研究人员可能将社会经济地位当成一个额外的独立变量，已确保任何经观察所得的吸烟对寿命的影响不是由于教育或收入差异引起的。然而，我们不可能把所有可能混淆结果的变量都加入到实证分析中。例如，某种不存在的基因可能会增加人死亡的几率，还会让人的吸烟量增加。因此，比起采用观察数据的回归分析得出的结论，随机对照试验常能产生更令人信服的因果关系证据。当可控实验不可行时，回归分析的衍生，如工具变量回归，可尝试用来估计观测数据的因果关系。

（4）金融。资本资产定价模型利用线性回归以及 Beta 系数的概念分析和计算投资的系统风险。这是从联系投资回报和所有风险性资产回报的模型 Beta 系数直接得出的。

（5）经济学。线性回归是经济学的主要实证工具。例如，它是用来预测消费支出，固定投资支出，存货投资，一国出口产品的购买，进口支出，要求持有流动性资产，劳动力需求、劳动力供给。

4.5.2 岭回归

4.5.2.1 简介

岭回归（ridge regression，Tikhonov regularization）是一种专用于共线性数据

分析的有偏估计回归方法，实质上是一种改良的最小二乘估计法，通过放弃最小二乘法的无偏性，以损失部分信息、降低精度为代价获得回归系数更为符合实际、更可靠的回归方法，对病态数据的拟合要强于最小二乘法。岭回归，又称脊回归、吉洪诺夫正则化，是对不适定问题进行回归分析时最经常使用的一种正则化方法。

4.5.2.2　原理

对于有些矩阵，矩阵中某个元素的一个很小的变动，会引起最后计算结果误差很大，这种矩阵称为“病态矩阵”。有些时候不正确的计算方法也会使一个正常的矩阵在运算中表现出病态。对于高斯消去法来说，如果主元（即对角线上的元素）上的元素很小，在计算时就会表现出病态的特征。

回归分析中常用的最小二乘法是一种无偏估计。对于一个适定问题，X 通常是列满秩的

$$X_\theta = y$$

采用最小二乘法，定义损失函数为残差的平方，最小化损失函数

$$\| X_\theta - y \|^2$$

上述优化问题可以采用梯度下降法进行求解，也可以采用如下公式进行直接求解

$$\theta(\alpha) = (X^\mathrm{T}X + \alpha I)^{-1}X^\mathrm{T}y$$

当 X 不是列满秩时，或者某些列之间的线性相关性比较大时，$X^\mathrm{T}X$ 的行列式接近于0，即 $X^\mathrm{T}X$ 接近于奇异，上述问题变为一个不适定问题，此时，计算 $(X^\mathrm{T}X)^{-1}$ 时误差会很大，传统的最小二乘法缺乏稳定性与可靠性。

为了解决上述问题，我们需要将不适定问题转化为适定问题：我们为上述损失函数加上一个正则化项，变为

$$\| X\theta - y \|^2 + \| \Gamma\theta \|^2$$

其中，我们定义 $\Gamma = \alpha I$，于是：

$$\theta(\alpha) = (X^\mathrm{T}X + \alpha I)^{-1}X^\mathrm{T}y$$

式中，I 是单位矩阵。

随着 α 的增大，$\theta(\alpha)$ 各元素 $\theta(\alpha)_i$ 的绝对值均趋于不断变小，它们相对于正确值 θ_i 的偏差也越来越大。α 趋于无穷大时，$\theta(\alpha)$ 趋于0。其中，$\theta(\alpha)$ 随 α 的改变而变化的轨迹，就称为岭迹。实际计算中可选非常多的 α 值，做出一个岭迹图，看看这个图在取哪个值的时候变稳定了，那就确定 α 值了。

岭回归是对最小二乘回归的一种补充，它损失了无偏性，来换取高的数值稳定性，从而得到较高的计算精度。

4.5.2.3　特点

通常岭回归方程的 R 平方值会稍低于普通回归分析，但回归系数的显著性往

往明显高于普通回归，在存在共线性问题和病态数据偏多的研究中有较大的实用价值。

4.5.3 LASSO 回归

4.5.3.1 简介

LASSO（Least Absolute Shrinkage and Selection Operator）是 Robert Tibshirani 于 1996 年首次提出，该方法是一种压缩估计。它通过构造一个惩罚函数得到一个较为精炼的模型，使得它压缩一些系数，同时设定一些系数为零。因此保留了子集收缩的优点，是一种处理具有复共线性数据的有偏估计。

4.5.3.2 LASSO 的基本思想

LASSO 的基本思想是在回归系数的绝对值之和小于一个常数的约束条件下，使残差平方和最小化，从而能够产生某些严格等于 0 的回归系数，得到可以解释的模型，其数学表达式如下：

$$B_{\text{LASSO}} = \arg_{\text{B}}\min\left\{ \left| Y - \sum_{j=1}^{P} X_j B_j \right| \right\}$$

$$s.t. \sum_{j=1}^{P} | B_j | \leqslant t$$

其中 $t>0$，是调整参数，通过控制调整参数 t 可以实现对总体回归系数的压缩。t 值的确定可以利用 Efron 和 Tibshirani（1993 年）提出的交叉验证法来估计。这个数学表达式还等价于最小化下述惩罚最小二乘法：

$$B_{\text{LASSO}} = \arg_{\text{B}}\min\left\{ \left| Y - \sum_{j=1}^{P} X_j B_j \right|^2 + \alpha \sum_{j=1}^{P} |B_j| \right\}$$

其中 a 与 t 一一对应，可以互相转换。LASSO 方法的主要优势在于其对参数估计较大的变量压缩较小，而参数估计较小的变量压缩成 0，并且 LASSO 分析的参数估计具有连续性，适用于高维数据的模型选择。Tibshirani 在 2005 年提出了 Fused LASSO 方法，这个估计方法满足了模型系数以及系数差分的稀疏性，使得邻近系数间更加平滑。

4.5.3.3 LASSO 回归

LASSO 回归的特色就是在建立广义线型模型的时候，这里广义线型模型包含一维连续因变量、多维连续因变量、非负次数因变量、二元离散因变量、多元离散因变，除此之外，无论因变量是连续的还是离散的，LASSO 都能处理，总的来说，LASSO 对于数据的要求是极其低的，所以应用程度较广；除此之外，LASSO 还能够对变量进行筛选和对模型的复杂程度进行降低。这里的变量筛选是指不把所有的变量都放入模型中进行拟合，而是有选择的把变量放入模型从而得到更好的性能参数。复杂度调整是指通过一系列参数控制模型的复杂度，从而避免过度拟合。对于线性模型来说，复杂度与模型的变量数有直接关系，变量数越多，模型复杂度就越高。更多的变量在拟合时往往可以给出一个看似更好的模型，但是同时也面临过度拟合的危险。

LASSO 的复杂程度由 λ 来控制，λ 越大对变量较多的线性模型的惩罚力度就越大，从而最终获得一个变量较少的模型。除此之外，另一个参数 α 来控制应对高相关性数据时模型的性状。LASSO 回归 $\alpha=1$，Ridge 回归 $\alpha=0$，这就对应了惩罚函数的形式和目的。我们可以通过尝试若干次不同值下的 λ，来选取最优 λ 下的参数，还可以结合 CV 选择最优秀的模型。

4.5.3.4　LASSO 分析中出现的问题

在 LASSO 分析中，可能会出现过度压缩非零系数的情况，增大了估计结果的偏差，使估计结果不具有相合性。为了提高 LASSO 方法的相合性和准确性，Zou H 提出了自适应的 LASSO 方法，其把 LASSO 中的惩罚项修正为：

$$P_{a}(B) = \sum_{j=1}^{p} \frac{1}{|B_j|} |B_j|$$

其中 β_j 是最小二乘估计系数。自适应 LASSO 分析的重要意义在于当样本量趋于无穷且变量个数维持不变时，其估计结果具有相合性，并且这些参数估计的结果与事先给定的非零变量位置的最小二乘得到的参数估计的分布渐进相同。直接将自适应 LASSO 的想法应用到水平压缩方差分析中，其数学表达式如下：

$$B = \arg_{B}\{|Y - XB|\}$$

$$s.t.\ \sum_{k=1}^{p_j} B_{jk} = 0,\ j = 1,\ \ldots,\ J$$

$$\sum_{j=1}^{J} \sum_{1 \leqslant k \leqslant m \leqslant p_j} w^{(km)} |B_{jk} - B_{jm}| \leqslant t$$

4.5.3.5　LASSO 的优点

LASSO 算法在模型系数绝对值之和小于某常数的条件下，谋求残差平方和最小，在变量选取方面的效果优于逐步回归、主成分回归、岭回归、偏最小二乘等，能较好的克服传统方法在模型选取上的不足。

4.6　文本处理学习框架

我们是否可以制定一个足够的通用框架来处理文本数据科学任务呢？事实证明，处理文本与其他非文本处理任务很相似，所以我们可以寻找灵感、制定学习框架。本章所介绍的学习框架我们可以说这是基于文本的通用任务的主要步骤，属于文本挖掘或自然语言处理。

4.6.1 数据收集或汇编

获取或建立语料库，可以是任何网络在线网购用户评论、微博热点评论、微博微信朋友圈等个人发表的言论等。

在互联网行业快速发展的今天，数据收集已经被广泛应用于互联网及分布式领域，数据收集领域已经发生了重要的变化。首先，分布式控制应用场合中的智能数据收集系统在国内外已经取得了长足的发展。其次，总线兼容型数据采集插件的数量不断增大，与个人计算机兼容的数据收集系统的数量也在增加。国内外各种数据收集机先后问世，将数据收集带入了一个全新的时代。

4.6.2 数据预处理

数据预处理（data preprocessing）是指对所收集数据进行分类或分组前所做的审核、筛选、排序等必要的处理。现实世界中数据大体上都是不完整、不一致的散乱数据，无法直接进行数据挖掘，或挖掘结果差强人意。为了提高数据挖掘的质量产生了数据预处理技术。数据的预处理在预期文本挖掘或自然语言处理任务的情况下，在原始文本语料库上执行准备任务数据预处理包括许多步骤，其中任何数量的步骤可能适用于或不适用于给定的任务，但通常属于标记化，规范化和替代的一类中。

现实世界中数据大体上都是不完整，不一致的脏数据，无法直接进行数据挖掘，或挖掘结果差强人意。为了提高数据挖掘的质量产生了数据预处理技术。数据预处理有多种方法：数据清理，数据集成，数据变换，数据归约等。这些数据处理技术在数据挖掘之前使用，大大提高了数据挖掘模式的质量，降低实际挖掘所需要的时间。数据的预处理是指对所收集数据进行分类或分组前所做的审核、筛选、排序等必要的处理。

数据的预处理内容简单来讲包括以下三个方面：数据审核、数据筛选、数据排序。

4.6.2.1 数据审核

从不同渠道取得的统计数据，在审核的内容和方法上有所不同。

对于原始数据应主要从完整性和准确性两个方面去审核。完整性审核主要是检查应调查的单位或个体是否有遗漏，所有的调查项目或指标是否填写齐全。准确性审核主要是包括两个方面：一是检查数据资料是否真实地反映了客观实际情况，内容是否符合实际；二是检查数据是否有错误，计算是否正确等。审核数据准确性的方法主要有逻辑检查和计算检查。逻辑检查主要是审核数据是否符合逻辑，内容是否合理，各项目或数字之间有无相互矛盾的现象，此方法主要适合对定性（品质）数据的审核。计算检查是检查调查表中的各项数据在计算结果和计算方法上有无错误，主要用于对定量（数值型）数据的审核。

对于通过其他渠道取得的二手资料，除了对其完整性和准确性进行审核外，还应该着重审核数据的适用性和时效性。二手资料可以来自多种渠道，有些数据可能是为特定目的通过专门调查而获得的，或者是已经按照特定目的需要做了加工处理。对于使用者来说，首先应该弄清楚数据的来源、数据的口径以及有关的背景资料，以便确定这些资料是否符合自己分析研究的需要，是否需要重新加工整理等，不能盲目生搬硬套。此外，还要对数据的时效性进行审核，对于有些时效性较强的问题，如果取得的数据过于滞后，可能失去了研究的意义。一般来说，应尽可能使用最新的统计数据。数据经审核后，确认适合于实际需要，才有必要做进一步的加工整理。

数据审核的内容主要包括以下四个方面：

（1）准确性审核。主要是从数据的真实性与精确性角度检查资料，其审核的重点是检查调查过程中所发生的误差。

（2）适用性审核。主要是根据数据的用途，检查数据解释说明问题的程度。具体包括数据与调查主题、与目标总体的界定、与调查项目的解释等是否匹配。

（3）及时性审核。主要是检查数据是否按照规定时间报送，如未按规定时间报送，就需要检查未及时报送的原因。

（4）一致性审核。主要是检查数据在不同地区或国家、在不同的时间段是否具有可比性。

4.6.2.2 数据筛选

对审核过程中发现的错误应尽可能予以纠正。调查结束后，当数据发现的错误不能予以纠正，或者有些数据不符合调查的要求而又无法弥补时，就需要对数据进行筛选。数据筛选包括两方面的内容：一是将某些不符合要求的数据或有明显错误地数据予以剔除；二是将符合某种特定条件的数据筛选出来，对不符合特定条件的数据予以剔除。数据的筛选在市场调查、经济分析、管理决策中是十分重要的。

4.6.2.3 数据排序

数据排序是按照一定顺序将数据排列，以便于研究者通过浏览数据发现一些明显的特征或趋势，找到解决问题的线索。除此之外，排序还有助于对数据检查纠错，为重新归类或分组等提供依据。在某些场合，排序本身就是分析的目的之一。排序可借助于计算机很容易的完成。

对于分类数据，如果是字母型数据，排序有升序与降序之分，但习惯上升序使用得更为普遍，因为升序与字母的自然排列相同；如果是汉字型数据，排序方式有很多，比如按汉字的首位拼音字母排列，这与字母型数据的排序完全一样，也可按笔画排序，其中也有笔画多少的升序降序之分。交替运用不同方式排序，在汉字型数据的检查纠错过程中十分有用。对于数值型数据，排序只有两种，即递增和递减。排序后的数据也称为顺序统计量。

数据预处理有多种方法：数据清理、数据集成、数据变换、数据归约等。这些数据处理技术在数据挖掘之前使用，大大提高了数据挖掘模式的质量，降低实际挖掘所需要的时间。

（1）数据清理。数据清理例程通过填写缺失的值、光滑噪声数据、识别或删除离群点并解决不一致性来“清理”数据。主要是达到如下目标：格式标准化，异常数据清除，错误纠正，重复数据的清除。

（2）数据集成。数据集成例程将多个数据源中的数据结合起来并统一存储，建立数据仓库的过程实际上就是数据集成。

（3）数据变换。通过平滑聚集、数据概化、规范化等方式将数据转换成适用于数据挖掘的形式。

（4）数据归约。数据挖掘时往往数据量非常大，在少量数据上进行挖掘分析需要很长的时间，数据归约技术可以用来得到数据集的归约表示，它小得多，但仍然接近于保持原数据的完整性，并结果与归约前结果相同或几乎相同。

4.6.3　数据挖掘和可视化

数据挖掘是指从大量的数据中通过算法搜索隐藏于其中信息的过程。

数据可视化，是关于数据视觉表现形式的科学技术研究。其中，这种数据的视觉表现形式被定义为，一种以某种概要形式抽提出来的信息，包括相应信息单位的各种属性和变量。它是一个处于不断演变之中的概念，其边界在不断地扩大。主要指的是技术上较为高级的技术方法，而这些技术方法允许利用图形、图像处理、计算机视觉以及用户界面，通过表达、建模以及对立体、表面、属性以及动画的显示，对数据加以可视化解释。与立体建模之类的特殊技术方法相比，数据可视化所涵盖的技术方法要广泛得多。数据可视化技术的基本思想，是将数据库中每一个数据项作为单个图元元素表示，大量的数据集构成数据图像，同时将数据的各个属性值以多维数据的形式表示，可以从不同的维度观察数据，从而对数据进行更深入的观察和分析。

无论我们的数据是否是文本，探索和可视化是获得洞察力的重要步骤常见的任务可能包括可视化单词计数和分布、生成词云和执行距离度量。

数据可视化主要旨在借助于图形化手段，清晰有效地传达与沟通信息。但是，这并不意味着数据可视化就一定因为要实现其功能用途，而令人感到枯燥乏味，或者是为了看上去绚丽多彩而显得极端复杂。为了有效地传达思想概念，美学形式与功能需要齐头并进，通过直观地传达关键的方面与特征，从而实现对于相当稀疏而又复杂的数据集的深入洞察。然而，设计人员往往并不能很好地把握设计与功能之间的平衡，从而创造出华而不实的数据可视化形式，无法达到其主要目的，也就是传达与沟通信息。

数据可视化与信息图形、信息可视化、科学可视化以及统计图形密切相关。当前，在研究、教学和开发领域，数据可视化乃是一个极为活跃而又关键的方面。“数据可视化”这条术语实现了成熟的科学可视化领域与较年轻的信息可视化领域的统一。

数据可视化主要是借助于图形化手段，清晰有效地传达与沟通信息。但是，这并不就意味着，数据可视化就一定因为要实现其功能用途而令人感到枯燥乏味，或者是为了看上去绚丽多彩而显得极端复杂。为了有效地传达思想概念，美学形式与功能需要齐头并进，通过直观地传达关键的方面与特征，从而实现对于相当稀疏而又复杂的数据集的深入洞察。然而，设计人员往往并不能很好地把握设计与功能之间的平衡，从而创造出华而不实的数据可视化形式，无法达到其主要目的，也就是传达与沟通信息。

数据可视化与信息图形、信息可视化、科学可视化以及统计图形密切相关。当前，在研究、教学和开发领域，数据可视化乃是一个极为活跃而又关键的方面。“数据可视化”这条术语实现了成熟的科学可视化领域与较年轻的信息可视化领域的统一。

一直以来，数据可视化就是一个处于不断演变之中的概念，其边界在不断地扩大；因而，最好是对其加以宽泛的定义。数据可视化指的是技术上较为高级的技术方法，而这些技术方法允许利用图形、图像处理、计算机视觉以及用户界面，通过表达、建模以及对立体、表面、属性以及动画的显示，对数据加以可视化解释。与立体建模之类的特殊技术方法相比，数据可视化所涵盖的技术方法要广泛得多。

近年来，数据挖掘引起了信息产业界的极大关注，其主要原因是存在大量数据，可以广泛使用，并且迫切需要将这些数据转换成有用的信息和知识。获取的信息和知识可以广泛用于各种应用，包括商务管理、生产控制、市场分析、工程设计和科学探索等。数据挖掘利用了来自如下一些领域的思想：（1）来自统计学的抽样、估计和假设检验；（2）人工智能、模式识别和机器学习的搜索算法、建模技术和学习理论。数据挖掘也迅速地接纳了来自其他领域的思想，这些领域包括最优化、进化计算、信息论、信号处理、可视化和信息检索。一些其他领域也起到重要的支撑作用。特别地，需要数据库系统提供有效的存储、索引和查询处理支持。源于高性能（并行）计算的技术在处理海量数据集方面常常是重要的。分布式技术也能帮助处理海量数据，并且当数据不能集中到一起处理时更是至关重要。

20世纪90年代，随着数据库系统的广泛应用和网络技术的高速发展，数据库技术也进入一个全新的阶段，即从过去仅管理一些简单数据发展到管理由各种计算机所产生的图形、图像、音频、视频、电子档案、Web页面等多种类型的复杂数据，并且数据量也越来越大。数据库在给我们提供丰富信息的同时，也体现出明显的海量信息特征。信息爆炸时代，海量信息给人们带来许多负面影响，最主要的就是有效信息难以提炼，过多无用的信息必然会产生信息距离（信息状态转移距离）是对一个事物信息状态转移所遇到障碍的测度，简称DIST或DIT）和有用知识的丢失。这也就是约翰·内斯伯特（John Nalsbert）称为的“信息丰富而知识贫乏”窘境。因此，人们迫切希望能对海量数据进行深入分析，发现并提取隐藏在其中的信息，以更好地利用这些数据。但仅以数据库系统的录入、查询、统计等功能，无法发现数据中存在的关系和规则，无法根据现有的数据预测未来的发展趋势，更缺乏挖掘数据背后隐藏知识的手段。正是在这样的条件下，数据挖掘技术应运而生。

数据挖掘是人工智能和数据库领域研究的热点问题，所谓数据挖掘是指从数据库的大量数据中揭示出隐含的、先前未知的并有潜在价值的信息的非平凡过程。数据挖掘是一种决策支持过程，它主要基于人工智能、机器学习、模式识别、统计学、数据库、可视化技术等，高度自动化地分析企业的数据，作出归纳性的推理，从中挖掘出潜在的模式，帮助决策者调整市场策略，减少风险，作出正确的决策。知识发现过程由以下三个阶段组成：数据准备、数据挖掘、结果表达和解释。数据挖掘可以与用户或知识库交互。

数据挖掘是通过分析每个数据，从大量数据中寻找其规律的技术，主要有数据准备、规律寻找和规律表示三个步骤。数据准备是从相关的数据源中选取所需的数据并整合成用于数据挖掘的数据集；规律寻找是用某种方法将数据集所含的规律找出来；规律表示是尽可能以用户可理解的方式（如可视化）将找出的规律表示出来。数据挖掘的任务有关联分析、聚类分析、分类分析、异常分析、特异群组分析和演变分析等。

在实施数据挖掘之前，先制定采取什么样的步骤，每一步都做什么，达到什么样的目标是必要的，有了好的计划才能保证数据挖掘有条不紊地实施并取得成功。很多软件供应商和数据挖掘顾问公司投提供了一些数据挖掘过程模型，来指导他们的用户一步步地进行数据挖掘工作。

数据挖掘过程模型步骤主要包括定义问题、建立数据挖掘库、分析数据、准备数据、建立模型、评价模型和实施。下面让我们来具体看一下每个步骤的具体内容：

（1）定义问题。在开始知识发现之前最先的也是最重要的要求就是了解数据和业务问题。必须要对目标有一个清晰明确的定义，即决定到底想干什么。比如，想提高电子信箱的利用率时，想做的可能是“提高用户使用率”，也可能是“提高一次用户使用的价值”，要解决这两个问题而建立的模型几乎是完全不同的，必须做出决定。

（2）建立数据挖掘库。建立数据挖掘库包括以下几个步骤：数据收集，数据描述，选择，数据质量评估和数据清理，合并与整合，构建元数据，加载和维护数据挖掘库。

（3）分析数据。分析的目的是找到对预测输出影响最大的数据字段，和决定是否需要定义导出字段。如果数据集包含成百上千的字段，浏览分析这些数据将是一件非常耗时和累人的事情，需要选择一个具有好的界面和功能强大的工具软件来协助完成这些事情。

（4）准备数据。这是建立模型之前的最后一步数据准备工作。可以把此步骤分为四个部分：选择变量，选择记录，创建新变量，转换变量。

（5）建立模型。建立模型是一个反复的过程。需要仔细考察不同的模型以判断哪个模型对面对的商业问题最有用。先用一部分数据建立模型，然后再用剩下的数据来测试和验证这个得到的模型。有时还有第三个数据集，称为验证集，因为测试集可能受模型的特性的影响，这时需要一个独立的数据集来验证模型的准确性。训练和测试数据挖掘模型需要把数据至少分成两个部分，一个用于模型训练，另一个用于模型测试。

（6）评价模型。模型建立好之后，必须评价得到的结果、解释模型的价值。从测试集中得到的准确率只对用于建立模型的数据有意义。在实际应用中，需要进一步了解错误的类型和由此带来的相关费用的多少。经验证明，有效的模型并不一定是正确的模型。造成这一点的直接原因就是模型建立中隐含的各种假定，因此，直接在现实世界中测试模型很重要。先在小范围内应用，取得测试数据，觉得满意之后再向大范围推广。

（7）实施。模型建立并经验证之后，可以有两种主要的使用方法。第一种是提供给分析人员做参考；另一种是把此模型应用到不同的数据集上。

数据挖掘分为有指导的数据挖掘和无指导的数据挖掘。有指导的数据挖掘是利用可用的数据建立一个模型，这个模型是对一个特定属性的描述。无指导的数据挖掘是在所有的属性中寻找某种关系。具体而言，分类、估值和预测属于有指导的数据挖掘；关联规则和聚类属于无指导的数据挖掘。

（1）分类。它首先从数据中选出已经分好类的训练集，在该训练集上运用数据挖掘技术，建立一个分类模型，再将该模型用于对没有分类的数据进行分类。

（2）估值。估值与分类类似，但估值最终的输出结果是连续型的数值，估值的量并非预先确定。估值可以作为分类的准备工作。

（3）预测。它是通过分类或估值来进行，通过分类或估值的训练得出一个模型，如果对于检验样本组而言该模型具有较高的准确率，可将该模型用于对新样本的未知变量进行预测。

（4）相关性分组或关联规则。其目的是发现哪些事情总是一起发生。

（5）聚类。它是自动寻找并建立分组规则的方法，它通过判断样本之间的相似性，把相似样本划分在一个簇中。

4.6.4　模型建设

这是文本挖掘或自然语言处理任务发生的地方（包括训练和测试）。还包括在适用时的特征选择和工程设计。好的模型设计对拿到好结果的至关重要，也更是学术关注热点。

语言模型：有限状态机、马尔科夫模型、向量空间建模。

机器学习分类器：朴素贝叶斯、逻辑回归、决策树、支持向量机、神经网络。

序列模型：隐马尔可夫模型、递归神经网络（循环神经网络）、长期记忆神经网络。

4.6.5　模型评估

模型是否能够按照按预期执行，度量标准将取决于文本挖掘或自然语言处理任务的类型。现在一般会选择几种不同方面的基础模型，相互叠加、取长补短，融合成一种新的模型来进行评估，不仅提高了结果的准确性，很多时候在耗时上也缩短了很多，从而达到了更优的效果。

4.7　对图像视觉情感分析方法的分析

随着移动终端技术以及社交媒体技术的飞速发展，每天都有海量的多媒体内容出现在社交媒体上，其中最典型的就是图像和视频，用户往往希望通过分享的图像或者视频等来分享自己的心情，传递自己的经历或者对待事物的看法。通过对用户数据的分析，研究人员可以深入挖掘用户的行为习惯、心情状态，从而可以更好地分析用户需求，服务用户，提升用户体验。用户情感分析，是用户行为分析的重要的组成部分，其对推荐系统的设计，政策舆情分析甚至艺术创作等都具有十分重要的意义。因此，关于图像情感分析的研究变得日益重要，得到研究人员的广泛关注。

目前多数图像视觉情感分析方法主要关注于从图像整体构建视觉情感特征表示。然而，图像中包含对象的局部区域往往更能凸显情感色彩。针对视觉图像情感分析中忽略局部区域情感表示的问题，提出一种嵌入图像整体特征与局部对象特征的视觉情感分析方法。该方法结合整体图像和局部区域以挖掘图像中的情感表示，首先利用对象探测模型定位图像中包含对象的局部区域，然后通过深度神经网络抽取局部区域的情感特征，最后嵌入从图像整体抽取的深层特征来共同训练图像情感分类器并预测图像的情感极性。

视觉关注度的目的在于记录人眼的移动，具体来说就是，当我们人眼感知到一幅画面的时候，我们会移动我们的眼睛，让我们的目光聚集到视野范围内的某一特殊区域，对其进行仔细地感知，从而获取更多的细节信息。近年来，在多媒体和计算机视觉领域，视觉关注度被广泛研究，并被应用于很多与视觉相关的任务中，以期进一步提高相关算法的性能，其中一个典型的代表就是图像显著性检测。图像显著性检测往往会被作为预处理的手段，直接应用到相关的任务中去，例如图像压缩、物体检测等等，并取得了不错的效果。随着深度学习的发展，人们不再局限于直接使用显著性检测结果作为视觉关注度在预处理阶段处理图像，而是开始更多地考虑如何将视觉关注度概念直接融合到深度网络之中，根据具体的任务通过学习确定不同区域的相对重要性。

当前，越来越多社交媒体用户喜欢用视觉图像来表达情感或观点，相比较于文本，视觉图像更易于直观表达个人情感，由此，对图像的视觉情感分析引起了人们的广泛关注和研究。视觉情感分析是一项研究人类对视觉刺激（如图像和视频）做出的情感反应的任务，其关键挑战问题是情感空间与视觉特征空间之间存在的巨大鸿沟问题。早期的视觉情感分类主要采用特征工程的方法来构造图像情感特征，如采用颜色、纹理和形状等特征。深度神经网络学习因其能够进行鲁棒且准确的特征学习，近年来在计算机视觉领域取得了巨大成功。特别是卷积神经网络能够自动地从大规模图像数据中学习稳健的特征且展示了优异的性能，在图像分类以及目标检测等图像相关任务上得到广泛应用，因此基于卷积神经网络的方法也被提出用于预测图像情感。尽管基于深度神经网络相关的模型已经取得了不错的效果，但是现有方法基本是从图像整体提取特征来预测视觉情感，对图像中局部情感突出的区域并没有区别对待，因此情感分类效果还有提升空间。

现有的基于语义特征的图像情感分类算法，更多的是在低端特征的基础上通过低端特征的不同组合，构建相应的语义分类器，比如物体或者场景，然后对于具体的图像，将其在分类器上的对各概念的响应作为语义特征，最后利用语义特征进行图像情感分类的研究。显然，该方法非常依赖于语义特征的表征能力，而基于低端特征构建的语义特征相比较深度语义特征而言，其在表征能力上有着非常大的差距，因此本节提出基于深度语义特征的图像情感分类算法。一方面，本章提出使用深度语义特征进行图像情感分类，具体包括使用不同语义特征以及同一语义特征不同抽象层次的图像情感分类算法；另一方面，提出改进的多特征融合算法，包括基于微调双路网络的多特征早融合算法，以及强调不同特征分类结果对最终分类结果不同影响力的多特征晚融合算法。

我们这里所研究的图像情感分析问题，主要包括其中的图像情感分类以及情感图像检索两个方面。谈到图像情感分类，很多人会想当然地与人脸表情识别划上等号，其实不然。我们这里所研究的图像情感，指的是图像本身所蕴含的、所能引发的人的情感状态。当前图像情感分类上，主要将情感分为两类或者八类，表4-1分别展示了其中具体的类别。

表4-1　常见的图像情感分类

类别数	两分类		八分类							
详细类别	积极	消极	搞笑	兴奋	满意	尊敬	厌恶	生气	恐惧	悲伤

从上述的图像情感分类方式可以看出，我们可以毫不犹豫地将图像情感分类当作基础的分类问题进行研究。表面看上去，图像情感分类与传统的计算机视觉中的分类问题并无区别，无非就是选择合适的特征，然后利用分类器进行分类。然而，具体到实践中，问题并没有这么简单。

首先，在图像情感分类中到底应该选取哪些特征来表征情感？传统计算机视觉中的分类问题，往往可以根据研究物体的特性，选取合适的特征，比如颜色、形状、梯度特征等。但情感是更为复杂、更为抽象的语义，几乎很难说清楚其到底与哪些因素有关，因而虽然都是分类问题，图像情感分类在特征的选取上，有着巨大的难度。

其次，如何在特征生成过程中强调不同图像区域对于最终图像情感分类结果的不同贡献？虽然图像所表达的情感，更多的是基于整个图像所营造的一种氛围，但是不可否认的是，相比较而言，有的区域对于最终情感的分类，具有更为重要的意义。因而，如何在特征生成过程中，强调不同区域对图像情感分类的不同贡献，对于图像情感分类也是至关重要。

接着，如何更好地融合多种不同特征？众所周知，为了提高分类准确率，多特征的融合显得十分必要，对于图像情感分类，亦崔如此。好的特征融合策略，会对最终的分类结果起到锦上添花的作用，而差的融合策略，不仅不会提升分类效果，甚至可能起到反作用。因而，在图像情感分类中，如何更好地融合多种不同特征，也是研究的难点之一。

最后，情感图像检索问题，则与传统的图像检索问题类似，其核心在于选取具有区分力的图像特征表达。传统的基于深度学习的图像检索方法，往往直接将已经训练好的用于物体或者场景识别的深度网络中的某一层拿出来作为特征表示，虽然相比较传统的特征提取方法，其在性能表现上有了很大程度的提升，但是其并没有强调在图像检索中较为重要的两个概念，即小的类内距离与大的类间距离。如何在深度网络的训练中，强调这两个概念，也是当前图像检索中的难点问题之一。

针对现有研究中通常只利用整张图像学习情感表示而忽略图中情感突出的局部区域的问题，现阶段一些专家针对这些问题也提出了一些解决办法，如基于尺度不变特征变换引入具有表征感情色彩的颜色特征，分别提取 RGB 三个颜色通道的基于尺度不变特征变换特征；串联在一起形成 384 维的颜色尺度不变特征变换特征来预测图像的情感。Roth 等通过提取图像的纹理特征，然后使用支持向量机将情感图像进行分类从而预测图像情感。

随着互联网的普及、可移动终端设备不断更新以及社交媒体技术的发展，人们已经不再满足于单纯地通过文字的方式去分享自己的心情状态、观点看法，越来越多的人开始通过图像或者视频的方式，来给自己的状态一个更为生动的描述，因而情感分析也不再只局限于文本方面，越来越多的专家学者对图像和视频的情感分析展开了深入的研究，并且不断推动研究走向深层。就本文而言，我们主要研究图像情感分析中的两个最重要的问题：图像情感分类以及情感图像检索。下面分别介绍两者国内外的研究现状。

基于低端视觉特征的图像情感分类方法，主要试图使用基础的人工特征来对图像进行情感分类。Wang 通过结合色彩心理学的研究，建立了三个基于亮度、色彩饱和度、色调冷暖等的直方图，并通过支持向量回归的方法，研究了其与情感之间的联系。Yarmlevskaya 对图像抽取 Wiccest 特征跟 Gabor 特征，然后通过支持向量机对图像进行分类。Machajdik 系统地从艺术跟心理学的角度，研究了图像情感与低端特征，例如颜色、纹理、线条组成、图像内容之间的联系。与之前的研究不同，Lu 深入研究了形状特征，诸如直线特征、曲线特征等对图像情感分类的影响。Wang 从美学角度提取图像的情感特征，但是与之前的工作不同，其更强调特征的可解释性，所有的特征都需要能解释出其与不同情感之间的关系。Zhao 主要探讨了如何通过艺术规则，比如说对称性、轮廓、和谐性等特征，对图像情感加以分类。

基于语义特征的图像情感分类方法，主要试图建立图像情感与诸如物体、场景等语义之间的联系。Borth 筛选了 1200 个形容词名词对，例如美丽的花、可爱的狗等，然后针对这 1200 个概念，在传统低端特征的基础上建立了一个分类器，因而可以用图像对这 1200 不同概念的响应，生成一个 1200 维的情感特征向量，进行图像情感分类。与此同时，Yuan 则是建立一个关于 102 个场景的分类器，其将图像对 102 个场景的响应结合人脸特征，作为情感特征，从而进行情感分类。

基于深度学习的图像情感分类方法，主要试图通过深度学习的方法，让网络自动学习对情感分类最有帮助的特征，其特征是通过学习而来，而非人工设计。You 设计了一个深度卷积神经网络进行图像情感分类，并且利用反馈的机制，滤除训练集中标注错误的数据，进一步提升了图像情感分类能力。Wang 通过两路网络分别学习形容词性质的描述性词语以及名词性质的物体词语的特征表示，最终将两路特征结合起来用于图像情感分类。基于深度学习的图像情感分类方法，已经证明了其在图像情感分类上的独特优势，但是仍然有很多方向等待探索。首先，深度网络往往可以提供更具表达力的特征，那实际应用中，应该如何使用深度语义特征进行图像情感分类？此外，不同深度语义特征应该如何融合，以期进一步提升表达效果？这些都是有待进一步探究的问题。其次，虽然深度网络，可以自动学习到对情感分类最好的特征，但是其与传统方法一致，直接从整个图像上提取特征，即将一整幅图像用一个固定维度的向量进行表示，而没有去强调不同图像区域对最终情感分类的不同贡献，通过之前的难点分析可以看出，这也是当前急需解决的问题之一。

基于人工特征的图像检索方法主要试图借助相关知识来人工设计特征，以期建立最基础的图像像素与高级语义之间的联系。在过去的几十年中，大量的全局特征以及局部特征被设计提出，用于一系列计算机视觉相关的任务之中。当然，其中也包括图像检索领域。Jain 尝试使用颜色与边缘特征，进行图像检索。Manjunath 则尝试建立纹理特征与图像检索之间的联系。Oliva 提出 GIST 特征描述子，并用其抽取图像特征，然后用于图像检索之中。之后，Wu 设计了 CENTRIST 特征，并将其应用于场景图像检索之中。所有上述提及的方法，都是基于全局特征的图像检索方法，下面来介绍几种基于局部特征的图像检索方法。基于尺度不变特征变换和 SURF 是常见的图像局部特征描述在这些局部特征的基础上，通过词袋模型对局部特征描述子进行量化，生成图像最终的特征表示，从而再将其应用到图像检索之中。Yu 与 Wu 的工作类似，也是将词袋模型与局部特征描述子相结合，用于图像检索。所有上述工作，都推动了图像检索的早期研究。

基于深度特征的图像检索方法，主要在特征的抽取上，用深度网络某一层的输出作为最终的特征表示。通常而言，对于图像以及视频等相关问题，研究人员更多利用卷积神经网络，获取最终的图像特征表示。Donahue 首先验证了以深度卷积神经网络中全连接层输出作为特征在众多计算机视觉相关问题中的普适性。Wan 则证实了深度卷积神经网络中全连接层深度特征在图像检索领域的突出表现。Babenko 在深度卷积神经网络中卷积层特征的基础上，通过求和池化的方式，获取最终的特征表达，然后将其用于图像检索中。此外，Gordo 通过合并众多不同候选区域的卷积层特征描述子，最终得到固定维度的图像特征表示用于图像检索之中。

基于哈希的图像检索方法，主要通过一系列的哈希函数，将图像从高维空间映射到二值空间，最终用低维的哈希序列作为图像表示，用于图像检索。它主要可以被划分为两类：无监督的哈希算法以及有监督的哈希算法。

近年来，随着社交网络上的视觉内容不断增加，传统方法难以应对大规模数据的伸缩性和泛化性问题，研究者开始采用深度模型自动地从大规模图像数据中学习情感表示并且展示了良好的效果。如 You 等定义了一个卷积神经网络架构用于视觉情感分析，为解决在大规模且有噪声的数据集上训练的问题，采用逐步训练的策略对网络架构进行微调，即渐进卷积神经网络（Progressive CNN，PCNN）。Campos 等利用迁移学习和来自于预训练的权重和偏置，通过用 Flickr 数据集微调分类网络，然后再用于图像情感分类。

尽管上述方法都取得了一定的效果，但是基本都是考虑从图像整体抽取特征，很少有人关注到图像局部区域情感信息表达的差异性。Li 等提出一种兼顾局部和局部-整体的上下文情境感知分类模型。不同于已有研究，最新的关注点是：(1) 获得定位精确的携带情感对象的局部区域；(2) 在深度网络结构中，利用特征嵌入的方法同时考虑整体图像与局部区域。即将图像整体特征和局部区域特征嵌入到一个统一的优化目标中，使整合后的特征具有更好的判别性。视觉情感分析正在获得越来越多的关注，考虑到图像的情感不仅仅来自于图像整体，图像中包含对象的局部区域同样能诱发情感。

4.8　本章小结

本章对文本处理计解决文本处理的处理方法进行了系统研究。首先通过基本的分类算法对文本问题进行了简单的了解，然后通过对文本处理的影响以及学习框架进一步深入的研究。通过一系列的研究发现，文本处理还涉及图像问题，在本章也对图像视觉情感分析方法做了简单分析，进一步提高了文本处理的准确度。在未来的研究中好要多关注文本处理中的分类算法。

5 基于机器学习中学习方法的研究

5.1 引言

机器学习的常用方法，主要分为有监督学习（supervised learning）和无监督学（unsupervised learning）。简单的归纳就是，是否有监督（supervised），就看输入数据是否有标签。输入数据有标签，则为有监督学习；没标签则为无监督学习。从已往的研究观点来看，监督学习就是，给定输入和输出数据，计算机通过学习的方式加上人为的引导建立输入与输出的映射关系。非监督学习就是，只给输入数据，计算机通过学习的方式自动建立输入与输出的映射关系。

自然语言处理中情感分类任务是对给定文本进行情感倾向分类的任务，粗略来看可以认为其是分类任务中的一类。对于情感分类任务，目前通常的做法是先对词或者短语进行表示，再通过某种组合方式把句子中词的表示组合成句子的表示。最后，利用句子的表示对句子进行情感分类。

近年来，研究人员也逐渐将几类方法结合起来，如对原本是以有监督学习为基础的卷积神经网络结合自编码神经网络进行无监督的预训练，进而利用鉴别信息微调网络参数形成的卷积深度置信网络。与传统的学习方法相比，深度学习方法预设了更多的模型参数，因此模型训练难度更大，根据统计学习的一般规律知道，模型参数越多，需要参与训练的数据量也越大。

5.2 学习方式分类

5.2.1 监督学习

监督学习就是通过带标签的数据去训练，误差自顶向下传输，对网络进行微调。基于第一步得到的各层参数进一步优调整个多层模型的参数，这一步是一个有监督训练过程。第一步类似神经网络的随机初始化初值过程，由于第一步不是随机初始化，而是通过学习输入数据的结构得到的，因而这个初值更接近全局最优，从而能够取得更好的效果。所以深度学习的良好效果在很大程度上归功于第一步的特征学习的过程。输入的数据为训练数据，并且每一个数据都会带有标签，比如“广告/非广告”，或者当时的股票的价格。通过训练过程建模，模型需要作出预测，如果预测出错会被修正。直到模型输出准确的训练结果，训练过程会一直持续。常用于解决问题有分类和回归。常用的算法包括逻辑回归和反向传播算法神经网络。

在监督学习中，要着重注意以下 4 个问题：

（1）偏置方差权衡。第一个问题就是偏置和方差之间的权衡。假设我们有几种不同的，但同样好的演算数据集。一种学习算法是基于一个未知数的输入，在经过这些数据集的计算时，系统会无误的预测到并将正确的未知数输出。一个学习算法在不同的演算集演算时如果预测到不同的输出值会对特定的输入有较高的方差。一个预测误差学习分类器是与学习算法中的偏差和方差有关的。一般来说，偏差和方差之间有一个权衡。较低的学习算法偏差必须“灵活”，这样就可以很好的匹配数据。但如果学习算法过于灵活，它将匹配每个不同的训练数据集，因此有很高的方差。许多监督学习方法的一个关键方面是他们能够调整这个偏差和方差之间的权衡（通过提供一个偏见/方差参数，用户可以调整）。

（2）功能的复杂性和数量的训练数据。第二个问题是训练数据可相对于“真正的”功能（分类或回归函数）的复杂度的量。如果真正的功能是简单的，则一个“不灵活的”学习算法具有高偏压和低的方差将能够从一个小数据量的学习。但是，如果真功能是非常复杂的（例如，因为它涉及在许多不同的输入要素的复杂的相互作用，并且行为与在输入空间的不同部分），则该函数将只从一个非常大的数量的训练数据，并使用可学习“灵活”的学习算法具有低偏置和高方差。因此，在良好的学习算法来自动调整的基础上可用的数据量和该函数的明显的复杂性要学习的偏压/方差权衡。

（3）输入空间的维数。第三个问题是输入空间的维数。如果输入特征向量具有非常高的维数，学习问题是很困难的，即使真函数仅依赖于一个小数目的那些特征。这是因为许多“额外”的尺寸可混淆的学习算法，并使其具有高方差。因此，高的输入维数通常需要调整分类器具有低方差和高偏置。在实践中，如果工程师能够从输入数据手动删除不相关的特征，这是有可能改善该学习功能的准确性。此外，还有许多算法的特征选择，设法确定相关特征，并丢弃不相关的。这是维数降低，其目的是将输入数据映射到较低维空间中运行的监督学习算法之前的更一般的策略的一个实例。

（4）噪声中的输出值。第四个问题是在所需要的输出值（监控目标变量）的噪声的程度。如果所希望的输出值，通常是不正确的（因为人为错误或传感器的错误），则学习算法不应试图找到一个函数完全匹配的训练示例。试图以适应数据过于谨慎导致过度拟合。当没有测量误差（随机噪声），如果你正在努力学习功能，是您学习模式太复杂，你甚至可以过度拟合。在这种情况下的目标函数，该函数不能被模拟“腐化”你的训练数据的那部分，这一现象被称为确定性的噪声。当任一类型的噪声存在时，最好是去一个更高的偏见，低方差估计。

5.2.2 半监督学习

半监督学习的输入数据包含标签和不带标签的样本。半监督学习的情况是有一个预期中的预测，但是模型必须通过学习结构整理数据从而做出预测。常用于解决的问题是分类和回归。常用的算法是对所有的无标签的数据建模进行的预测算法（可以看做无监督学习的延伸）。

5.2.3 无监督学习

非监督学习就是从底层开始，一层一层地往顶层训练。采用无标定数据（有标定数据也可）分层训练各层参数，这一步可以看作是一个无监督训练过程，这也是和传统神经网络区别最大的部分，可以看作是特征学习过程。具体的，先用无标定数据训练第一层，训练时先学习第一层的参数，这层可以看作是得到一个使得输出和输入差别最小的三层神经网络的隐层，由于模型容量的限制以及稀疏性约束，使得得到的模型能够学习到数据本身的结构，从而得到比输入更具有表示能力的特征；在学习得到 $n-1$ 层后，将 $n-1$ 层的输出作为第 n 层的输入，训练第 n 层，由此分别得到各层的参数。

输入的标签没有数据，输出没有标准答案，就是一系列的样本。无监督学习通过推断输入数据中的结构建模。这可能是提取一般规律，可以是通过数学处理系统的减少冗杂，或者根据相似性组织数据。常用于解决的问题有聚类，降维和关联规则的学习。常用的算法包括了 Apriori 算法和 K 均值算法。

在本章主要介绍一下无监督学习相关内容。

5.3 词嵌入向量

5.3.1 词嵌入向量简介

我们知道计算机不认识字符串，所以我们需要将文字转换为数字。词嵌入向量就是来完成这样的工作。简单来说，词嵌入（word embedding）或者分布式向量（distributional vectors）是将自然语言表示的单词转换为计算机能够理解的向量或矩阵形式的技术。由于要考虑多种因素比如词的语义（同义词、近义词）、语料中词之间的关系（上下文）和向量的维度（处理复杂度）等等，我们希望近义词或者表示同类事物的单词之间的距离可以理想地近，只有拿到很理想的单词表示形式，我们才更容易地去做翻译、问答、信息抽取等进一步的工作。

在词嵌入向量之前，常用的方法有 one-hot、n-gram、co-occurrence matrix，但是它们都有各自的缺点。2003 年，Bengio 提出了神经语言模型，是为词嵌入向量的想法的雏形，而在 2013 年，Mikolov 对其进行了优化，即 Word2vec，包含了两种类型，Continuous Bag-of-Words Model 和 skip-gram model。

词嵌入向量是基于分布式假设（distributional hypothesis）。总的来说，词嵌入向量就是一个词的低维向量表示（一般用的维度可以是几十到几千）。有了一个词的向量之后，各种基于向量的计算就可以实施，如用向量之间的相似度来度量词之间的语义相关性。其基于的分布式假设就是出现在相同上下文下的词意思应该相近。所有学习词嵌入向量的方法都是在用数学的方法建模词和上下文之间的关系。

5.3.2　word2vec 之前

5.3.2.1　one-hot

one-hot 是最简单的一种处理方式。通俗地去讲，把语料中的词汇去重取出，按照一定的顺序（字典序、出现顺序等）排列为词汇表，则每一个单词都可以表示为一个长度为 N 的向量，N 为词汇表长度，即单词总数。该向量中，除了该词所在的分量为 1，其余均置为 0。

用这样的方式可以利用向量相加进一步表示句子和文本了，但是 one-hot 有很大的局限性：

（1）语义的相似性，“woman”“madam”“lady”从语义上将可能是相近的，one-hot 无法表示。

（2）英语单词中的复数时态，我们不会在排序是就把同一单词的不同形态区别开来，继而再进行向量表示。

（3）单词之间的位置关系，很多时候句内之间多个单词（比如术语）会同时出现多次，one-hot 无法表示。

（4）词向量长度很大，一方面是上下文本之间信息连贯的原因，另一方面本身大规模语料所含的词数很多，处理会很棘手。

5.3.2.2　n-gram（N 元统计模型）

n-gram 可以表示单词间的位置关系所反映的语义关联，在说明 n-gram 之前，我们从最初的句子概率进行推导。

假设一个句子 S 为 n 个单词有序排列，记为：

$$S = \overline{w_1 w_2 \cdots w_n}$$

我们将其简记为，则这个句子的概率为：

$$\begin{aligned} p(W_1^n) &= p(\overline{w_1 w_2 \cdots w_n}) \\ &= p(w_1)p(w_2 \mid w_1)p(w_3 \mid w_2 w_1)\cdots p(w_n \mid w_1 w_2 \cdots w_{n-1}) \\ &= p(w_1)\prod_{i=2}^{n} p(w_i \mid W_1^{i-1}) \end{aligned}$$

对于单个概率意思为该单词在前面单词给定的情况下出现的概率，我们利用贝叶斯公式可以得到：

$$p(w_i \mid W_1^{i-1}) = \frac{p(\overline{W_1^{i-1}w_i})}{p(W_1^{i-1})} = \frac{p(W_1^i)}{p(W_1^{i-1})} = \frac{\text{count}(W_1^i)}{\text{count}(W_1^{i-1})}$$

其中最后一项为在语料中出现的频数。但是长句子或者经过去标点处理后的文本可能很长，而且太靠前的词对于词的预测影响不是很大，于是本章利用马尔可夫假设，取该词出现的概率仅依赖于该词前面的 $n-1$ 个词，这就是 n-gram 模型的思想。

所以上面的公式变为：

$$p(w_i \mid W_1^{i-1}) \approx p(w_i \mid W_{i-(n-1)}^{i-1}) = \frac{\text{count}(W_{i-n+1}^i)}{\text{count}(W_{i-n+1}^{i-1})}$$

在这里，本章不对 n 的确定做算法复杂度上的讨论，一般来说，n 取 3 比较合适。此外对于一些概率为 0 的情况所出现的稀疏数据，采用平滑化处理，此类算法很多，以后再具体展开学习。

所以 n-gram 的主要工作在于确定 n 之后，对语料中的各种词串进行频数统计和平滑化处理，对于所需要的句子概率，只要将之前语料中相关概率取出计算就可以了。

当然实际情况是对 $p(w_i \mid W_{i-(n-1)}^{i-1})$ 做最优化处理，参数确定后以后的概率就可以通过函数确定了，这就需要构造函数，后面的神经语言模型就是做这个工作。

n-gram 模型会将前文的语义关联纳入考虑，从而形成联合分布概率表达，但是尽管取前 $n-1$ 个单词，语料大的情况下计算量还是很大，在模拟广义情境时严重受到了“维度灾难（curse of dimensionality）”。

5.3.2.3 co-occurrence matrix（共现矩阵）

共现矩阵也是考虑语料中词之间的关系来表示：

一个非常重要的思想是，我们认为某个词的意思跟它临近的单词是紧密相关的。这是我们可以设定一个窗口（大小一般是 5~10），如图 5-1 窗口大小是 2，那么在这个窗口内，与 rests 共同出现的单词就有 life、he、in、peace。然后我们就利用这种共现关系来生成词向量。

图 5-1 co-occurrence matrix 案例

虽然 cocurrence matrix 一定程度上解决了单词间相对位置也应予以重视这个问题。但是它仍然面对维度灾难。也即是说一个 word 的向量表示长度太长了。这时，很自然地会想到 SVD 或者 PCA 等一些常用的降维方法。当然，这也会带来其他的一些问题。

窗口大小的选择跟 n-gram 中确定 n 也是一样的，窗口放大则矩阵的维度也会增加，所以本质上还是带有很大的计算量，而且 SVD 算法运算量也很大，若文本集非常多，则不具有可操作性。

5.3.2.4　神经语言模型

神经语言模型（Neural Language Model）是词嵌入向量的基本思想，是一类用来克服维数灾难的语言模型，它使用词的分布式表示对自然语言序列建模。不同于基于类的 n-gram 模型，神经语言模型在能够识别两个相似的词，并且不丧失将每个词编码为彼此不同的能力。神经语言模型共享一个词（及其上下文）和其他类似词。在很多其他文献中也有神经概率语言模型或者神经网络语言模型都是指一个东西。

神经语言模型的输入是词向量，词向量和模型参数（最终的语言模型）可以通过神经网络训练一同得到。相比于 n-gram 通过联合概率考虑词之间的位置关系，神经语言模型则是利用词向量进一步表示词语之间的相似性，比如近义词在相似的上下文里可以替代，或者同类事物的词可以在语料中频数不同的情况下获得相近的概率。

词向量通常指通过语言模型学习得到的词的分布式特征表示，也被称为词编码，可以非稀疏的表示大规模语料中复杂的上下文信息。分布式词向量可以表示为多维空间中的一个点，而具有多个词向量的单词在空间上表示为数个点的集合，也可以看作在一个椭球分布上采集的数个样本。

神经语言模型的神经网络训练样本同 n-gram 的取法，取语料中任一词 w 的前 $n-1$ 个词作为 context(w)，则（context(w)，w）就是一个训练样本了。这里的每一个词都被表示为一个长度为 L 的词向量，然后将 context(w) 的 $n-1$ 个词向量首位连接拼成 $(n-1)L$ 的长向量。图 5-2 为神经语言模型图解。

我们得到的输出结果为长度为词汇总数的向量，如果想要第 i 个分量去表示当上下为 context(w) 时下一个词为词典中第 i 个词的概率，还需要 softmax 归一化，然后我们最初想要的结果便是：

$$p(\omega \mid \text{context}(\omega)) = \frac{e^{y_{\text{index}}}\omega}{\sum_{i=1}^{D} e^{y_i}}$$

注意：这只是取一个词 w 后输出的向量 y，我们需要的就是通过训练集所有的词都做一遍这个过程来优化得到理想的 W，q 和 U，b。

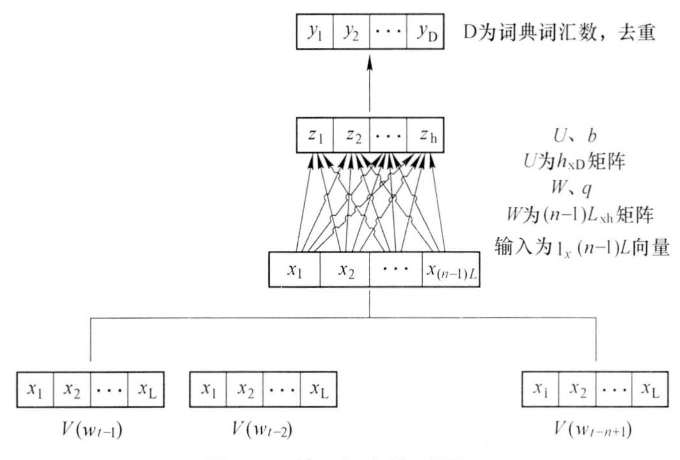

图 5-2 神经语言模型图解

样本中最初的词向量的获得过程目前作者还没有彻底搞懂神经网络中具体的机制，初步推测是初始化一个矩阵或者可以粗暴地用 one-hot（不过这样输入层的 $L=D$，计算量大了很多），然后随着训练的过程，词向量也是不断更新的，详细还要参考最优化理论。

词嵌入是自然语言处理中语言模型与表征学习技术的统称。概念上而言，它是指把一个维数为所有词的数量的高维空间嵌入到--个维数低得多的连续向量空间中，每个单词或词组被映射为实数域上的向量。词嵌入的方法包括人工神经网络、对词语同现矩阵降维、概率模型以及单词所在上下文的显式表示等。在底层输入中，使用词嵌入来表示词组的方法极大提升了自然语言处理中语法分析器和文本情感分析等的效果。

5.3.2.5 word2vec

随着计算机应用领域的不断扩大，自然语言处理受到了人们的高度重视。机器翻译、语音识别以及信息检索等应用需求对计算机的自然语言处理能力提出了越来越高的要求。为了使计算机能够处理自然语言，首先需要对自然语言进行建模。自然语言建模方法经历了从基于规则的方法到基于统计方法的转变。从基于统计的建模方法得到的自然语言模型称为统计语言模型。有许多统计语言建模技术，包括 n-gram、神经网络以及 log_linear 模型等。在对自然语言进行建模的过程中，会出现维数灾难、词语相似性、模型泛化能力以及模型性能等问题。寻找上述问题的解决方案是推动统计语言模型不断发展的内在动力。在对统计语言模型进行研究的背景下，谷歌公司在 2013 年开放了 word2vec 这一款用于训练词向量的软件工具。word2vec 可以根据给定的语料库，通过优化后的训练模型快速有效地将一个词语表达成向量形式，为自然语言处理领域的应用研究提供了新的工具。word2vec 依赖 skip-grams 或连续词袋来建立神经词嵌入。word2vec 为托马斯·米科洛夫在谷歌带领的研究团队创造。该算法渐渐被其他人所分析和解释。

目前学习了解到的 word2vec 有基于 Hierarchical Softmax 和基于 Negative Sampling 两种方式，从两种方式分别讲解连续词袋模型和 skip-gram 的数学构建思路和过程，由于这两个模型是相反的过程，即连续词袋模型是在给定上下文基础上预测中心词，skip-gram 在有中心词后预测上下文，本章是把两个模型按照两种不同的计算方法做了梳理，当然数学推导还是一样的，只不过这样看起来更舒服。连续词袋模型和 skip-gram 应该可以说算是 word2vec 的核心概念之一了。本章我们会简单阐述这两个模型。其实这两个模型有很多的相通之处，所以这里就以阐述连续词袋模型为主，然后再阐述 skip-gram 与连续词袋模型的不同之处。

A　单词的向量化表示

word2vec 是谷歌于 2013 年开源推出的一个用于获取词向量（word vector）的工具包，它简单、高效，因此引起了很多人的关注。所谓的词向量，就是指将单词向量化，将某个单词用特定的向量来表示。将单词转化成对应的向量以后，就可以将其应用于各种机器学习的算法中去。一般来讲，词向量主要有两种形式，分别是稀疏向量和密集向量。

所谓稀疏向量，又称为 one-hot representation，就是用一个很长的向量来表示一个词，向量的长度为词典的大小 N，向量的分量只有一个 1，其他全为 0，1 的位置对应该词在词典中的索引。举例来说，如果有一个词典［“面条”，“方便面”，“狮子”］，那么“面条”对应的词向量就是［1，0，0］，“方便面”对应的词向量就是［0，1，0］。这种表示方法不需要繁琐的计算，简单易得，但是缺点也不少，比如长度过长（这会引发维数灾难），以及无法体现出近义词之间的关系，比如“面条”和“方便面”显然有非常紧密的关系，但转化成向量［1，0，0］和［0，1，0］以后，就看不出两者有什么关系了，因为这两个向量相互正交。

至于密集向量（distributed representation），即分布式表示。最早由 Hinton 提出，可以克服 one-hot representation 的上述缺点，基本思路是通过训练将每个词映射成一个固定长度的短向量，所有这些向量就构成一个词向量空间，每一个向量可视为该空间上的一个点。此时向量长度可以自由选择，与词典规模无关。这是非常大的优势。还是用之前的例子［“面条”，“方便面”，“狮子”］，经过训练后，“面条”对应的向量可能是［1，0，1，1，0］，而“方便面”对应的可能是［1，0，1，0，0］，而“狮子”对应的可能是［0，1，0，0，1］。这样“面条”向量乘“方便面”=2，而“面条”向量乘“狮子”=0。这样就体现出面条与方便面之间的关系更加紧密，而与狮子就没什么关系了。这种表示方式更精准的表现出近义词之间的关系，比之稀疏向量优势很明显。

词向量具有良好的语义特性，是表示词语特征的常用方式。词向量每一维的值代表一个具有一定的语义和语法上解释的特征。所以，可以将词向量的每一维称为一个词语特征。词向量具有多种形式，密集向量是其中一种。一个密集向量是一个稠密、低维的实值向量。密集向量的每一维表示词语的一个潜在特征，该特征捕获了有用的句法和语义特性。可见，密集向量中的密集一词体现了词向量这样一个特点：将词语的不同句法和语义特征分布到它的每一个维度去表示。

回过头来看 word2vec，其实 word2vec 做的事情很简单，大致来说，就是构建了一个多层神经网络，然后在给定文本中获取对应的输入和输出，在训练过程中不断修正神经网络中的参数，最后得到词向量。

B word2vec 的语言模型

所谓的语言模型，就是指对自然语言进行假设和建模，使得能够用计算机能够理解的方式来表达自然语言。word2vec 采用的是 n 元语法模型（n-gram model），即假设一个词只与周围 n 个词有关，而与文本中的其他词无关。这种模型构建简单直接，当然也有后续的各种平滑方法，这里就不展开了。

现在就可以引出经常提到的连续词袋模型和 skip-gram 模型了。其实这两个模型非常相似，核心部分代码甚至是可以共用的。连续词袋模型能够根据输入周围 $n-1$ 个词来预测出这个词本身，而 skip-gram 模型能够根据词本身来预测周围有哪些词。也就是说，连续词袋模型的输入是某个词 A 周围的 n 个单词的词向量之和，输出是词 A 本身的词向量；而 skip-gram 模型的输入是词 A 本身，输出是词 A 周围的 n 个单词的词向量（对的，要循环 n 遍）。

在这之前我们先了解一下 word2vec 的大概流程。

（1）分词/词干提取和词形还原。中文和英文的文本分词各有各的难点，中文的难点在于需要进行分词，将一个个句子分解成一个单词数组。而英文虽然不需要分词，但是要处理各种各样的时态，所以要进行词干提取和词形还原。

（2）构造词典，统计词频。这一步需要遍历一遍所有文本，找出所有出现过的词，并统计各词的出现频率。

（3）构造树形结构。依照出现概率构造哈夫曼树。如果是完全二叉树，则简单很多，后面会仔细解释。需要注意的是，所有分类都应该处于叶节点，如图 5-3 显示的那样。

（4）生成节点所在的二进制码。拿图 5-3 举例，22 对应的二进制码为 00，而 17 对应的是 100。也就是说，这个二进制码反映了节点在树中的位置，就像门牌号一样，能按照编码从根节点一步步找到对应的叶节点。

（5）初始化各非叶节点的中间向量和叶节点中的词向量。树中的各个节点，都存储着一个长为 m 的向量，但叶节点和非叶节点中的向量的含义不同。叶节点中存储的是各词的词向量，是作为神经网络的输入的。而非叶节点中存储的是

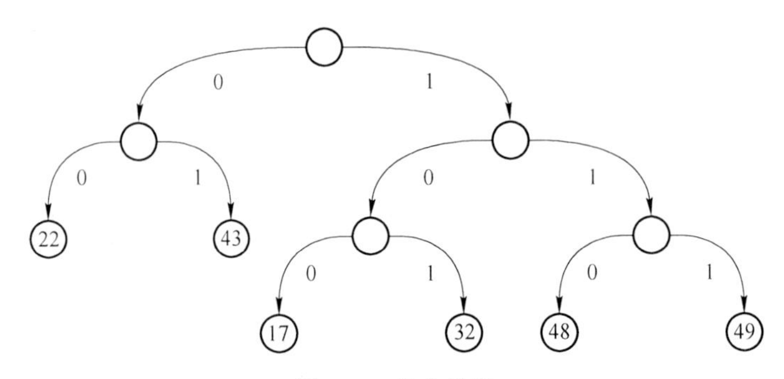

图 5-3　哈夫曼树

中间向量，对应于神经网络中隐含层的参数，与输入一起决定分类结果。

（6）训练中间向量和词向量。对于连续词袋模型，首先将词 A 附近的 $n-1$ 个词的词向量相加作为系统的输入，并且按照词 A 在步骤（4）中生成的二进制码，一步步的进行分类并按照分类结果训练中间向量和词向量。举个例子，对于绿 17 节点，我们已经知道其二进制码是 100。那么在第一个中间节点应该将对应的输入分类到右边。如果分类到左边，则表明分类错误，需要对向量进行修正。第二个，第三个节点也是这样，以此类推，直到达到叶节点。因此对于单个单词来说，最多只会改动其路径上的节点的中间向量，而不会改动其他节点（见图 5-4）。

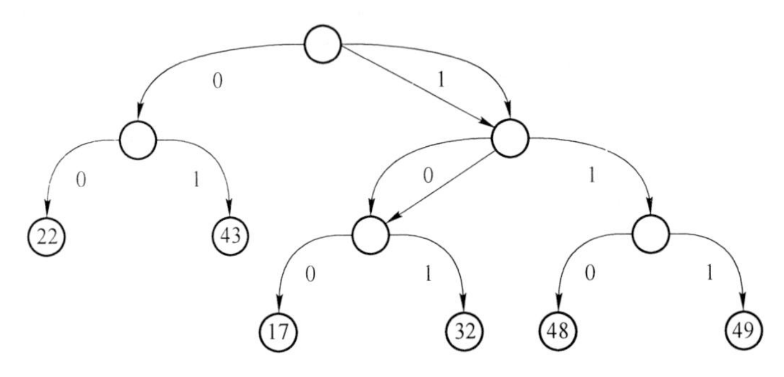

图 5-4　哈夫曼树

统计语言模型是用于刻画一个句子出现概率的模型。给定一个由 n 个词语按顺序组成的句子 $S=(w_1, w_2, \cdots, w_n)$，则概率 $p(s)$ 即为统计语言模型。通过贝叶斯公式，可以将概率 $p(s)$ 进行分解。要计算一个句子出现的概率，只需要计算出在给定上下文的情况下，下一个词为某个词的概率即可，即 $\frac{p(w_i)}{p(\text{context}(w_i))}$。当所有条件概率 $\frac{p(w_i)}{p(\text{context}(w_i))}$ 都计算出来后，通过连乘即可计算出 $p(s)$。所以，统计语言模型的关键问题在于找到计算条件概率 $\frac{p(w_i)}{p(\text{context}(w_i))}$ 的模型。

在这里简要介绍一下哈夫曼算法，为了对 word2vec 进行更好的理解。哈夫曼树是一种树形结构，用哈夫曼树的方法解编程题的算法就叫做哈夫曼算法。树并不是指植物，而是一种数据结构，因为其存放方式颇有点像一棵树有树叉因而称为树。最简哈夫曼树是由德国数学家冯·哈夫曼发现的，使用了回溯的思想，此树的特点就是引出的路程最短。

哈夫曼树是由 n 个带权叶子节点构成的所有二叉树中带权路径长度最短的二叉树。因为这种树最早由哈夫曼（Huffman）研究，所以称为哈夫曼树，又叫最优二叉树。

基于前面的介绍，连续词袋模型的思想是取目标词 w 的上下文（前后相邻词）而不是仅之前的词作为预测前提，类似于共现矩阵的窗口，不同于神经语言模型的是，context(w) 的向量不再是前后连接，而是求和，我们记为，此外还将神经语言模型的隐藏层去掉了。当然最大的区别还是在输出层，基于 Hierarchical Softmax 的连续词袋模型输出层为一颗哈夫曼树，叶子节点为语料中的词汇，构建依据便是各词的出现频数；基于 Negative Sampling 则是用随机负采样代替哈夫曼树的构建。

那么现在假设我们已经有了一个已经构造好的哈夫曼树，以及初始化完毕的各个向量，可以开始输入文本来进行训练了。训练的过程如图 5-5 所示，主要有输入层（input），映射层（projection）和输出层（output）三个阶段。

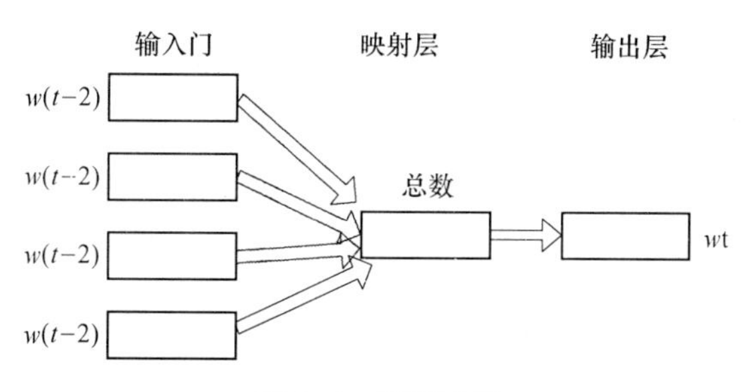

图 5-5 训练过程

输入层即为某个单词 A 周围的 $n-1$ 个单词的词向量。如果 n 取 5，则词 A（可记为 $w(t)$）前两个和后两个的单词为 $w(t-2)$，$w(t-1)$，$w(t+1)$，$w(t+2)$。相对应的，那 4 个单词的词向量记为 $v(w(t-2))$，$v(w(t-1))$，$v(w(t+1))$，$v(w(t+2))$。从输入层到映射层比较简单，将那 $n-1$ 个词向量相加即可。而从映射层到输出层则比较繁琐，下面单独讲。

从映射层到输出层：要完成这一步骤，需要借助之前构造的哈夫曼树。从根节点开始，映射层的值需要沿着哈夫曼树不断的进行 logistic 分类，并且不断的修正各中间向量和词向量。

a 基于 Hierarchical Softmax

霍夫曼树的构建在这里就不展开说了，比较简单的算法。基于 Hierarchical Softmax 的连续词袋模型所要构建的霍夫曼树所需参数如下：

p^w：从根节点到 w 对应节点的路径；

n^w：路径上包含节点个数；

N_1^W，N_2^W，…，$N_n^W w$：到 w 路径上的节点；

d_2^w，d_3^w，…，$d_n^w \in \{0，1\}$：节点编码，根节点不编码；

θ_1^w，θ_2^w，…，$\theta_n^w w-1 \in R^L$：非叶子节点（包括根节点）对应的向量。

霍夫曼树构建按照频数大小有左右两种，其实都是自己约定的，在这里就不麻烦了，构建后左节点编码为 0，为正类，右节点为 1，为负类。

根据逻辑回归，一个节点被分为正类的概率为

$$\sigma(X_w^{\mathrm{T}}\theta_i^w) = \frac{1}{1 + e^{-X_w^{\mathrm{T}}\theta_i^w}}$$

σ 的一些性质，后面用的到：

sigmoid 函数的导函数具有以下形式：

$$\sigma'(x) = \sigma(x)[1 - \sigma(x)]$$

由此易得，函数 $\lg\sigma(x)$ 和 $\lg(1-\sigma(x))$ 的导函数分别为：

$$[\lg\sigma(x)]' = 1 - \sigma(x)，[\lg(1 - \sigma(x))]' =- \sigma(x)$$

所以之前我们要构造的目标函数就可以写为以下形式：

$$p(w \mid \mathrm{context}(w)) = \prod_{i=2}^{Nw} p(d_i^w \mid X_w，\theta_{i-1}^w)$$

这个公式跟之前看的概率图模型有点像，不过现在有点记不清了，后面我再梳理一下，看看能不能串起来。其中：

$$p(d_i^w \mid X_w，\theta_{i-1}^w) = \begin{cases} \sigma(X_w^{\mathrm{T}}\theta_{i-1}^w)，d_i^w = 0; \\ 1 - \sigma(X_w^{\mathrm{T}}\theta_{i-1}^w)，d_i^w = 1. \end{cases}$$

整体表达：

$$p(d_i^w \mid X_w，\theta_{i-1}^w) = [\sigma(X_w^{\mathrm{T}}\theta_{i-1}^w)]^{1-d_i^w} * [1 - \sigma(X_w^{\mathrm{T}}\theta_{i-1}^w)]^{d_i^w}$$

这是一个单词，我们把对连乘做对数似然函数，然后将语料中所有单词都求和，则目标函数如下：

$$L = \sum_{w \in C}\sum_{i=2}^{Nw}\{(1 - d_i^w)\lg[\sigma(X_w^{\mathrm{T}}\theta_{i-1}^w)] + d_i^w\lg[1 - \sigma(X_w^{\mathrm{T}}\theta_{i-1}^w)]\}$$

明确参数有和，我们取其中子式来做关于两个参数的梯度：

$$\begin{aligned} \frac{\partial L(w，i)}{\partial\theta_{i-1}^w} &= \frac{\partial}{\partial\theta_{i-1}^w}\{(1 - d_i^w)\lg[\sigma(X_w^{\mathrm{T}}\theta_{i-1}^w)] + d_i^w\lg[1 - \sigma(X_w^{\mathrm{T}}\theta_{i-1}^w)]\} \\ &= (1 - d_i^w)[1 - \sigma(X_\omega^{\mathrm{T}}\theta_{i-1}^w)]x_w + d_i^w\sigma(X_w^{\mathrm{T}}\theta_{i-1}^w)X_w \\ &= [1 - d_i^w - \sigma(x_w^{\mathrm{T}}\theta_{i-1}^w)]X_w \end{aligned}$$

因为 x 和 θ 是对称的，所以：

$$\frac{\partial L(w,\ i)}{\partial X_w} = [1 - d_i^w - \sigma(X_w^{\mathrm{T}}\theta_{i-1}^w)]\theta_{i-1}^w$$

所以两者就可以更新了：

$$\theta_{i-1}^w = \theta_{i-1}^w + \eta[1 - d_i^w - \sigma(X_w^{\mathrm{T}}\theta_{i-1}^w)]X_w$$

$$v(\widetilde{w}) = v(\widetilde{w}) + \eta\sum_{i=2}^{Nw}\frac{\partial L(w,\ i)}{\partial X_w},\ \widetilde{w}\in\text{context}(w)$$

至此，我们完成了对参数的优化。

b　基于 Negative Sampling

对于大规模语料，构建哈夫曼树的工作量是巨大的，而且叶子节点为 N 的哈夫曼数需要新添（N-1）个节点，而随着树的深度增加，参数计算的量也会增加很多很多，得到的词向量也会不够好，为此，Mikolov 作出了优化，将构建哈夫曼树改为随机负采样方法。

对于给定的上下文 context(w) 去预测 w，如果从语料中就是存在（context(w)，w)，那么 w 就是正样本，其他词就是负样本。

我们设负样本集为，词的标签：

$$L^w(\widetilde{w}) = \begin{cases} 1 & \widetilde{w} = w \\ 0 & \widetilde{w} \neq w \end{cases}$$

即正样本标签为 1，负样本标签为 0，等同于哈夫曼节点的左右编码，只不过与其取值相反，这样后面的公式也就很好理解了：

$$g(w) = \sigma(X_w^{\mathrm{T}}\theta^w)\prod_{u\in N(w)}[1 - \sigma(X_w^{\mathrm{T}}\theta^u)]$$

同样，我们对两个参数求导：

$$\frac{\partial L(w,\ u)}{\partial\theta^u} = [L^w(u) - \sigma(X_w^{\mathrm{T}}\theta^u)]X_w$$

$$\frac{\partial L(w,\ u)}{\partial\theta_w} = [L^w(u) - \sigma(X_w^{\mathrm{T}}\theta^u)]\theta^u$$

可见，对于单词 w，基于 Hierarchical Softmax 将其频数用来构建哈夫曼树，正负样本标签取自节点左右编码；而基于 Negative Sampling 将其频数作为随机采样线段的子长度，正负样本标签取自从语料中随机取出的词是否为目标词，构造复杂度小于前者。

在连续词袋模型方法中，是用周围词预测中心词，从而利用中心词的预测结果情况，使用 GradientDesent 方法，不断的去调整周围词的向量。当训练完成之后，每个词都会作为中心词，把周围词的词向量进行了调整，这样也就获得了整个文本里面所有词的词向量。要注意的是，连续词袋模型的对周围词的调整是统一的：求出的 gradient 的值会同样的作用到每个周围词的词向量当中去。可以看到，连续词袋模型预测行为的次数跟整个文本的词数几乎是相等的（每次预测行为才会进行一次 backpropgation，而往往这也是最耗时的部分），复杂度大概是 $O(V)$；而 skip-gram 是用中心词来预测周围的词。在 skip-gram 中，会利用周围的词的预测结果情况，使用 GradientDecent 来不断地调整中心词的词向量，最终所有的文本遍历完毕之后，也就得到了文本所有词的词向量。

可以看出，skip-gram 进行预测的次数是要多于连续词袋模型的：因为每个词在作为中心词时，都要使用周围词进行预测一次。这样相当于比连续词袋模型的方法多进行了 K 次（假设 K 为窗口大小），因此时间的复杂度为 $O(KV)$，训练时间要比连续词袋模型要长。

但是在 skip-gram 当中，每个词都要收到周围的词的影响，每个词在作为中心词的时候，都要进行 K 次的预测、调整。因此，当数据量较少，或者词为生僻词出现次数较少时，这种多次的调整会使得词向量相对的更加准确。因为尽管连续词袋模型从另外一个角度来说，某个词也是会受到多次周围词的影响（多次将其包含在内的窗口移动），进行词向量的跳帧，但是他的调整是跟周围的词一起调整的，grad 的值会平均分到该词上，相当于该生僻词没有收到专门的训练，它只是沾了周围词的光而已。

无论是连续词袋模型还是 skip-gram 模型，都是以哈夫曼树作为基础的。而哈夫曼树值得注意的是，哈夫曼树中非叶节点存储的中间向量的初始化值是零向量，而叶节点对应的单词的词向量是随机初始化的。由于 skip-gram 是连续词袋模型的相反操作，输入输出稍有不同，不再具体说明。

C　word2vec 的应用

word2vec 用来建构整份文件（而非独立的词）的延伸应用已被提出，该延伸称为 paragraph2vec 或 doc2vec，并且用 C 语言、Python 和 Java/Scala 实做成工具。Java 和 Python 也支援推断文件嵌入于未观测的文件。对 word2vec 框架为何做词嵌入如此成功知之甚少，约阿夫·哥德堡和欧莫·列维指出 word2vec 的功能导致相似文本拥有相似的嵌入（用余弦相似性计算）并且和约翰·鲁伯特·弗斯的分布假说有关。词嵌入是自然语言处理中语言模型与表征学习技术的统称。概念上而言，它是指把一个维数为所有词的数量的高维空间嵌入到一个维数低得多的连续向量空间中，每个单词或词组被映射为实数域上的向量。词嵌入的方法包括人工神经网络、对词语同现矩阵降维、概率模型以及单词所在上下文的显式表示等。在底层输入中，使用词嵌入来表示词组的方法极大提升了自然语言处理中语法分析器和文本情感分析等的效果。词嵌入技术起源于 2000 年。约书亚·本希奥等人在一系列论文中使用了神经概率语言模型使机器“习得词语的分布式表示（learning a distributed representation for words）”，从而达到将词语空间降维的目的。罗维斯与索尔在《科学》上发表了用局部线性嵌入来学习高维数据结构的低维表示方法。这个领域开始时稳步发展，在2010年后突飞猛进；一定程度上而言，这是因为这段时间里向量的质量与模型的训练速度有极大的突破。词嵌入领域的分支繁多，有许多学者致力于其研究。2013年，谷歌一个托马斯·米科洛维领导的团队发明了一套工具word2vec来进行词嵌入，训练向量空间模型的速度比以往的方法都快。许多新兴的词嵌入基于人工神经网络，而不是过去的n元语法模型和非监督式学习。

5.3.2.6 长短期记忆神经网络算法

A 简介

长短期记忆神经网络算法，最早由Sepp Hochreiter和Jürgen Schmidhuber于1997年提出，是一种特定形式的循环神经网络，而循环神经网络是一系列能够处理序列数据的神经网络的总称。这里要注意循环神经网络和递归神经网络的区别。

一般地，循环神经网络包含如下三个特性：

（1）循环神经网络能够在每个时间节点产生一个输出，且隐单元间的连接是循环的；

（2）循环神经网络能够在每个时间节点产生一个输出，且该时间节点上的输出仅与下一时间节点的隐单元有循环连接；

（3）循环神经网络包含带有循环连接的隐单元，且能够处理序列数据并输出单一的预测。

B 算法原理

循环神经网络还有许多变形，例如双向循环神经网络等。然而，循环神经网络在处理长期依赖（时间序列上距离较远的节点）时会遇到巨大的困难，因为计算距离较远的节点之间的联系时会涉及雅可比矩阵的多次相乘，这会带来梯度消失或者梯度膨胀的问题，这样的现象被许多学者观察到并独立研究。为了解决该问题，研究人员提出了许多解决办法，例如增加有漏单元等等。其中最成功应用最广泛的就是门限循环神经网络，而长短期记忆神经网络就是门限循环神经网络中最著名的一种。有漏单元通过设计连接间的权重系数，从而允许循环神经网络累积距离较远节点间的长期联系；而门限循环神经网络则泛化了这样的思想，允许在不同时刻改变该系数，且允许网络忘记当前已经累积的信息。

长短期记忆神经网络就是这样的门限循环神经网络。长短期记忆神经网络的巧妙之处在于通过增加输入门限，遗忘门限和输出门限，使得自循环的权重是变化的，这样一来在模型参数固定的情况下，不同时刻的积分尺度可以动态改变，从而避免了梯度消失或者梯度膨胀的问题。

根据长短期记忆神经网络网络的结构，每个长短期记忆神经网络单元的计算公式如下公式，其中 f_t 表示遗忘门限，i_t 表示输入门限，$\tilde{C}_t$ 表示前一时刻 cell 状态、C_t 表示 cell 状态（这里就是循环发生的地方），o_t 表示输出门限，h_t 表示当前单元的输出，h_{t-1}表示前一时刻单元的输出。

$$f_t = \sigma(W_f \cdot [h_{t-1},\ x_t] + b_f)$$

$$i_t = \sigma(W_i \cdot [h_{t-1},\ x_t] + b_i)$$

$$\tilde{C}_t = \tanh(W_C \cdot [h_{t-1},\ x_t] + b_C)$$

$$C_t = f_t * C_{t-1} + i_t * \tilde{C}_t$$

$$o_t = \sigma(W_o \cdot [h_{t-1},\ x_t] + b_o)$$

$$h_t = o_t * \tanh(C_t)$$

C　长短期记忆神经网络算法的一些变形

长短期记忆神经网络算法的变形有很多，最主要的是门控循环单元。门控循环单元在构建模型句向量时性能与长短期记忆神经网络几乎一样好，但是计算过程相对于长短期记忆神经网络简单，因为门控循环单元只需要考虑重置门与更新门两个门就可以了。门控循环单元是长短期记忆神经网络网络的一种效果很好的变体，它较长短期记忆神经网络网络的结构更加简单，而且效果也很好，因此也是当前非常流形的一种网络。门控循环单元既然是长短期记忆神经网络的变体，因此也是可以解决循环神经网络网络中的长依赖问题。

长短期记忆神经网络算法的变形里面门控循环单元是使用最为广泛的一种，最早由 Cho 等人于 2014 年提出。门控循环单元与长短期记忆神经网络的区别在于使用同一个门限来代替输入门限和遗忘门限，即通过一个“更新”门限来控制 cell 的状态，该做法的好处是计算得以简化，同时模型的表达能力也很强，所以门控循环单元也因此越来越流行。

在长短期记忆神经网络中引入了三个门函数：输入门、遗忘门和输出门来控制输入值、记忆值和输出值。而在门控循环单元模型中只有两个门：分别是更新门和重置门。具体结构如图 5-6 所示。

图中的 z_t 和 r_t 分别表示更新门和重置门。更新门用于控制前一时刻的状态信息被带入到当前状态中的程度，更新门的值越大说明前一时刻的状态信息带入越多。重置门控制前一状态有多少信息被写入到当前的候选集 $h\sim th\sim t$ 上，重置门越小，前一状态的信息被写入的越少。

a　门控循环单元前向传播

根据上面的门控循环单元的模型图，我们来看看网络的前向传播公式：

$$r_t = \sigma(W_r \cdot [h_{t-1},\ x_t])$$

$$z_t = \sigma(W_z \cdot [h_{t-1},\ x_t])$$

$$\tilde{h}_t = \tanh(W_{\tilde{h}} \cdot [r_t * h_{t-1}, x_t])$$

$$h_t = (1 - z_t) * h_{t-1} + z_t * \tilde{h}_t$$

$$y_t = \sigma(W_o, h_t)$$

其中，·表示两个向量相连；*表示矩阵的乘积。

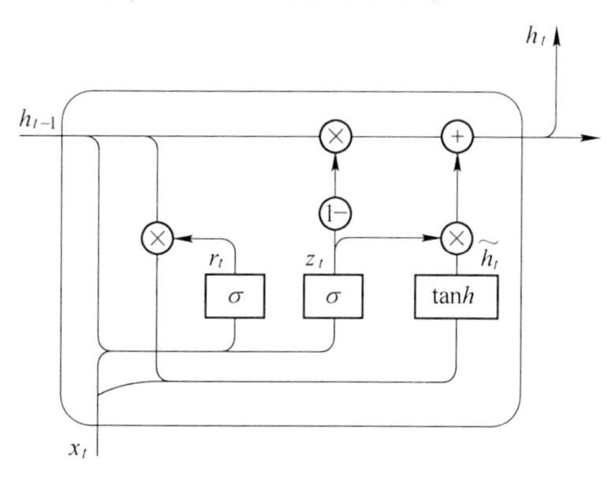

图 5-6 门控循环单元模型

b 门控循环单元的训练过程

从前向传播过程中的公式可以看出要学习的参数有 W_r、W_z、W_h、W_o。其中前三个参数都是拼接的（因为后先的向量也是拼接的），所以在训练的过程中需要将它们分割出来：

$$W_r = W_{rx} + W_{rh}$$

$$W_z = W_{zx} + W_{zh}$$

$$W_{\tilde{h}} = W_{\tilde{h}x} + W_{\tilde{h}h}$$

输出层的输入：

$$y_t^i = W_o h$$

输出层的输出：

$$y_t^o = \sigma(y_t^i)$$

在得到最终的输出后，就可以写出网络传递的损失，单个样本某时刻的损失为：

$$E_t = \frac{1}{2}(y_d - y_t^o)^2$$

则单个样本的在所有时刻的损失为：

$$E = \sum_{t=1}^{T} E_t$$

采用后向误差传播算法来学习网络，所以先得求损失函数对各参数的偏导（总共有 7 个）：

$$\frac{\partial E}{\partial W_o} = \delta_{y,t} h_t$$

$$\frac{\partial E}{\partial W_{zx}} = \delta_{z,t} x_t$$

$$\frac{\partial E}{\partial W_{zh}} = \delta_{z,t} h_{t-1}$$

$$\frac{\partial E}{\partial W_{\tilde{h}x}} = \delta_t x_t$$

$$\frac{\partial E}{\partial W_{\tilde{h}h}} = \delta_t (r_t \cdot h_{t-1})$$

$$\frac{\partial E}{\partial W_{rx}} = \delta_{r,t} x_t$$

$$\frac{\partial E}{\partial W_{rh}} = \delta_{r,t} h_{t-1}$$

其中各中间参数为：

$$\delta_{y,\ t} = (y_d - y_t^o) \cdot \sigma'$$

$$\delta_{h,\ t} = \delta_{y,\ t} W_o + \delta_{z,\ t+1} W_{zh} + \delta_{t+1} W_{\tilde{h}h} \cdot r_{t+1} + \delta_{h,\ t+1} W_{rh} + \delta_{h,\ t+1} \cdot (1 - z_{t+1})$$

$$\delta_{z,\ t} = \delta_{t,\ h} \cdot (\tilde{h}_t - h_{t-1}) \cdot \sigma'$$

$$\delta_t = \delta_{h,\ t} \cdot z_t \cdot \phi'$$

$$\delta_{r,\ t} = h_{t-1} \cdot [(\delta_{h,\ t} \cdot z_t \cdot \phi') W_{\tilde{h}h}] \cdot \sigma'$$

在算出了对各参数的偏导之后，就可以更新参数，依次迭代知道损失收敛。

概括来说，长短期记忆神经网络和 CRU 都是通过各种门函数来将重要特征保留下来，这样就保证了在 long-term 传播的时候也不会丢失。此外门控循环单元相对于长短期记忆神经网络少了一个门函数，因此在参数的数量上也是要少于长短期记忆神经网络的，所以整体上门控循环单元的训练速度要快于长短期记忆神经网络的。不过对于两个网络的好坏还是得看具体的应用场景。

不同的研究者提出了许多长短期记忆神经网络的改进，然而并没有特定类型的长短期记忆神经网络在任何任务上都能够由于其他变种，仅能在部分特定任务上取得最佳的效果。

5.4　注意力机制

注意力机制（attention mechanism）最近几年在深度学习各个领域被广泛使用，无论是图像处理、语音识别还是自然语言处理的各种不同类型的任务中，都很容易遇到注意力模型的身影。所以，了解注意力机制的工作原理对于关注深度学习技术发展的技术人员来说有很大的必要。

注意力机制源于对人类视觉的研究。在认知科学中，由于信息处理的瓶颈，人类会选择性地关注所有信息的一部分，同时忽略其他可见的信息。上述机制通常被称为注意力机制。人类视网膜不同的部位具有不同程度的信息处理能力，即敏锐度，只有视网膜中央凹部位具有最强的敏锐度。为了合理利用有限的视觉信息处理资源，人类需要选择视觉区域中的特定部分，然后集中关注它。例如，人们在阅读时，通常只有少量要被读取的词会被关注和处理。综上，注意力机制主要有两个方面：决定需要关注输入的哪部分；分配有限的信息处理资源给重要的部分。

注意力机制的一种非正式的说法是，神经注意力机制可以使得神经网络具备专注于其输入（或特征）子集的能力：选择特定的输入。注意力可以应用于任何类型的输入而不管其形状如何。在计算能力有限情况下，注意力机制是解决信息超载问题的主要手段的一种资源分配方案，将计算资源分配给更重要的任务。

注意力一般分为两种：一种是自上而下的有意识的注意力，称为聚焦式注意力。聚焦式注意力是指有预定目的、依赖任务的、主动有意识地聚焦于某一对象的注意力；另一种是自下而上的无意识的注意力，称为基于显著性的注意力。基于显著性的注意力是由外界刺激驱动的注意，不需要主动干预，也和任务无关。如果一个对象的刺激信息不同于其周围信息，一种无意识的“赢者通吃”或者门控机制就可以把注意力转向这个对象。不管这些注意力是有意还是无意，大部分的人脑活动都需要依赖注意力，比如记忆信息，阅读或思考等。

在认知神经学中，注意力是一种人类不可或缺的复杂认知功能，指人可以在关注一些信息的同时忽略另一些信息的选择能力。在日常生活中，我们通过视觉、听觉、触觉等方式接收大量的感觉输入。但是我们的人脑可以在这些外界的信息轰炸中还能有条不紊地工作，是因为人脑可以有意或无意地从这些大量输入信息中选择小部分的有用信息来重点处理，并忽略其他信息。这种能力就叫做注意力。注意力可以体现为外部的刺激（听觉、视觉、味觉等），也可以体现为内部的意识（思考、回忆等）。

注意力机制的变体在这里简单介绍一下。多头注意力是利用多个查询，来平行地计算从输入信息中选取多个信息。每个注意力关注输入信息的不同部分。硬注意力，即基于注意力分布的所有输入信息的期望。还有一种注意力是只关注到一个位置上，叫做硬性注意力。

硬性注意力有两种实现方式：一种是选取最高概率的输入信息；另一种硬性注意力可以通过在注意力分布式上随机采样的方式实现。硬性注意力的一个缺点是基于最大采样或随机采样的方式来选择信息。因此最终的损失函数与注意力分布之间的函数关系不可导，因此无法使用在反向传播算法进行训练。为了使用反向传播算法，一般使用软性注意力来代替硬性注意力。

键值对注意力：更一般地，我们可以用键值对格式来表示输入信息，其中“键”用来计算注意力分布，“值”用来生成选择的信息。

结构化注意力：要从输入信息中选取出和任务相关的信息，主动注意力是在所有输入信息上的多项分布，是一种扁平结构。如果输入信息本身具有层次结构，比如文本可以分为词、句子、段落、篇章等不同粒度的层次，我们可以使用层次化的注意力来进行更好的信息选择。此外，还可以假设注意力上下文相关的二项分布，用一种图模型来构建更复杂的结构化注意力分布。

5.4.1　神经机器翻译

注意力机制最成功的应用是机器翻译。基于神经网络的机器翻译模型也叫做神经机器翻译（Neural Machine Translation，NMT）。一般的神经机器翻译模型采用“编码-解码”的方式进行序列到序列的转换。这种方式有两个问题：一是编码向量的容量瓶颈问题，即源语言所有的信息都需要保存在编码向量中，才能进行有效地解码；二是长距离依赖问题，即编码和解码过程中在长距离信息传递中的信息丢失问题。通过引入注意力机制，我们将源语言中每个位置的信息都保存下来。在解码过程中生成每一个目标语言的单词时，我们都通过注意力机制直接从源语言的信息中选择相关的信息作为辅助。这样的方式就可以有效地解决上面的两个问题。一是无需让所有的源语言信息都通过编码向量进行传递，在解码的每一步都可以直接访问源语言的所有位置上的信息；二是源语言的信息可以直接传递到解码过程中的每一步，缩短了信息传递的距离。

5.4.2　图像描述生成

图像描述生成是输入一幅图像，输出这幅图像对应的描述。图像描述生成也是采用“编码-解码”的方式进行。编码器为一个卷积网络，提取图像的高层特征，表示为一个编码向量；解码器为一个循环神经网络语言模型，初始输入为编码向量，生成图像的描述文本。在图像描述生成的任务中，同样存在编码容量瓶颈以及长距离依赖这两个问题，因此也可以利用注意力机制来有效地选择信息。在生成描述的每一个单词时，循环神经网络的输入除了前一个词的信息，还有利用注意力机制来选择一些来自于图像的相关信息。

5.4.3　句子表征

在文本分类问题中，仅仅对句子中的词嵌入求平均的做法就能取得良好的效果。而文本分类实际上是一个相对容易和简单的任务，它不需要从语义的角度理解句子的意义，只需要对单词进行计数就足够了。例如，对情感分析来说，算法需要对与积极或消极情绪有重要关系的单词进行计数，而不用关心其位置和具体意义为何。当然，这样的算法应该学习到单词本身的情感。

5.4.4　循环神经网络

为了更好地理解句子，我们应该更加关注单词的顺序。为了做到这一点，循环神经网络可以从一系列具有以下的隐藏状态的输入单词中抽取出相关信息。

$$H = (h_1, \cdots, h_T), \ h_i \in R^d$$

当我们使用这些信息时，我们通常只使用最后一个时间步的隐藏状态。然而，想要从仅仅存储在一个小规模向量中的句子表达出所有的信息并不是一件容易的事情。

5.4.5 卷积神经网络

借鉴于 n-gram 技术的思路，卷积神经网络可以围绕我们感兴趣的单词归纳局部信息。为此，我们可以应用如图 5-7 所示的一维卷积。当然，图 5-7 仅仅给出了一个例子，我们也可以尝试其他不同的架构。

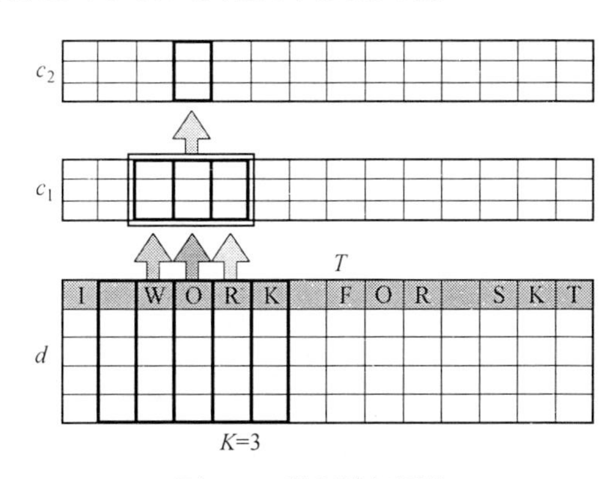

图 5-7 卷积神经网络

大小为 3 的一维卷积核扫描我们想要归纳信息的位置周围的单词。为此，我们必须使用大小为 1 的填充值，从而使过滤后的长度保持与原始长度 T 相同。除此之外，输出通道的数量是 c_1。

接着，我们将另一个过滤器应用于特征图，最终将输入的规模转化为 $c^2 * T$。这一系列的过程实在模仿人类阅读句子的方式，首先理解 3 个单词的含义，然后将它们综合考虑来理解更高层次的概念。作为一种衍生技术，我们可以利用在深度学习框架中实现的优化好的卷积神经网络算法来达到更快的运算速度。

5.4.6 人类的视觉注意力

从注意力模型的命名方式看，很明显其借鉴了人类的注意力机制，因此，我们首先简单介绍人类视觉的选择性注意力机制。

视觉注意力机制是人类视觉所特有的大脑信号处理机制。人类视觉通过快速扫描全局图像，获得需要重点关注的目标区域，也就是一般所说的注意力焦点，而后对这一区域投入更多注意力资源，以获取更多所需要关注目标的细节信息，而抑制其他无用信息。

这是人类利用有限的注意力资源从大量信息中快速筛选出高价值信息的手段，是人类在长期进化中形成的一种生存机制，人类视觉注意力机制极大地提高了视觉信息处理的效率与准确性。

深度学习中的注意力机制从本质上讲和人类的选择性视觉注意力机制类似，核心目标也是从众多信息中选择出对当前任务目标更关键的信息。

5.4.7　Encoder-Decoder 框架

要了解深度学习中的注意力模型，就不得不先谈 Encoder-Decoder 框架，因为目前大多数注意力模型附着在 Encoder-Decoder 框架下，当然，其实注意力模型可以看作一种通用的思想，本身并不依赖于特定框架，这点需要注意。

Encoder-Decoder 框架可以看作是一种深度学习领域的研究模式，应用场景异常广泛。图 5-8 是文本处理领域里常用的 Encoder-Decoder 框架最抽象的一种表示。

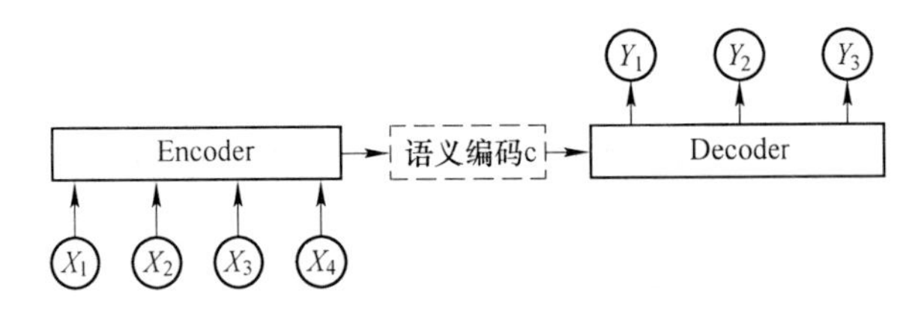

图 5-8　抽象的文本处理领域的 Encoder-Decoder 框架

文本处理领域的 Encoder-Decoder 框架可以这么直观地去理解：可以把它看作适合处理由一个句子或篇章生成另外一个句子或篇章的通用处理模型。对于句子对<Source，Target>，我们的目标是给定输入句子，期待通过 Encoder-Decoder 框架来生成目标句子。Source 和 Target 可以是同一种语言，也可以是两种不同的语言。而 Source 和 Target 分别由各自的单词序列构成：

$$\text{Source} = (x_1, x_2, \cdots, x_m)$$
$$\text{Target} = (y_1, y_2, \cdots, y_n)$$

Encoder 顾名思义就是对输入句子 Source 进行编码，将输入句子通过非线性变换转化为中间语义表示 C：

$$\mathrm{C} = F(x_1, x_2, \cdots, x_m)$$

对于解码器 Decoder 来说，其任务是根据句子 Source 的中间语义表示 C 和之前已经生成的历史信息 y_1，y_2，…，y_{i-1}来生成 i 时刻要生成的单词 y_i：

$$y_i = g(\mathrm{C}, y_1, y_2, \cdots, y_{i-1})$$

每个 y_i 都依次这么产生，那么看起来就是整个系统根据输入句子 Source 生成了目标句子 Target。如果 Source 是中文句子，Target 是英文句子，那么这就是解决机器翻译问题的 Encoder-Decoder 框架；如果 Source 是一篇文章，Target 是概括性的几句描述语句，那么这是文本摘要的 Encoder-Decoder 框架；如果 Source 是一句问句，Target 是一句回答，那么这是问答系统或者对话机器人的 Encoder-Decoder 框架。由此可见，在文本处理领域，Encoder-Decoder 的应用领域相当广泛。

Encoder-Decoder 框架不仅仅在文本领域广泛使用，在语音识别、图像处理等领域也经常使用。比如对于语音识别来说，图 5-8 所示的框架完全适用，区别无非是 Encoder 部分的输入是语音流，输出是对应的文本信息；而对于“图像描述”任务来说，Encoder 部分的输入是一副图片，Decoder 的输出是能够描述图片语义内容的一句描述语。一般而言，文本处理和语音识别的 Encoder 部分通常采用循环神经网络模型。

5.4.8 注意力机制模型

本章先以机器翻译作为例子讲解最常见的 Soft Attention 模型的基本原理，之后抛离 Encoder-Decoder 框架抽象出了注意力机制的本质思想，然后简单介绍最近广为使用的自注意力机制模型的基本思路。

5.4.8.1 Soft Attention 模型

图 5-8 中展示的 Encoder-Decoder 框架是没有体现出“注意力模型”的，所以可以把它看作是注意力不集中的分心模型。为什么说它注意力不集中呢？请观察下目标句子 Target 中每个单词的生成过程：

$$y_1 = f(C)$$

$$y_2 = f(C, y_1)$$

$$y_3 = f(C, y_1, y_2)$$

其中 f 是 Decoder 的非线性变换函数。从这里可以看出，在生成目标句子的单词时，不论生成哪个单词，它们使用的输入句子 Source 的语义编码 C 都是一样的，没有任何区别。

而语义编码 C 是由句子 Source 的每个单词经过 Encoder 编码产生的，这意味着不论是生成哪个单词，y_1，y_2 还是 y_3，其实句子 Source 中任意单词对生成某个目标单词 y_i 来说影响力都是相同的，这是为何说这个模型没有体现出注意力的缘由。这类似于人类看到眼前的画面，但是眼中却没有注意焦点一样。

如果拿机器翻译来解释这个分心模型的 Encoder-Decoder 框架更好理解，比如输入的是英文句子：Tom chase Jerry，Encoder-Decoder 框架逐步生成中文单词：“汤姆”“追逐”“杰瑞”。

在翻译“杰瑞”这个中文单词的时候，分心模型里面的每个英文单词对于翻译目标单词“杰瑞”贡献是相同的，很明显这里不太合理，显然“Jerry”对于翻译成“杰瑞”更重要，但是分心模型是无法体现这一点的，这就是为何说它没有引入注意力的原因。

没有引入注意力的模型在输入句子比较短的时候问题不大，但是如果输入句子比较长，此时所有语义完全通过一个中间语义向量来表示，单词自身的信息已经消失，可想而知会丢失很多细节信息，这也是为何要引入注意力模型的重要原因。

上面的例子中，如果引入注意力机制模型的话，应该在翻译“杰瑞”的时候，体现出英文单词对于翻译当前中文单词不同的影响程度，比如给出类似下面一个概率分布值：（Tom，0.3）（Chase，0.2）（Jerry，0.5）。每个英文单词的概率代表了翻译当前单词“杰瑞”时，注意力分配模型分配给不同英文单词的注意力大小。这对于正确翻译目标语单词肯定是有帮助的，因为引入了新的信息。

同理，目标句子中的每个单词都应该学会其对应的源语句子中单词的注意力分配概率信息。这意味着在生成每个单词 y_i 的时候，原先都是相同的中间语义表示 C 会被替换成根据当前生成单词而不断变化的 C_i。理解注意力机制模型的关键就是这里，即由固定的中间语义表示 C 换成了根据当前输出单词来调整成加入注意力模型的变化的 C_i。增加了注意力模型的 Encoder-Decoder 框架理解起来如图 5-9 所示。

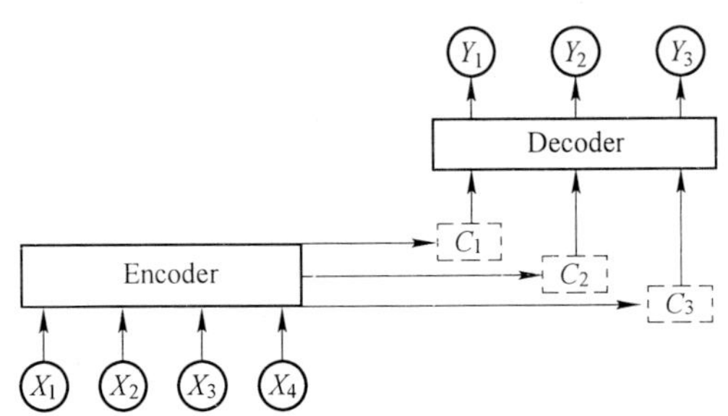

图 5-9　引入注意力模型的 Encoder-Decoder 框架

即生成目标句子单词的过程成了下面的形式：

$$y_1 = f_1(C_1)$$

$$y_2 = f_1(C_2, y_1)$$

$$y_3 = f_1(C_3, y_1, y_2)$$

而每个 C_i 可能对应着不同的源语句子单词的注意力分配概率分布，比如对于上面的英汉翻译来说，其对应的信息可能如下：

$$C_{汤姆} = g(0.6 * f_2(\text{"Tom"}), 0.2 * f_2(\text{Chase}), 0.2 * f_2(\text{"Jerry"}))$$

$$C_{追逐} = g(0.2 * f_2(\text{"Tom"}), 0.7 * f_2(\text{Chase}), 0.1 * f_2(\text{"Jerry"}))$$

$$C_{杰瑞} = g(0.3 * f_2(\text{"Tom"}), 0.2 * f_2(\text{Chase}), 0.5 * f_2(\text{"Jerry"}))$$

其中，f_2 函数代表 Encoder 对输入英文单词的某种变换函数，比如如果

Encoder 是用的循环神经网络模型的话，这个 f_2 函数的结果往往是某个时刻输入 X_i 后隐层节点的状态值；g 代表 Encoder 根据单词的中间表示合成整个句子中间语义表示的变换函数，一般的做法中，g 函数就是对构成元素加权求和，即下列公式：

$$C_i = \sum_{j=1}^{Lx} a_{ij}h_j$$

其中，L_x 代表输入句子 Source 的长度，a_{ij}代表在 Target 输出第 i 个单词时 Source 输入句子中第 j 个单词的注意力分配系数，而 h_j 则是 Source 输入句子中第 j 个单词的语义编码。假设 C_i 下标 i 就是上面例子所说的“汤姆”，那么 L_x 就是 3，$h_1=f$(“Tom”)，$h_2=f$(“Chase”)，$h_3=f$(“Jerry”)分别是输入句子每个单词的语义编码，对应的注意力模型权值则分别是 0.6，0.2，0.2，所以 g 函数本质上就是个加权求和函数。如果形象表示的话，翻译中文单词“汤姆”的时候，数学公式对应的中间语义表示 C_i 的形成过程如图 5-10 所示。

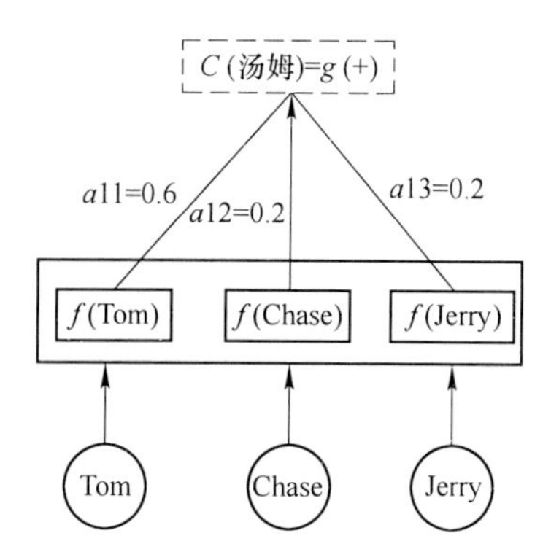

图 5-10　注意力机制模型的形成过程

这里还有一个问题：生成目标句子某个单词，比如“汤姆”的时候，如何知道注意力机制模型所需要的输入句子单词注意力分配概率分布值呢？就是说“汤姆”对应的输入句子 Source 中各个单词的概率分布：（Tom，0.6）（Chase，0.2）（Jerry，0.2）是如何得到的呢？

为了便于说明，我们假设对图 5-10 的非注意力机制模型的 Encoder-Decoder 框架进行细化，Encoder 采用循环神经网络模型，Decoder 也采用循环神经网络模型，这是比较常见的一种模型配置，则图 5-9 的框架转换为图 5-11。

那么用图 5-12 可以较为便捷地说明注意力分配概率分布值的通用计算过程。

对于采用循环神经网络的 Decoder 来说，在时刻 i，如果要生成 y_i 单词，我们是可以知道 Target 在生成 y_i 之前的时刻 $i-1$ 时，隐层节点 $i-1$ 时刻的输出值 H_{i-1}的，而我们的目的是要计算生成 y_i 时输入句子中的单词“Tom”“Chase”“Jerry”对 y_i 来说的注意力分配概率分布，那么可以用 Target 输出句子 $i-1$ 时刻的隐层节点状态 H_{i-1}去一一和输入句子 Source 中每个单词对应的循环神经网络隐

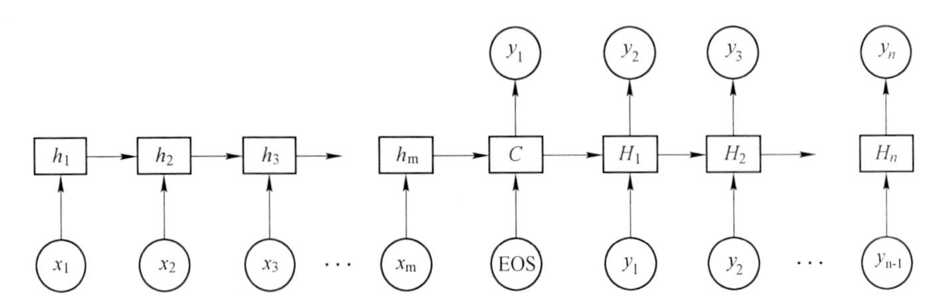

图 5-11　循环神经网络作为具体模型的 Encoder-Decoder 框架

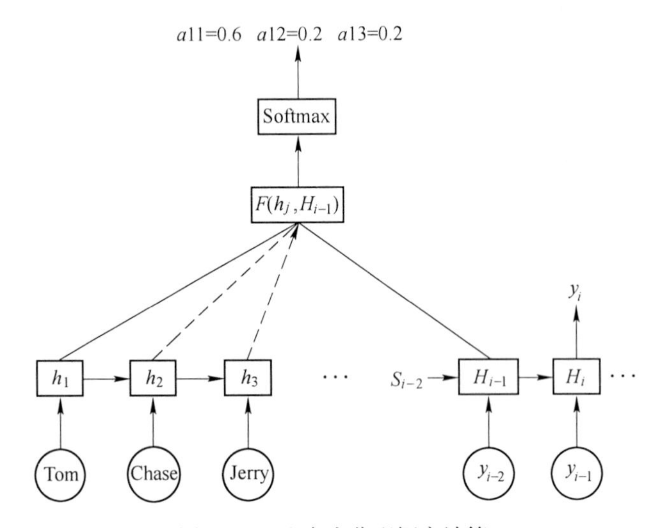

图 5-12　注意力分配概率计算

层节点状态 h_j 进行对比，即通过函数 $F(h_j, H_{i-1})$ 来获得目标单词 y_i 和每个输入单词对应的对齐可能性，这个 F 函数在不同论文里可能会采取不同的方法，然后函数 F 的输出经过 Softmax 进行归一化就得到了符合概率分布取值区间的注意力分配概率分布数值。

绝大多数注意力机制模型都是采取上述的计算框架来计算注意力分配概率分布信息，区别只是在 F 的定义上可能有所不同。图 5-13 可视化地展示了在英语-德语翻译系统中加入注意力机制模型后，Source 和 Target 两个句子每个单词对应的注意力分配概率分布。

上述内容就是经典的 Soft Attention 模型的基本思想，一般在自然语言处理应用里会把注意力机制模型看作是输出 Target 句子中某个单词和输入 Source 句子每个单词的对齐模型。目标句子生成的每个单词对应输入句子单词的概率分布可以理解为输入句子单词和这个目标生成单词的对齐概率，这在机器翻译语境下是非常直观的：传统的统计机器翻译一般在做的过程中会专门有一个短语对齐的步骤，而注意力模型其实起的是相同的作用。

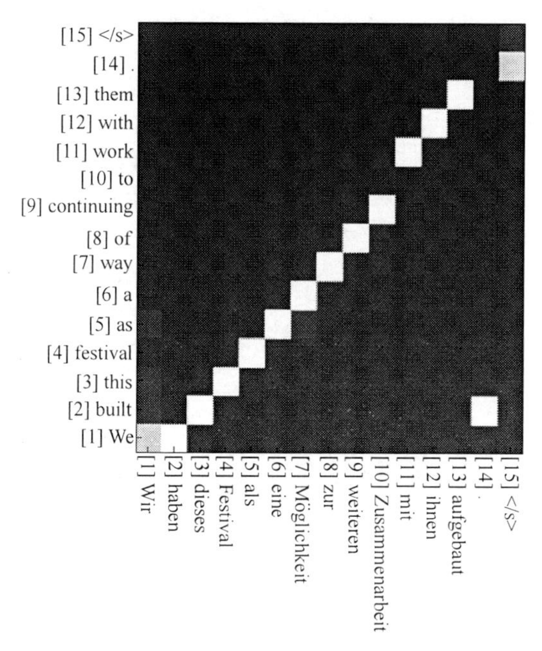

图 5-13 英语-德语翻译的注意力概率分布

图 5-14 为谷歌于 2016 年部署到线上的基于神经网络的机器翻译系统，相对传统模型翻译效果有大幅提升，翻译错误率降低了 60%，其架构就是上文所述的加上注意力机制模型的 Encoder-Decoder 框架，主要区别无非是其 Encoder 和 Decoder 使用了 8 层叠加的长短期记忆神经网络模型。

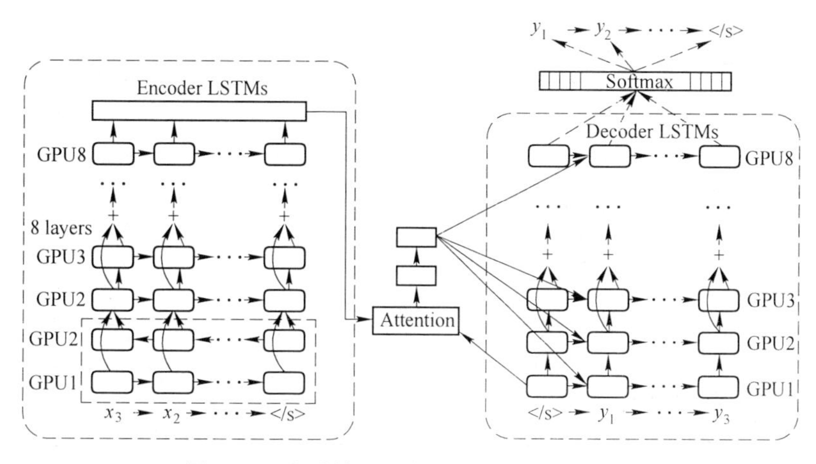

图 5-14 谷歌神经网络机器翻译系统结构图

5.4.8.2 注意力机制模型的本质思想

如果把注意力机制模型从上文讲述例子中的 Encoder-Decoder 框架中剥离，

并进一步做抽象，可以更容易看懂注意力机制模型的本质思想。

我们可以这样来看待注意力机制模型：将 Source 中的构成元素想象成是由一系列的<Key，Value>数据对构成，此时给定 Target 中的某个元素 Query，通过计算 Query 和各个 Key 的相似性或者相关性，得到每个 Key 对应 Value 的权重系数，然后对 Value 进行加权求和，即得到了最终的注意力机制模型数值。所以本质上注意力机制模型是对 Source 中元素的 Value 值进行加权求和，而 Query 和 Key 用来计算对应 Value 的权重系数。即可以将其本质思想改写为如下公式：

$$\text{Attention}(\text{Query},\ \text{Source}) = \sum_{i=1}^{Lx} \text{Similarity}(\text{Query},\ \text{Key}_i) * \text{Value}_i$$

其中，$L_x = \|\text{Source}\|$ 代表 Source 的长度，公式含义即如上所述。上文所举的机器翻译的例子里，因为在计算注意力机制模型的过程中，Source 中的 Key 和 Value 合二为一，指向的是同一个东西，也即输入句子中每个单词对应的语义编码，所以可能不容易看出这种能够体现本质思想的结构。

当然，从概念上理解，把注意力机制模型仍然理解为从大量信息中有选择地筛选出少量重要信息并聚焦到这些重要信息上，忽略大多不重要的信息，这种思路仍然成立。聚焦的过程体现在权重系数的计算上，权重越大越聚焦于其对应的 Value 值上，即权重代表了信息的重要性，而 Value 是其对应的信息。

从图 5-15 可以引出另外一种理解，也可以将注意力机制模型看作一种软寻址（Soft Addressing）：Source 可以看作存储器内存储的内容，元素由地址 Key 和值 Value 组成，当前有个 Key=Query 的查询，目的是取出存储器中对应的 Value 值，即注意力机制模型数值。通过 Query 和存储器内元素 Key 的地址进行相似性比较来寻址，之所以说是软寻址，指的不像一般寻址只从存储内容里面找出一条内容，而是可能从每个 Key 地址都会取出内容，取出内容的重要性根据 Query 和 Key 的相似性来决定，之后对 Value 进行加权求和，这样就可以取出最终的 Value 值，也即注意力机制模型值。所以不少研究人员将注意力机制模型看作软寻址的一种特例，这也是非常有道理的。

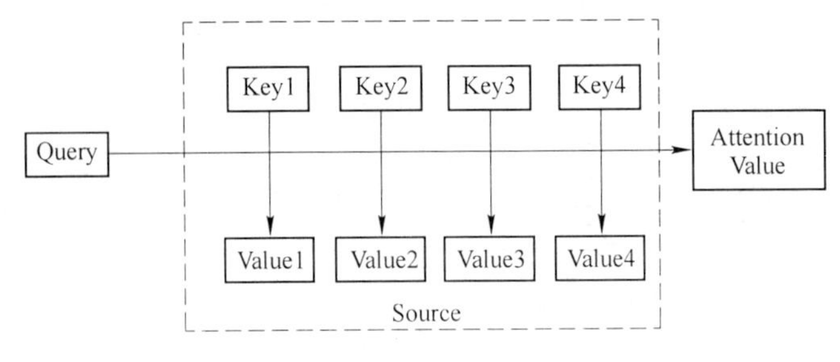

图 5-15　注意力机制模型的本质思想

至于注意力机制模型的具体计算过程，如果对目前大多数方法进行抽象的话，可以将其归纳为两个过程：第一个过程是根据 Query 和 Key 计算权重系数，第二个过程根据权重系数对 Value 进行加权求和。而第一个过程又可以细分为两个阶段：第一个阶段根据 Query 和 Key 计算两者的相似性或者相关性；第二个阶段对第一阶段的原始分值进行归一化处理；这样，可以将注意力机制模型的计算过程抽象为如图 5-16 所示的三个阶段。

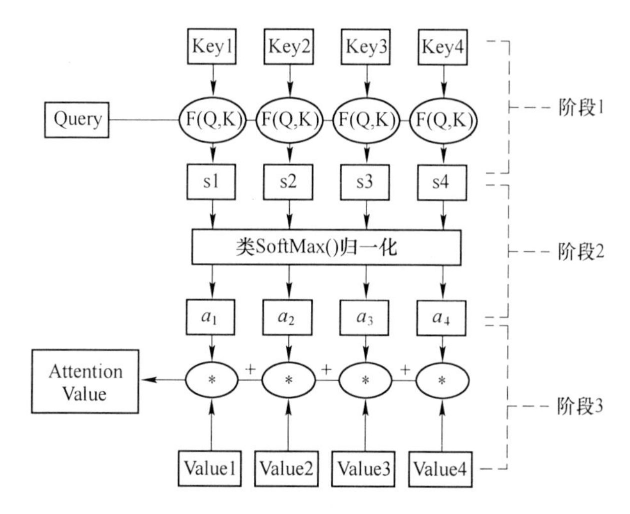

图 5-16 三阶段计算注意力机制模型过程

在第一个阶段，可以引入不同的函数和计算机制，根据 Query 和某个 Key_i，计算两者的相似性或者相关性，最常见的方法包括：求两者的向量点积、求两者的向量 Cosine 相似性或者通过再引入额外的神经网络来求值，即如下方式：

点积：$\text{Similarity}(\text{Query},\ \text{Key}_i) = \text{Query} \cdot \text{Key}_i$

Cosine 相似性：$\text{Similarity}(\text{Query},\ \text{Key}_i) = \dfrac{\text{Query} \cdot \text{Key}_i}{\|\text{Query}\| \cdot \|\text{Key}_i\|}$

MLP 网络：$\text{Similarity}\ (\text{Query},\ \text{Key}_i) = \text{MLP}\ (\text{Query},\ \text{Key}_i)$

第一阶段产生的分值根据具体产生的方法不同其数值取值范围也不一样，第二阶段引入类似 SoftMax 的计算方式对第一阶段的得分进行数值转换，一方面可以进行归一化，将原始计算分值整理成所有元素权重之和为 1 的概率分布；另一方面也可以通过 SoftMax 的内在机制更加突出重要元素的权重。即一般采用如下公式计算：

$$a_i = \text{Softmax}(\text{Sim}_i) = \frac{e^{\text{Sim}_i}}{\sum_{j=1}^{Lx} e^{\text{Sim}_j}}$$

第二阶段的计算结果 a_i 即为 Value 对应的权重系数，然后进行加权求和即可得到注意力机制模型数值：

$$\text{Attention}(\text{Query},\ \text{Source}) = \sum_{i=1}^{Lx} a_i \cdot \text{Value}_i$$

通过如上三个阶段的计算，即可求出针对 Query 的注意力机制模型数值，目前绝大多数具体的注意力机制计算方法都符合上述的三阶段抽象计算过程。

5.4.9　自注意力机制模型

通过上述对注意力机制模型本质思想的梳理，我们可以更容易理解本节介绍的 Self 注意力机制模型。自注意力机制模型也经常被称为内部注意力机制模型，最近一年也获得了比较广泛的使用，比如谷歌最新的机器翻译模型内部大量采用了自注意力机制模型。

在一般任务的 Encoder-Decoder 框架中，输入 Source 和输出 Target 内容是不一样的，比如对于英-中机器翻译来说，Source 是英文句子，Target 是对应的翻译出的中文句子，注意力机制模型发生在 Target 的元素 Query 和 Source 中的所有元素之间。而自注意力机制模型顾名思义，指的不是 Target 和 Source 之间的注意力机制模型，而是 Source 内部元素之间或者 Target 内部元素之间发生的注意力机制模型，也可以理解为 Target = Source 这种特殊情况下的注意力计算机制。其具体计算过程是一样的，只是计算对象发生了变化而已，所以此处不再赘述其计算过程细节。

如果是常规的 Target 不等于 Source 情形下的注意力计算，其物理含义正如上文所讲，比如对于机器翻译来说，本质上是目标语单词和源语单词之间的一种单词对齐机制。那么如果是自注意力机制模型，一个很自然的问题是：通过自注意力机制模型到底学到了哪些规律或者抽取出了哪些特征呢？或者说引入自注意力机制模型有什么增益或者好处呢？我们仍然以机器翻译中的自注意力机制模型来说明。

很明显，引入自注意力机制模型后会更容易捕获句子中长距离的相互依赖的特征，因为如果是循环神经网络或者长短期记忆神经网络，需要依次序序列计算，对于远距离的相互依赖的特征，要经过若干时间步骤的信息累积才能将两者联系起来，而距离越远，有效捕获的可能性越小。

注意力机制模型在深度学习的各种应用领域都有广泛的使用场景。上文在介绍过程中我们主要以自然语言处理中的机器翻译任务作为例子，下面分别再从图像处理领域和语音识别选择典型应用实例来对其应用做简单说明。

图片描述是一种典型的图文结合的深度学习应用，输入一张图片，人工智能系统输出一句描述句子，语义等价地描述图片所示内容。很明显这种应用场景也可以使用 Encoder-Decoder 框架来解决任务目标，此时 Encoder 输入部分是一张图片，一般会用卷积神经网络来对图片进行特征抽取，Decoder 部分使用循环神经网络或者长短期记忆神经网络来输出自然语言句子。

此时如果加入注意力机制模型能够明显改善系统输出效果，注意力机制模型在这里起到了类似人类视觉选择性注意的机制，在输出某个实体单词的时候会将注意力焦点聚焦在图片中相应的区域上。图 5-17 给出了根据给定图片生成句子“A person is standing on a beach with a surfboard”过程时每个单词对应图片中的注意力聚焦区域。

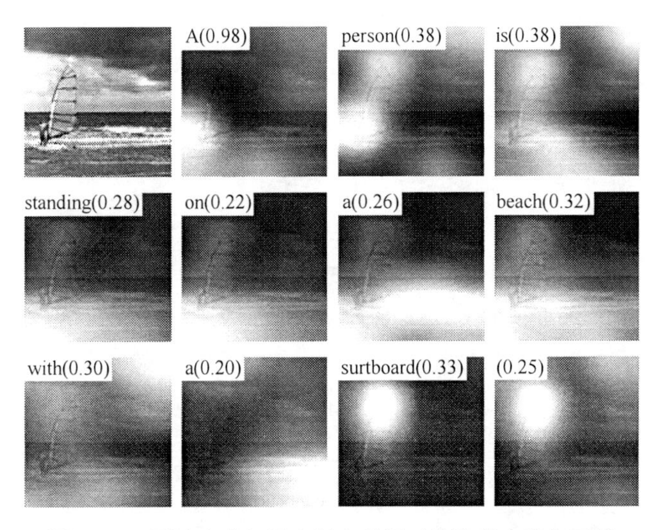

图 5-17 图片生成句子中每个单词时的注意力聚焦区域

图 5-18 给出了另外四个例子形象地展示了这种过程，每个例子上方左侧是输入的原图，下方句子是人工智能系统自动产生的描述语句，上方右侧图展示了当 AI 系统产生语句中划横线单词的时候，对应图片中聚焦的位置区域。比如当输出单词 dog 的时候，AI 系统会将注意力更多地分配给图片中小狗对应的位置。

图 5-18 图像描述任务中注意力机制模型机制的聚焦作用

语音识别的任务目标是将语音流信号转换成文字，所以也是 Encoder-Decoder 的典型应用场景。Encoder 部分的 Source 输入是语音流信号，Decoder 部分输出语音对应的字符串流。

图 5-18 可视化地展示了在 Encoder-Decoder 框架中加入注意力机制模型后，当用户用语音说句子 how much would a woodchuck chuck 时，输入部分的声音特征信号和输出字符之间的注意力分配概率分布情况，颜色越深代表分配到的注意力概率越高。从图中可以看出，在这个场景下，注意力机制模型起到了将输出字符和输入语音信号进行对齐的功能。

上述内容仅仅选取了不同 AI 领域的几个典型注意力机制模型应用实例，Encoder-Decoder 加注意力机制模型架构由于其卓越的实际效果，目前在深度学习领域里得到了广泛的使用，了解并熟练使用这一架构对于解决实际问题会有极大帮助。但是 Self 注意力机制模型在计算过程中会直接将句子中任意两个单词的联系通过一个计算步骤直接联系起来，所以远距离依赖特征之间的距离被极大缩短，有利于有效地利用这些特征。除此外，自注意力机制模型对于增加计算的并行性也有直接帮助作用。这就是为何自注意力机制模型逐渐被广泛使用的主要原因。

5.5　本章小结

本文通过机器学习中监督学习、非监督学习、半监督学习引出来一系列的算法学习。了解到了词嵌入向量、长短期记忆神经网络算法、哈夫曼算法、注意力模型等诞生的背景与原因，详细分析了长短期记忆神经网络训练过程中使用循环神经网络的随时间反向传播的细节，并介绍了注意力模型在生活中的应用。

6　一致性分类方法研究

6.1　引言

传统的数据挖掘方法通过对训练数据进行学习来获得单个分类器，然后利用分类器对测试数据进行分类预测。此时分类器往往具有较高的“方差”（Variance）或者“偏倚”（Bias），而这正是分类器预测时产生分类误差的主要来源。在机器学习的有监督学习算法中，我们的目标是学习出一个稳定的且在各个方面表现都较好的模型，但实际情况往往不这么理想，有时我们只能得到多个有偏好的模型（弱监督模型，在某些方面表现得比较好）。集成学习（ensemble learning）就是组合这里的多个弱监督模型以期得到一个更好更全面的强监督模型，集成学习潜在的思想是即便某一个弱分类器得到了错误的预测，其他的弱分类器也可以将错误纠正回来。集成方法是将几种机器学习技术组合成一个预测模型的元算法，以达到减小方差（bagging）、偏差（boosting）或改进预测的效果。集成学习其实就是分类器集成，通过构建并结合多个学习器来完成学习任务。一般结构是：先产生一组“个体学习器”，再用某种策略将它们结合起来。结合策略主要有平均法、投票法和学习法等。集成学习是机器学习中一个非常重要且热门的分支，是用多个弱分类器构成一个强分类器，其哲学思想是“三个臭皮匠赛过诸葛亮”。一般的弱分类器可以由决策树，神经网络，贝叶斯分类器，K-近邻等构成。已经有学者理论上证明了集成学习的思想是可以提高分类器的性能的，比如说统计上的原因、计算上的原因以及表示上的原因。

数据分类问题作为数据挖掘领域中一个非常重要的研究方向，主要由两个阶段构成：学习和分类。学习阶段使用已知类别标记的数据集作为学习算法的输入，构筑分类器，而分类阶段则使用上一阶段得到的分类器预测未知标记数据的类别。用于构筑分类器的方法有很多，如支持向量机、决策树和朴素贝叶斯模型等。在这些算法不断成熟完备的过程中，出现了诸如装袋、提升和随机森林等提高分类准确率的技术，这些被称为集成学习技术。集成学习的原理为通过一定规则将一系列弱分类器集成提升为强分类器，再使用强分类器预测未知样本的类别标记。

集成学习在各个规模的数据集上都有很好的策略，对于数据集较大时，可以划分成多个小数据集，学习多个模型进行组合；对于数据集较小时，利用

Bootstrap 方法进行抽样，得到多个数据集，分别训练多个模型再进行组合。

集成学习按照基本分类器之间的关系可以分为异态集成学习和同态集成学习。异态集成学习是指弱分类器之间本身不同，而同态集成学习是指弱分类器之间本身相同只是参数不同。不同算法的集成同一种算法在不同设置下的集成数据集的不同部分分配给不同分类器之后的集成。

根据个体学习器的不同，目前集成学习方法大致可分为两大类：即个体学习器间存在强依赖关系，必须串行生成的序列化方法以及个体学习器间不存在强依赖关系、可同时生成的并行化方法；前者代表是提升，后者代表是装袋和“随机森林”。提升是种通用的增强基础算法性能的回归分析算法。不需构造一个高精度的回归分析，只需一个粗糙的基础算法即可，再反复调整基础算法就可以得到较好的组合回归模型。它可以将弱学习算法提高为强学习算法，可以应用到其他基础回归算法，如线性回归、神经网络等，来提高精度。装袋和前一种算法大体相似但又略有差别，主要想法是给出已知的弱学习算法和训练集，它需要经过多轮的计算，才可以得到预测函数列，最后采用投票方式对示例进行判别。

6.2 集成学习方法

6.2.1 集成学习方法的原理

集成学习通过构建并结合多个学习器来完成学习任务，有时也被称为多分类器系统、基于委员会的学习。

集成学习的一般结构是先产生一组“个体学习器”，再用某种策略将它们结合起来。个体学习器通常由一个现有的学习算法从训练数据中产生，例如 C4.5 决策算法等，此时集成中只包含同种类型的个体学习器，例如“决策树集成”中全是决策树，“神经网络集成”中全是神经网络，这样的集成是“同质”的。同质集成中的个体学习器亦称为“基学习器”。相应的学习算法称为“基学习算法”。集成也可包含不同类型的个体学习器，例如，同时包含决策树和神经网络，这样的集成称为“异质”的。异质集成中的个体学习器由不同的学习算法生成，这时就不再有基学习算法，常称为“组件学习器”或直接称为个体学习器。

集成学习通过将多个学习器进行结合，常可获得比单一学习器更加显著的泛化性能。这对“弱学习器”尤为明显。因此集成学习的理论研究都是针对弱学习器进行的，而基学习器有时也被直接称为弱学习器。但需注意的是，虽然从理论上说使用弱学习器集成足以获得很好的性能，但在实践中出于种种考虑，例如希望使用较少的个体学习器，或是重用一些常见学习器的一些经验等，人们往往会使用比较强的学习器。

集成学习法的特点有如下几点：

（1）将多个分类方法聚集在一起，以提高分类的准确率。

（2）集成学习法由训练数据构建一组基分类器，然后通过对每个基分类器的预测进行投票来进行分类。

（3）严格来说，集成学习并不算是一种分类器，而是一种分类器结合的方法。

（4）通常一个集成分类器的分类性能会好于单个分类器。

（5）如果把单个分类器比作一个决策者的话，集成学习的方法就相当于多个决策者共同进行一项决策。

在一般经验中，如果把好坏不等的东西掺到一起，那么通常结果会是比最坏的要好些，比最好的要坏一些。集成学习把多个学习器结合起来，从而得到比最好的单一学习器更好的性能。

6.2.2 AdaBoost

6.2.2.1 简介

AdaBoost 是基于数据集多重抽样的分类器。AdaBoost 是一种迭代算法，其核心思想是针对同一个训练集训练不同的分类器（弱分类器），然后把这些弱分类器集合起来，构成一个更强的最终分类器（强分类器）。

最初的提升算法由 Schapire 于 1990 年提出，即一种多项式的算法，并进行了实验和理论性的证明。在此之后，Freund 研究出一种更高效的提升算法。但这两种算法都有共同的不足即需要提前确定弱学习算法识别准确率的下限。提升算法可以提升任意给定学习算法的准确度，主要思想是通过一些简单的规则整合得到一个整体，使得该整体具有的性能比任何一个部分都高。其思想受启发于 Valiant 提出的 PAC（Probably Approximately Correct，PAC）学习模型。Valiant 认为“学习”是一种不管模式明显清晰或是否存在模式时都能够获得知识的过程，并从计算的角度定义了学习的方法，其包含学习的协议、合理信息采集机制的选择以及可以在适当过程内实现学习概念的分类。PCA 学习模型的原理是指在训练样本的基础上，算法的输出能够以概率靠近未知的目标进行学习分类，基本框架涉及样本复杂度和计算复杂度。简而言之，在 PCA 学习模型中，能够在多项式个时间内和样本获得特定要求的正确率即就是一个好的学习过程。该模型由统计模式识别、决策理论得到的一些简单理论并结合计算复杂理论的方法而得出的学习模型。其中提出了弱学习和强学习的概念。

增强学习或提升法，是一种重要的集成学习技术，能够将预测精度仅比随机猜度略高的弱学习器增强为预测精度高的强学习器，这在直接构造强学习器非常困难的情况下，为学习算法的设计提供了一种有效的新思路和新方法。作为一种元算法框架，增强学习几乎可以应用于所有目前流行的机器学习算法以进一步加强原算法的预测精度，应用十分广泛，产生了极大的影响。而 AdaBoost 正是其中最成功的代表，被评为数据挖掘十大算法之一。在 AdaBoost 提出至今的十几年间，机器学习领域的诸多知名学者不断投入到算法相关理论的研究中去，扎实的理论为 AdaBoost 算法的成功应用打下了坚实的基础。

AdaBoost 的成功不仅仅在于它是一种有效的学习算法，还在于（1）它让增强学习从最初的猜想变成一种真正具有实用价值的算法；（2）算法采用的一些技巧，如：打破原有样本分布，也为其他统计学习算法的设计带来了重要的启示；（3）相关理论研究成果极大地促进了集成学习的发展。

AdaBoost 算法本身是通过改变数据权值分布来实现的，它根据每次训练集中每个样本的分类是否正确，以及上次的总体分类的准确率，来确定每个样本的权值。将修改过权值的新数据送给下层分类器进行训练，最后将每次得到的分类器最后融合起来，作为最后的决策分类器。

关于弱分类器的组合，AdaBoost 算法采用加权多数表决的方法。具体来说，就是加大分类误差率小的弱分类器的权值，使其在表决中起较大的作用，减小分类误差率较大的弱分类器的权值，使其在表决中起较小的作用。

对 adaBoost 算法的研究以及应用大多集中于分类问题，同时也出现了一些在回归问题上的应用。就其应用 adaBoost 系列主要解决了：两类问题、多类单标签问题、多类多标签问题、大类单标签问题、回归问题。它用全部的训练样本进行学习。

6.2.2.2　AdaBoost 算法思路

AdaBoost 算法思路包括：

输入：分类数据；弱算法数组

输出：分类结果

具体流程如下流程：

（1）给训练数据集中的每一个样本赋予权重，权重初始化相等值，这些权重形成向量 D。一般初始化所有训练样例的权重为 $1/N$，其中 N 是样例数。

（2）在训练集上训练出弱分类器并计算该分类器的错误率。

（3）同一数据集上再次训练分类器，调整样本的权重，将第一次分对的样本权重降低，第一次分错的样本权重提高。

（4）最后给每一个分类器分配一个权重值 alpha，alpha = 0.5 * ln((1-错误率)/错误率)。

（5）计算出 alpha 值后，可以对权重向量 D 进行更新，以使得正确分类的样本权重降低而错分样本的权重升高。

计算出 D 之后，AdaBoost 又开始进入下一轮迭代。AdaBoost 算法会不断地重复训练和调整权重的过程，知道训练错误率为 0 或者弱分类器的数目达到用户指定的值为止。

由 AdaBoost 算法的描述过程可知，该算法在实现过程中根据训练集的大小初始化样本权值，使其满足均匀分布，在后续操作中通过公式来改变和规范化算法迭代后样本的权值。样本被错误分类导致权值增大，反之权值相应减小，这表示被错分的训练样本集包括一个更高的权重。这就会使在下轮时训练样本集更注重于难以识别的样本，针对被错分样本的进一步学习来得到下一个弱分类器，直到样本被正确分类。在达到规定的迭代次数或者预期的误差率时，则强分类器构建完成。

6.2.2.3 AdaBoost 算法核心思想

（1）“关注”被错分的样本，“器重”性能好的弱分类器。

（2）不同的训练集，调整样本权重“关注”。

（3）增加错分样本权重“器重”。

（4）好的分类器权重大样本。

（5）权重间接影响分类器权重。

6.2.2.4 AdaBoost 算法特点

AdaBoost 算法系统具有较高的检测速率，且不易出现过适应现象。但是该算法在实现过程中为取得更高的检测精度则需要较大的训练样本集，在每次迭代过程中，训练一个弱分类器则对应该样本集中的每一个样本，每个样本具有很多特征，因此从庞大的特征中训练得到最优弱分类器的计算量增大。典型的 AdaBoost 算法采用的搜索机制是回溯法，虽然在训练弱分类器时每一次都是由贪心算法来获得局部最佳弱分类器，但是却不能确保选择出来加权后的是整体最佳。在选择具有最小误差的弱分类器之后，对每个样本的权值进行更新，增大错误分类的样本对应的权值，相对地减小被正确分类的样本权重。且执行效果依赖于弱分类器的选择，搜索时间随之增加，故训练过程使得整个系统的所用时间非常大，也因此限制了该算法的广泛应用。另一方面，在算法实现过程中，从检测率和对正样本的误识率两个方面向预期值逐渐逼近来构造级联分类器，迭代训练生成大量的弱分类器后才能实现这一构造过程。由此推出循环逼近的训练分类器需要消耗更多的时间。

6.2.2.5 AdaBoost 算法优点

（1）AdaBoost 是一种有很高精度的分类器；

（2）可以使用各种方法构建子分类器，AdaBoost 算法提供的是框架；

（3）当使用简单分类器时，计算出的结果是可以理解的，而弱分类器构造极其简单；

（4）简单，不用做特征筛选；不用担心过拟合问题。

6.2.2.6　Adaboost 算法应用场景

（1）用于二分类或多分类的应用场景；

（2）用于做分类任务的 baseline－无脑化，简单，不会过拟合，不用调分类器；

（3）用于特征选择；

（4）增强学习框架用于对 bad case 的修正，只需要增加新的分类器，不需要变动原有分类器。

6.2.3　装袋算法

6.2.3.1　简介

装袋算法（Bootstrap aggregating），是机器学习领域的一种团体学习算法。最初由 Leo Breiman 于 1996 年提出。装袋算法可与其他分类、回归算法结合，提高其准确率、稳定性的同时，通过降低结果的方差，避免过拟合的发生。

装袋算法是通过结合几个模型降低泛化误差的技术。主要想法是分别训练几个不同的模型，然后让所有模型表决测试样例的输出。这是机器学习中常规策略的一个例子，被称为模型平均。采用这种策略的技术被称为集成方法。

模型平均奏效的原因是不同的模型通常不会在测试集上产生完全相同的误差。模型平均是一个减少泛化误差的非常强大可靠的方法。在作为科学论文算法的基准时，它通常是不鼓励使用的，因为任何机器学习算法都可以从模型平均中大幅获益（以增加计算和存储为代价）。

该方法在训练的过程中，各基分类器之间无强依赖，可以进行并行训练。其中最著名的算法之一是基于决策树基分类器的随机森林。为了让基分类器之间互相独立，将训练集分为若干子集（当训练样本数量较少时，子集之间可能有重叠）。

6.2.3.2　装袋算法的基本思想

（1）给定一个弱学习算法和一个训练集；

（2）单个弱学习算法准确率不高；

（3）将该学习算法使用多次，得出预测函数序列，进行投票；

（4）最后结果准确率将得到提高。

6.2.3.3 装袋算法步骤

给定一个大小为 n 的训练集 D，装袋算法从中均匀、有放回地（即使用自助抽样法）选出 m 个大小为 n'的子集 D_i，作为新的训练集。在这 m 个训练集上使用分类、回归等算法，则可得到 m 个模型，再通过取平均值、取多数票等方法，即可得到装袋算法的结果。

6.2.3.4 装袋算法特性

（1）装袋算法通过降低基分类器的方差，改善了泛化误差。

（2）其性能依赖于基分类器的稳定性；如果基分类器不稳定，装袋算法有助于降低训练数据的随机波动导致的误差；如果稳定，则集成分类器的误差主要由基分类器的偏倚引起。

（3）由于每个样本被选中的概率相同，因此装袋算法并不侧重于训练数据集中的任何特定实例。

6.2.4 随机森林

6.2.4.1 简介

随机森林指的是利用多棵树对样本进行训练并预测的一种分类器。在机器学习中，随机森林是一个包含多个决策树的分类器，并且其输出的类别是由个别树输出的类别的众数而定。Leo Breiman 和 Adele Cutler 发展出推论出随机森林的算法。而“Random Forests”是他们的商标。这个术语是 1995 年由贝尔实验室的 Tin Kam Ho 所提出的随机决策森林（random decision forests）而来的。这个方法则是结合 Breimans 的“Bootstrap aggregating”想法和 Ho 的“random subspace method”以建造决策树的集合。

随机森林作为机器学习重要算法之一，是一种利用多个树分类器进行分类和预测的方法。近年来，随机森林算法研究的发展十分迅速，已经在生物信息学、生态学、医学、遗传学、遥感地理学等多领域开展的应用性研究。

控制数据树生成的方式有多种，根据前人的经验，大多数时候更倾向选择分裂属性和剪枝，但这并不能解决所有问题，偶尔会遇到噪声或分裂属性过多的问题。基于这种情况，总结每次的结果可以得到袋外数据的估计误差，将它和测试样本的估计误差相结合可以评估组合树学习器的拟合及预测精度。此方法的优点有很多，可以产生高精度的分类器，并能够处理大量的变数，也可以平衡分类资料集之间的误差。

6.2.4.2 算法过程

根据下列算法而建造每棵树：

(1) 用 N 来表示训练用例（样本）的个数，M 表示特征数目。

(2) 输入特征数目 m，用于确定决策树上一个节点的决策结果；其中 m 应远小于 M。

(3) 从 N 个训练用例（样本）中以有放回抽样的方式，取样 N 次，形成一个训练集（即 bootstrap 取样），并用未抽到的用例（样本）作预测，评估其误差。

(4) 对于每一个节点，随机选择 m 个特征，决策树上每个节点的决定都是基于这些特征确定的。根据这 m 个特征，计算其最佳的分裂方式。

(5) 每棵树都会完整成长而不会剪枝，这有可能在建完一棵正常树状分类器后会被采用。

6.2.4.3 随机森林的优点

(1) 对于很多种资料，它可以产生高准确度的分类器。

(2) 它可以处理大量的输入变数。

(3) 它可以在决定类别时，评估变数的重要性。

(4) 在建造森林时，它可以在内部对于一般化后的误差产生不偏差的估计。

(5) 它包含一个好方法可以估计遗失的资料，并且，如果有很大一部分的资料遗失，仍可以维持准确度。

(6) 它提供一个实验方法，可以去侦测 variable interactions。

(7) 对于不平衡的分类资料集来说，它可以平衡误差。

(8) 它计算各例中的亲近度，对于数据挖掘、侦测离群点和将资料视觉化非常有用。

(9) 使用上述。它可被延伸应用在未标记的资料上，这类资料通常是使用非监督式聚类。也可侦测偏离者和观看资料。

(10) 学习过程是很快速的。

6.2.4.4 随机森林的构建

决策树相当于一个大师，通过自己在数据集中学到的知识对于新的数据进行分类。但是俗话说得好，一个诸葛亮，玩不过三个臭皮匠。随机森林就是希望构建多个臭皮匠，希望最终的分类效果能够超过单个大师的一种算法。

那随机森林的构建有两个方面：数据的随机性选取，以及待选特征的随机选取。

（1）数据的随机选取。首先，从原始的数据集中采取有放回的抽样，构造子数据集，子数据集的数据量是和原始数据集相同的。不同子数据集的元素可以重复，同一个子数据集中的元素也可以重复。其次，利用子数据集来构建子决策树，将这个数据放到每个子决策树中，每个子决策树输出一个结果。最后，如果有了新的数据需要通过随机森林得到分类结果，就可以通过对子决策树的判断结果的投票，得到随机森林的输出结果了。假设随机森林中有 3 棵子决策树，2 棵子树的分类结果是 A 类，1 棵子树的分类结果是 B 类，那么随机森林的分类结果就是 A 类。

（2）待选特征的随机选取。与数据集的随机选取类似，随机森林中的子树的每一个分裂过程并未用到所有的待选特征，而是从所有的待选特征中随机选取一定的特征，之后再在随机选取的特征中选取最优的特征。这样能够使得随机森林中的决策树都能够彼此不同，提升系统的多样性，从而提升分类性能。

6.3 基于局部聚类的组合复杂情感分析算法

本章针对复杂情感分析的特点，在 AdaBoost 算法的基础上提出了新的组合算法 P-AdaBoost 算法和 ND-PAdaBoost 算法。集成算法中，最具代表性的就是 AdaBoost 算法，该算法基于 PAC 框架提出，是集成算法中应用最为广泛的算法。AdaBoost 算法在诸如人脸识别，文本分类等诸多领域表现出众，算法通过反复迭代，可以将弱分类器的集合提升为强分类器，并且使训练误差以指数速度下降，训练集上的错误率趋近 0。但是 AdaBoost 算法同时也有一些缺点，AdaBoost 的每次迭代都依赖上一次迭代的结果，这就造成了算法需要严格按照顺序进行，随着迭代次数的升高，算法的时间成本也会相应的增大。基于这个缺点，Stefano Merler 在 2006 年时提出了 P-AdaBoost 算法。利用 AdaBoost 在经过一定迭代次数的训练之后，并行地求出剩余弱分类器对应权重的训练误差，并证明了在经过足够次数的顺序迭代之后，并行 AdaBoost 的分类准确率跟传统 AdaBoost 相比基本相同甚至更高。然而他们没有考虑到数据集中存在的噪声会对结果造成负面的影响。AdaBoost 本身是一个噪声敏感的算法，这是由于该算法在每次迭代时，都会将上次训练中分错的样本的权重加大，让本次训练的弱分类器更加关注这个被分错的样本。如果该错分样本是一个噪声，那么这个本来是噪声的样本的权重会在后续迭代过程中不断加大，导致后续弱分类器的分类准确率下降，最终导致整个模型的准确率随之下降。

同时，在 P-AdaBoost 算法中，噪声比例的上升会导致算法构筑分类模型需要顺序迭代的次数变多，时间成本变高，得到的最终模型的分类准确度也会降低。本章为了提高并行 AdaBoost 算法的分类准确率和健壮性，选择基于 P-AdaBoost算法进行改进，在核心算法流程上保留了其构建模型时间较短的优势。

同时通过修改权重分布的初始值，并利用噪声自检测方法减少数据集中的噪声对训练结果的影响，提出了一种名为 ND-PAdaBoost(Nosie-Detection PAdaBoost)的算法，进一步提升算法训练结果的准确度。

6.3.1 P-AdaBoost 算法

6.3.1.1 概述

P-AdaBoost 通过改良使传统 AdaBoost 算法的核心步骤可以被并行执行，极大提高了算法的执行效率。然而 P-AdaBoost 没有考虑到噪声样本对训练结果造成的负面影响。通过分析 P-AdaBoost 算法，修改原算法中初始权重分布，并提出一种噪声检测算法，改良 P-AdaBoost 算法在带有噪声数据集上的性能。

P-AdaBoost 算法利用 AdaBoost 中权重分布的特性，通过一定次数的顺序迭代，用一种概率分布拟合样本权重的分布函数，使得后续训练得到的基分类器不用再通过上一次训练的结果更新计算本轮的权重，让后续的训练过程能够并行执行，优化了算法的时间成本，算法的建模效率得到明显提升。

6.3.1.2 权重动态分布

一权重的动态分布包含着许多关键的信息，这些信息在 AdaBoost 算法构建模型的时候起到了至关重要的作用。AdaBoost 训练基分类器时可以将样本简单地分为 2 类：易分类样本和难分类的样本。易分类样本在训练分类器的时候不容易被分错，根据 AdaBoost 算法原理，这些样本的权重会逐轮次降低，对新分类器训练起到的影响会越来越小。而难分类样本的权重并不会向一个固定值收敛，随着迭代次数的增加可能会发生随机波动。

研究人员的工作证明了难分类样本的权重分布遵从以下两个事实：

(1) 对于任意一个难分类点，在基分类器数趋于无穷的情况下，该点的权重分布收敛于一个可确定的稳定分布；

(2) 这一分布能够用参数选择适当的伽马分布来表示，这使得算法能够并行计算出每轮迭代的样本权重。

6.3.1.3 P-AdaBoost 算法流程

P-AdaBoost 算法依赖于传统 AdaBoost 算法的框架，也会面临与 AdaBoost 同样的问题——对噪声敏感。此外，由于 P-AdaBoost 算法的核心部分是通过一定轮次迭代的传统 AdaBoost 得到样本权重分布 r_i^*。因此样本集中噪声比例的升高会导致根据记录的 $w_i(s)$ 得到的权重分布 r_i^* 并不能可靠的取代原本的权重更新函数，进而导致 P-AdaBoost 的分类准确率无法在基分类器数足够多时收敛，严重限制了 P-AdaBoost 算法的应用场景。同时，考虑到后续并行训练弱分类器的过程中每次都重新随机生成了样本权重，不能利用修改噪声样本权重的方式控制噪声对训练过程的影响，本章采用了噪声移除的方式。在进入并行步骤之前做一次噪声检测，将被算法认定为噪声的样本从数据集中移除。采用更新后的数据集作为输入进行后续并行训练弱分类器的流程。为了找出样本集中包含的噪声样本，本章考虑了这样的一种思路，因为每一个样本都是样本空间中的一个点。对于一个样本点（x_i，y_i），已知一个分类模型 $h_t(x)$，如果该点在分类模型上取值 y_i 与它邻近的点都不同，那么就有理由相信该点其实是一个噪声点。这是因为在分类的过程中，相同分类的点针对于一个已经训练出来的分类模型 $h_t(x)$ 的取值总是相近的。这标志了它们属于同一种分类并且这些点往往都集中分布在近邻的位置。如果这时有一个邻近点的取值与其相邻的点在 $h_t(x)$ 上的取值都不同，这就说明了这个点即不能划归到另外一个分类。在欧氏距离上该点跟这些已分类点邻近，又不能将该点划为本分类，因为分类器的取值不同，所以该点就是一个噪声点。基于这一思想，本章提出了一种基于 K 邻近算法的噪声检测算法，并采用模拟随机噪声的方式进行验证，由于是随机噪声，所以无需在算法中针对噪声的分布做处理，算法流程如下：

输入：

（1）含有 N 个已知样本的训练集 $S=\{(x_1, y_1), (x_2, y_2) \cdots, (x_N, y_N)\}$；

（2）任意作为基分类器的分类算法。

输出：集成的最终模型 $G(x)$。

（1）初始化训练集每个样本的训练权重表示为 $D_1=(w_{11}, w_{12}, \cdots, w_{1i}, \cdots, w_{1N})$，$w_{1i}=1/N$，$i=1, 2, \cdots, N$。

（2）顺序迭代 S 轮的 AdaBoost 算法，保存每一轮得到的权重结果 $w_i(s)$，$s=1, 2, \cdots, S$。

（3）根据 $w_i(s)$ 估计该权重的分布函数 r_i^*。

（4）对 $S=S+1, S+2, \cdots, T$ 做如下操作（该循环能够并行执行）。

1）对于第 i 次迭代，通过对 r_i^* 采样随机生成的权重值 $w_i^*(s)$。

2）使用 $w_i^*(s)$ 权重训练得到新的分类器 h_s。

3）计算该模型对应的误差率 e_s。

如果 $e_s>0.5$，将所有权重初始化为 $1/N$，重新训练分类器 h_s。

如果 $e_s<0.5$，进行下一步。

4）根据误差率计算该分类器在总分类器函数中的权重系数 $\alpha_t=1/2^{\ln\frac{1-e_t}{e_t}}$。

5）输出最终模型：

$$G(x)=\mathrm{sign}\left(\sum_{t=1}^{T}\alpha_t\times h_t(x)\right)$$

6.3.1.4　P-AdaBoost 算法分析

P-AdaBoost 算法的核心为采用伽马分布取代了原来的权重更新函数，为了求出这个伽马分布 r_i^*，算法需要按照传统 AdaBoost 的方式顺序迭代足够的轮次，通过记录得到的 $w_i(s)$，求出伽马分布为：

$$\gamma(x) = \frac{x^{\alpha-1}e^{\frac{-x}{\theta}}}{\Gamma(\alpha)\theta^{\alpha}}$$

式中，α 和 θ 的值是通过均值 μ 和方差 σ^2 求解得到的，有如下关系：

$$\mu = \alpha\theta$$

$$\sigma^2 = \alpha\theta^2$$

然而，P-AdaBoost 算法的缺点也很明显，由于在算法的并行建模阶段生成的 $w_i^*(s)$ 都是随机采样的，造成该算法对噪声敏感。其原因在于，像 AdaBoost 这类算法可以视作基于训练集对损失函数进行的梯度下降过程，每一个子模型加入到最终模型时可以视作为一次线性的偏移。AdaBoost 算法就是沿着损失函数下降最快的方向进行偏移的。然而由于 P-AdaBoost 算法在权重选择上的随机采样特点，导致其偏移的方向可能会与传统的 AdaBoost 算法偏移方向不同。因此 P-AdaBoost 算法需要足够的顺序迭代次数保证 r_i^* 分布的准确性，也依赖于一个理想的训练集（没有噪声）。训练集中的噪声样本会降低 r_i^* 分布的准确性，错误的 r_i^* 会导致 P-AdaBoost 在经过一定轮次的迭代之后无法取得跟 AdaBoost 算法相近或者更优的结果，这极大地限制了 P-AdaBoost 的应用。本章通过加入噪声自检测算法，成功解决了这一问题，增强了 P-AdaBoost 算法的健壮性，拓展了该算法的应用场景，使其在含有噪声的数据集中依然能够取得优秀的分类表现。

6.3.2　ND-PAdaBoost 算法

6.3.2.1　数据集不平衡问题

数据集中的数据分布不平衡问题在分类问题中经常出现，其主要表现为某一类的样本数远大于其他类别的样本数。而少数类又恰好是最需要学习的概念，由于少数类数据可能和某一特殊、重要的情形相关，造成了这类数据难以被识别。诸如 AdaBoost、P-AdaBoost 等标准的学习算法考虑的是一个平衡数据集，当这些算法用到不平衡数据集时，可能会生成一个局部优化的分类模型，导致经常错分少数类样本。因此 AdaBoost 和 P-AdaBoost 在平衡数据框架下分类准确率较高，然而在处理不平衡数据集时，分类准确率可能会下降。造成这种现象的主要原因为：

（1）分类准确率这种用以指导学习过程的，衡量全局性能的指标可能会偏向多数类，对少数类不利。

（2）预测正例样本的分类规则可能非常的特殊，其覆盖率很低，训练过程中适应那些少数类的规则可能被丢弃。

（3）规模非常小的少数类可能会被错误的当做噪声数据，同时真正的噪声会降低分类器对少数类的识别性能。

因此，本章认为 P-AdaBoost 和 AdaBoost 中权重的初始值 $1/N$ 不太合理。本章通过推理和实验发现，对数据集中的正样本和负样本分别赋不同的初始值 $1/2m$ 和 $2/1l$ 时，对最终模型的分类准确率提升很有帮助，其中 m 和 l 分别为正样本和负样本的个数，1/2 是为了消除随机误差。这是因为 $1/N$ 取值的本意是对 N 个样本赋相同的初始权值，为了保证在区别对待正例和反例的同时不会产生较大的误差，权重取值需要乘上 1/2 这个系数。

6.3.2.2　算法流程

考虑到迭代部分和并行部分对噪声处理的需求不同，本书在顺序迭代部分只将噪声的权重置为 0，在进入并行流程之前用当前的分类器对数据集进行一次噪声监测，只保留非噪声样本为新的训练数据集。详细的算法流程为：

输入：

（1）含有 N 个已知样本的训练集 $S=\{(x_1, y_1), (x_2, y_2), \cdots, (x_N, y_N)\}$，其中 x_i 为样本矢量，$y_i \in \{-1, +1\}$；

（2）任意作为基分类器的分类算法。

输出：集成的最终模型 $G(x)$。

步骤 1 初始化训练集每个样本的训练权重，表示为 $D_1=(w_{11}, w_{12}, \cdots, w_{1i}, \cdots, w_{1N})$，对于正样本：$w_{1i}=1/2m$，负样本 $w_{1i}=1/2l$，$i=1, 2, \cdots, N$，$m=$ 正样本个数，$l=$ 负样本个数；

步骤 2 顺序迭代 S 轮的 AdaBoost 算法，在得到本轮训练生成的分类器 $h_t(x)$ 时，使用分类器对当前数据集运行噪声检测算法，将标记为噪声样本的权重设置为 0，非噪声样本的权重按照传统算法进行更新。保存每一轮得到的权重结果 $w_i(s)$，$s=1, 2, \cdots, S$；

步骤 3 使用当前生成的集成分类器：

$$G'(x) = \mathrm{sign}\left(\sum_{s=1}^{S} \alpha_s \times h_s(x)\right)$$

对数据集运行噪声检测算法，得到 NS 和 NNS，使用 NNS 作为新的数据集 S'；

步骤 4 根据 $w_i(s)$ 估计该权重的分布函数 r_i^*；

步骤 5 对 $S=S+1, S+2, \cdots, T$ 做如下操作（该循环能够并行执行）：

（1）对于第 i 次迭代，通过对 r_i^* 采样随机生成的权重值 $w_i^*(s)$；

（2）使用 $w_i^*(s)$ 权重在新的数据集 S' 上训练得到新的分类器 h_s；

（3）计算该模型对应的误差率 e_s。

如果 $e_s>0.5$，将所有权重初始化为正样本 $w_{1i}=1/2m$，负样本 $w_{1i}=1/2l$，重新训练分类器 h_s；

如果 $e_s<0.5$，进行下一步；

（4）根据误差率计算该分类器在总分类器函数中的权重系数 $\alpha_t=1/2^{\ln\frac{l-e_t}{e_t}}$；

步骤 6 输出最终模型：

$$G(x)=\text{sign}\left(\sum_{t=1}^{T}\alpha_t\times h_t(x)\right)$$

6.4　本章小结

本章系统地研究了多种经典的组合方法在复杂情感分析问题中的分类效果。通过进一步的分析发现在单独使用组合方法解决复杂情感分类问题存在着一定的不足，需要与其他的方法继续结合，才能真正有效地提高组合方法在复杂情感分析问题中的表现。这也表明了组合方法并不能从真正意义上解决复杂情感分析问题。同时本章在传统组合方法的基础上提出了基于局部聚类的组合复杂情感分析方法。本章从 AdaBoost 算法的框架出发，基于 AdaBoost 的并行改进算法 P-AdaBoost，针对 P-AdaBoost 对噪声敏感，含有噪声的数据集会严重影响 P-AdaBoost 分类准确度的问题，提出了一个噪声自检测方法，并修改了原始样本权重分布的初始值。本章提出的算法在输入数据集含噪声的场景下具有更好的分类准确率。然而，本章提出的模型只对二分类问题有效，如果需要推广到多分类问题上，还需要对模型进行修改。本算法中所需顺序迭代次数的取值是通过反复实验测定的，关于这个取值的最优数值还需要进一步的研究和探讨。

参 考 文 献

[1] 邓维斌，王国胤，王燕．基于 Rough Set 的加权朴素贝叶斯分类算法［J］. 计算机科学，2007.

[2] 眭俊明，姜远，周志华. 基于频繁项集挖掘的贝叶斯分类算法［J］. 计算机研究与发展，2007.

[3] 秦锋，任诗流，程泽凯，等. 基于属性加权的朴素贝叶斯分类算法［J］. 计算机工程与应用，2008.

[4] 张明卫，王波，张斌，等. 基于相关系数的加权朴素贝叶斯分类算法［J］. 东北大学学报（自然科学版），2008.

[5] 孙亚男，宁士勇，鲁明羽，等. 贝叶斯分类算法在冠心病中医临床证型诊断中的应用［J］. 计算机应用研究，2006.

[6] 谢丽星，周明，孙茂松，等. 基于层次结构的多策略中文微博情感分析和特征抽取［J］. 中文信息学报，2012，26（1）：73~84.

[7] 周胜臣，瞿文婷，石英子，等. 中文微博情感分析研究综述［J］. 计算机应用与软件，2013，30（3）：161~164.

[8] 基于 Logistic 回归模型的微博情感分析研究［J］. 计算机与数字工程，2018，46（9）：1824~1829，1843.

[9] 赵妍妍，秦兵，刘挺，等. 文本情感分析［J］. 软件学报，2010，21（8）：1834~1848.

[10] 周立柱，贺宇凯，王建勇. 情感分析研究综述［J］. 计算机应用，2008，28（11）：2725~2728.

[11] 喻琦. 中文微博情感分析技术研究［D］. 杭州：浙江工商大学，2013.

[12] 张紫琼，叶强，李一军. 互联网商品评论情感分析研究综述［J］. 管理科学学报，2010，13（6）：84~96.

[13] 左维松，昝红英，张坤丽，等. 规则和统计相结合的情感分析研究［C］//全国信息检索学术会议. 2009.

[14] 李婷婷，姬东鸿. 基于支持向量机和 CRF 多特征组合的微博情感分析［J］. 计算机应用研究，2015，32（4）：978~981.

[15] 谢丽星，周明，孙茂松，等. 基于层次结构的多策略中文微博情感分析和特征抽取［J］. 中文信息学报，2012，26（1）：73~84.

[16] 王伟，王洪伟. 特征观点对购买意愿的影响：在线评论的情感分析方法［J］. 系统工程理论与实践，2016，36（1）：63~76.

[17] 李岩，韩斌，赵剑. 网络舆情情感分析系统的设计与实现［D］. 成都：电子科技大学，2013.

[18] 刘爽，赵景秀，杨红亚，等. 文本情感分析综述［J］. 软件导刊，2018，17，188（6）：5~8，25.

[19] Bing，张志斌. 情感分析对观点、情感和情绪的挖掘［J］. 国外科技新书评介，2016.

[20] 李泽魁，赵妍妍，秦兵，等. 中文微博情感倾向性分析特征工程［J］. 山西大学学报（自然科学版），2014，37（4）：570~579.

[21] 陈龙，管子玉，何金红，等．情感分类研究进展 [J]．计算机研究与发展，2017，54 (6)：1150~1170.

[22] 魏韡，向阳，等．中文文本情感分析综述 [J]．计算机应用，2011，31 (12)：3321~3323.

[23] 张林，钱冠群，等．轻型评论的情感分析研究 [J]．软件学报，2014 (12)：2790~2807.

[24] 杨经，林世平，Yang Jing，等．基于支持向量机的文本词句情感分析 [J]．计算机应用与软件，2011，28 (9)：225~228.

[25] 徐健，XuJian．基于网络用户情感分析的预测方法研究 [J]．中国图书馆学报，2013，39 (3)：96~107.

[26] 张成功，刘培玉，朱振方，等．一种基于极性词典的情感分析方法 [J]．山东大学学报 (理学版)，2012，47 (3)：50~53.

[27] 夏云庆，杨莹，张鹏洲，等．基于情感向量空间模型的歌词情感分析 [J]．中文信息学报，2010，24 (1)：99~104.

[28] 叶强，张紫琼，罗振雄．面向互联网评论情感分析的中文主观性自动判别方法研究 [J]．信息系统学报，2007 (1)：79~91.

[29] 张珊，于留宝，胡长军，等．基于表情图片与情感词的中文微博情感分析 [J]．计算机科学，2012，39 (s3)：146~148.

[30] 陆文星，王燕飞，Lu Wenxing，等．中文文本情感分析研究综述 [J]．计算机应用研究，2012，29 (6)：2014~2017.

[31] 王磊，苗夺谦，张志飞，等．基于主题的文本句情感分析 [J]．计算机科学，2014，41 (3)：32~35.

[32] 周咏梅，杨佳能，阳爱民．面向文本情感分析的中文情感词典构建方法 [J]．山东大学学报 (工学版)，2013 (6)：27~33.

[33] 王文远，王大玲，冯时，等．一种面向情感分析的微博表情情感词典构建及应用 [J]．计算机与数字工程，2012，40 (11)：6~9.

[34] 史伟，王洪伟，何绍义．基于语义的中文在线评论情感分析 [J]．情报学报，2013，32 (8)：860~867.

[35] 侯敏，滕永林，李雪燕，等．话题型微博语言特点及其情感分析策略研究 [J]．语言文字应用，2013，86 (2)：135~143.

[36] 王志涛，於志文，郭斌，等．基于词典和规则集的中文微博情感分析 [J]．计算机工程与应用，2015，51 (8)：218~225.

[37] 孙建旺，吕学强，张雷瀚．基于词典与机器学习的中文微博情感分析研究 [J]．计算机应用与软件，2014，31 (7)：177~181.

[38] 杨武，宋静静，唐继强．中文微博情感分析中主客观句分类方法 [J]．重庆理工大学学报 (自然科学)，2013，27 (1)：51~56.

[39] 朱琳琳，徐健．网络评论情感分析关键技术及应用研究 [J]．情报理论与实践，2017，40 (1)：121~126.

[40] 彭敏，席俊杰，代心媛，等．基于情感分析和 LDA 主题模型的协同过滤推荐算法 [J]．中文信息学报，2017，31 (2)：194~203.

[41] 宋双永，李秋丹，路冬媛. 面向微博客的热点事件情感分析方法 [J]. 计算机科学，2012，39 (b06)：226~228.

[42] 刘瑞梅，孟祥增. 基于深度学习的多媒体画面情感分析 [J]. 电化教育研究，2018 (1)：68~74.

[43] 任远，巢文涵，周庆，等. 基于话题自适应的中文微博情感分析 [J]. 计算机科学，2013，40 (11)：231~235.

[44] 马松岳，许鑫. 基于评论情感分析的用户在线评价研究——以豆瓣网电影为例 [J]. 图书情报工作，2016 (10)：95~102.

[45] 肖璐，陈果，刘继云，等. 基于情感分析的企业产品级竞争对手识别研究——以用户评论为数据源 [J]. 图书情报工作，2016 (1)：83~90.

[46] 唐晓波，肖璐. 基于情感分析的评论挖掘模型研究 [J]. 情报理论与实践，2013，36 (7)：100~105.

[47] 李岩，韩斌，赵剑. 基于短文本及情感分析的微博舆情分析 [J]. 计算机应用与软件，2013 (12)：240~243.

[48] 王刚，杨善林，WANGGang，等. 基于 RS-SVM 的网络商品评论情感分析研究 [J]. 计算机科学，2013，40 (s2)：274~277.

[49] 王磊，黄河笑，吴兵，等. 基于主题与三支决策的文本情感分析 [J]. 计算机科学，2015，42 (6)：93~96.

[50] 史伟，王洪伟，何绍义，等. 基于微博的产品评论挖掘：情感分析的方法 [J]. 情报学报，2014 (12)：1311~1321.

[51] 王伟，王洪伟. 面向竞争力的特征比较网络：情感分析方法 [J]. 管理科学学报，2016，19 (9)：109~126.

[52] 陈国兰. 基于情感词典与语义规则的微博情感分析 [J]. 情报探索，2016 (2)：1~6.

[53] 陈珂，梁斌，柯文德，等. 基于多通道卷积神经网络的中文微博情感分析 [J]. 计算机研究与发展，2018，55 (5)：945~957.

[54] 陈钊，徐睿峰，桂林，等. 结合卷积神经网络和词语情感序列特征的中文情感分析 [J]. 中文信息学报，2015，29 (6)：172~178.

[55] 雷鸣，朱明. 情感分析在电影推荐系统中的应用 [J]. 计算机工程与应用，2016，52 (10)：59~63.

[56] 蔡晓珍，徐健，吴思竹. 面向情感分析的用户评论过滤模型研究 [J]. 数据分析与知识发现，2014，30 (4)：58~64.

[57] 王树恒，吐尔根·依布拉音，卡哈尔江·阿比的热西提，等. 基于 B 长短期记忆神经网络的维吾尔语文本情感分析 [J]. 计算机工程与设计，2017，38 (10)：2879~2886.

[58] 李光敏，张行文，张磊，等. 面向网络舆情的评论文本情感分析研究 [J]. 情报杂志，2014 (5)：157~160.

[59] 陈铁明，缪茹一，王小号. 融合显性和隐性特征的中文微博情感分析 [J]. 中文信息学报，2016，30 (4)：184~192.

[60] 张建华，梁正友. 基于情感词抽取与 LDA 特征表示的情感分析方法 [J]. 计算机与现代化，2014 (5)：79~83.

[61] 李阳辉，谢明，易阳. 基于深度学习的社交网络平台细粒度情感分析 [J]. 计算机应用研究，2017，34 (3)：743~747.

[62] 孙晓，彭晓琪，胡敏，等. 基于多维扩展特征与深度学习的微博短文本情感分析 [J]. 电子与信息学报，2017，39 (9)：2048~2055.

[63] 李维杰. 情感分析与认知 [J]. 计算机科学，2010，37 (7)：11~15.

[64] 蒋宗礼，金益斌. 结合点评情感分析的推荐算法研究 [J]. 计算机应用研究，2016，33 (5)：1312~1314.

[65] 李思，张浩，徐蔚然，等. 基于合并模型的中文文本情感分析 [C] //第五届全国信息检索学术会议论文集. 2009.

[66] 钟将，杨思源，孙启干. 基于文本分类的商品评价情感分析 [J]. 计算机应用，2014，34 (8)：2317~2321.

[67] 樊娜，安毅生，李慧贤. 基于 K-近邻算法的文本情感分析方法研究 [J]. 计算机工程与设计，2012，33 (3)：1160~1164.

[68] 杨立公，汤世平，朱俭，等. 基于马尔科夫逻辑网的句子情感分析方法 [J]. 北京理工大学学报，2013，33 (6)：600~604.

[69] 杜昌顺，黄磊，Du Changshun，等. 分段卷积神经网络在文本情感分析中的应用 [J]. 计算机工程与科学，2017，39 (1)：173~179.

[70] 唐晓波，兰玉婷. 基于特征本体的微博产品评论情感分析 [J]. 图书情报工作，2016 (16)：121~127.

[71] 马力，宫玉龙. 文本情感分析研究综述 [J]. 电子科技，2014，27 (11)：180.

[72] 王海朋，商琳，戴新宇，等. 文本情感分析中褒贬分类的分界点确定 [J]. 江南大学学报 (自然科学版)，2009，8 (5)：509~512.

[73] 苏小英，孟环建. 基于神经网络的微博情感分析 [J]. 计算机技术与发展，2015，25 (12)：161~164.

[74] 何天翔，张晖，李波，等. 一种基于情感分析的网络舆情演化分析方法 [J]. 软件导刊，2015 (5)：131~134.

[75] 吴斌，吉佳，孟琳，等. 基于迁移学习的唐诗宋词情感分析 [J]. 电子学报，2016，44 (11)：2780~2787.

[76] 王岩. 基于共现链的微博情感分析技术的研究与实现 [D]. 国防科学技术大学，2011.

[77] 肖江，丁星，何荣杰，等. 基于领域情感词典的中文微博情感分析 [J]. 电子设计工程，2015 (12)：18~21.

[78] 唐晓波，叶晨孟. 一种融合新闻热度和读者态度的情感分析方法 [J]. 图书馆学研究，2017 (10)：81~90.

[79] 曾佳妮，刘功申，苏波，等. 微博话题评论的情感分析研究 [J]. 信息安全与通信保密，2013 (3)：56~58.

[80] 魏广顺，吴开超. 基于词向量模型的情感分析 [J]. 计算机系统应用，2017，26 (3)：184~188.

[81] 邓扬，张晨曦，李江峰. 基于弹幕情感分析的视频片段推荐模型 [J]. 计算机应用，2017，37 (4)：157~162，226.

[82] 史伟，王洪伟，何绍义，等. 基于微博平台的公众情感分析 [J]. 情报学报，2012，31 (11)：1171~1178.

[83] 涂海丽，唐晓波，Tu Haili，等. 基于在线评论的游客情感分析模型构建 [J]. 现代情报，2016，36 (4)：70~77.

[84] 由丽萍，王嘉敏，You Liping，等. 基于情感分析和 VIKOR 多属性决策法的电子商务顾客满意感测度 [J]. 情报学报，2015，34 (10)：1098~1110.

[85] 孙晓，叶嘉麒，龙润田，等. 基于情感语义词典与 PAD 模型的中文微博情感分析 [J]. 山西大学学报（自然科学版），2014，37 (4)：580~587.

[86] 李胜宇，高俊波，许莉莉. 面向酒店评论的情感分析模型 [J]. 计算机系统应用，2017，26 (1)：227~231.

[87] 敦欣卉，张云秋，杨铠西. 基于微博的细粒度情感分析 [J]. 数据分析与知识发现，2017，1 (7)：61~72.

[88] 孟伟花，向菲. 基于情感分析的 altmetrics 学术质量评价方法研究 [J]. 图书情报工作，2016，60 (11)：107~112.

[89] 秦锋，王恒，郑啸，等. 基于上下文语境的微博情感分析 [J]. 计算机工程，2017，43 (3)：241~246.

[90] 程惠华，黄发良，潘传迪. 基于产品评论情感分析的用户满意度挖掘 [J]. 福建师范大学学报（自然科学版），2017 (1)：14~21.

[91] 王洪伟，宋媛，杜战其，等. 基于在线评论情感分析的快递服务质量评价 [J]. 北京工业大学学报，2017，43 (3)：402~412.

[92] 栗雨晴，礼欣，韩煦，等. 基于双语词典的微博多类情感分析方法 [J]. 电子学报，2016，44 (9)：2068~2073.

[93] 林斌. 基于语义技术的中文信息情感分析方法研究 [D]. 哈尔滨：哈尔滨工业大学，2006.

[94] 罗亚伟，田生伟，禹龙，等. 细粒度意见挖掘中维吾尔语文本情感分析研究 [J]. 中文信息学报，2016，30 (1)：140~148.

[95] 来亮，钱屹. 文本情感分析综述 [J]. 计算机光盘软件与应用，2012 (18)：74~75.

[96] 彭敏，汪清，黄济民，等. 基于情感分析技术的股票研究报告分类 [J]. 武汉大学学报（理学版），2015，61 (2)：124~130.

[97] 周瑛，刘越，蔡俊. 基于注意力机制的微博情感分析 [J]. 情报理论与实践，2018，41 (3)：89~94.

[98] 王政霄. 基于微博的热点事件挖掘与情感分析 [D]. 上海：上海交通大学，2013.

[99] 王波，WANGBo. 基于跨领域知识的基金评论情感分析 [J]. 情报杂志，2011，30 (2)：44~47.

[100] 卢伟聪，徐健. 基于二分网络的网络用户评论情感分析 [J]. 情报理论与实践，2018 (2)：121~126.

[101] 许春晓，刘雯，Xu Chunxiao，等. 长沙市居民生活形态的休闲娱乐情感分析 [J]. 怀化学院学报，2008，27 (4)：44~47.

[102] 王新宇. 基于情感词典与机器学习的旅游网络评价情感分析研究 [J]. 计算机与数字工

程，2016，44（4）：578~582.

[103] 李光敏，许新山，熊旭辉，等. Web 文本情感分析研究综述［J］. 现代情报，2014，34（5）：173~176.

[104] 汪正中，张洪渊. 基于英文博客文本的情感分析研究［J］. 计算机技术与发展，2011，21（8）：153~156.

[105] 朱茂然，林星凯，陆颋，等. 基于情感分析的社交网络意见领袖的识别——以汽车论坛为例［J］. 情报理论与实践，2017，40（6）：76~81.

[106] 张昊旻，石博莹，刘栩宏. 基于权值算法的中文情感分析系统研究与实现［J］. 计算机应用研究，2012，29（12）：4571~4573.

[107] 姜霖，张麒麟. 基于评论情感分析的个性化推荐策略研究——以豆瓣影评为例［J］. 情报理论与实践，2017，40（8）：99~104.

[108] 梁晓敏，徐健. 舆情事件中评论对象的情感分析及其关系网络研究［J］. 情报科学，2018，36（2）：37~42.

[109] 贾珊珊，邸书灵，范通让，等. 基于表情符号和情感词的文本情感分析模型［J］. 河北省科学院学报，2013，30（2）：11~15.

[110] 王盛玉，曾碧卿，胡翩翩. 基于卷积神经网络参数优化的中文情感分析［J］. 计算机工程，2017，43（8）：200~207.

[111] 苏育挺，王慧晶. 利用结构化特征解决面向社交媒体信息情感分析的研究［J］. 小型微型计算机系统，2017，38（12）：3~7.

[112] 刘臣，韩林，李丹丹，等. 基于汉语组块产品特征——观点对提取与情感分析研究［J］. 计算机应用研究，2017，34（10）：2942~2945.

[113] 袁丁. 中文短文本的情感分析［D］. 北京：北京邮电大学，2015.

[114] 李鸣，吴波，宋阳，等. 细粒度情感分析的酒店评论研究［J］. 传感器与微系统，2016，35（12）：41~43.

[115] 张紫琼. 面向中文情感分析的词类组合模式研究［D］. 哈尔滨：哈尔滨工业大学，2007.

[116] 何跃，朱婷婷. 基于微博情感分析和社会网络分析的雾霾舆情研究［J］. 情报科学，2018，36，323（7）：93~99.

[117] 郑文英. 旅行目的地中文评论的情感分析研究［D］. 哈尔滨：哈尔滨工业大学，2010.

[118] 唐都钰. 领域自适应的中文情感分析词典构建研究［D］. 哈尔滨：哈尔滨工业大学，2012.

[119] 普次仁，侯佳林，刘月，等. 深度学习算法在藏文情感分析中的应用研究［J］. 计算机科学与探索，2017，11（7）：1122~1130.

[120] 蒋澜，林娜娜，刘阳，等. 基于情感分析的社交网络意见领袖的识别：以情感分类为手段［J］. 教育教学论坛，2017（47）：43~44.

[121] 苏劲松. 全宋词语料库建设及其风格与情感分析的计算方法研究［D］. 厦门：厦门大学，2007.

[122] Saif H，He Y，Alani H. Semantic Sentiment Analysis of Twitter［C］//Proceedings of the 11th international conference on The Semantic Web - Volume Part I. Springer Berlin

Heidelberg, 2012.

[123] Prabowo R, Thelwall M. Sentiment analysis: A combined approach [J]. Journal of Informetrics, 2009, 3 (2): 143~157.

[124] Saif H, He Y, Alani H. Semantic Sentiment Analysis of Twitter [C] //International Conference on the Semantic Web. 2012.

[125] Medhat W, Hassan A, Korashy H. Sentiment analysis algorithms and applications: A survey [J]. Ain S Engineering Journal, 2014, 5 (4): 1093~1113.

[126] Taboada M, Brooke J, Tofiloski M, et al. Lexicon-based methods for sentiment analysis [J]. Computational Linguistics, 2011, 37 (2): 267~307.

[127] Abbasi A, Chen H, Salem A. 12 Sentiment Analysis in Multiple Languages: Feature Selection for Opinion Classification in Web Forums [J]. Acm Transactions on Information Systems, 2008, 26 (3): 1~34.

[128] Wilson T, Wiebe J, Hoffmann P. Recognizing contextual polarity in phrase-level sentiment analysis [C] //Conference on Human Language Technology & Empirical Methods in Natural Language Processing. 2003.

[129] Lee L. A sentimental education: sentiment analysis using subjectivity summarization based on minimum cuts [C] //Meeting on Association for Computational Linguistics. 2004.

[130] Belkin M, Niyogi P, Sindhwani V. Manifold regularization: A geometric frame work for learning form labeled and unlabeled examples [J]. The Journal of Machine Learning Research, 2006, 7 (11): 2399~2434.

[131] Xiong H L, Swamy M N S, Ahmad M O. Optimizing the kernel in the empirical feature space [J]. IEEE Trans on Neural Networks, 2005, 16 (2): 460~474.

[132] Wang Y Y, Chen S C, Xue H. Support vector machine incorporated with feature discrimination [J]. Expert Systems with Applications, 2011, 38 (10): 12506~12513.

[133] Pestian J P, Matykiewicz P, Linn-Gust M, et al. Sentiment Analysis of Suicide Notes: A Shared Task [J]. Biomedical Informatics Insights, 2012, 2012 (Suppl. 1): 3~16.

[134] Agarwal B, Mittal N, Bansal P, et al. Sentiment Analysis Using Common-Sense and Context Information [J]. Comput Intell Neurosci, 2015, 2015: 30.

[135] Foster J. Sentiment analysis of political tweets: towards an accurate classifier [J]. Association for Computational Linguistics, 2013.

[136] Agarwal B, Mittal N. Prominent Feature Extraction for Sentiment Analysis [M]. Springer Publishing Company, In corporated, 2015.

[137] Bosco C, Patti V, Bolioli A. Developing Corpora for Sentiment Analysis: The Case of Irony and Senti-TUT [C] //International Conference on Artificial Intelligence. 2015: 55~63.

[138] Greaves F, Ramirezcano D, Millett C, et al. Use of Sentiment Analysis for Capturing Patient Experience From Free-Text Comments Posted Online [J]. Journal of Medical Internet Research, 2013, 15 (11): 239.

[139] Sindhwani V, Melville P. Document-Word Co-regularization for Semi-supervised Sentiment Analysis [J]. 2008.

[140] Agarwal A, Xie B, Vovsha I, et al. Sentiment analysis of Twitter data [C] //Workshop on Languages in Social Media. 2011.

[141] Whitelaw C, Garg N, Argamon S. Using appraisal groups for sentiment analysis [C] //Acm International Conference on Information & Knowledge Management. 2005.

[142] Nasukawa T, Yi J. Sentiment analysis: capturing favorability using natural language processing [C] //International Conference on Knowledge Capture. 2003.

[143] Lin C, He Y. Joint sentiment/topic model for sentiment analysis [J]. Proceedings of the 18th ACM conference on Information and knowledge management, 2009, 11: 375~384.

[144] Feldman R. Techniques and applications for sentiment analysis [J]. Communications of the Acm, 2013, 56 (4): 82~89.

[145] Melville P, Gryc W, Lawrence R D. Sentiment analysis of blogs by combining lexical knowledge with text classification [C] //Acm Sigkdd International Conference on Knowledge Discovery & Data Mining. 2009.

[146] Tan S, Zhang J. An empirical study of sentiment analysis for chinese documents [J]. Expert Systems with Applications, 2008, 34 (4): 2622~2629.

[147] Abbasi A, Chen H, Salem A. Sentiment analysis in multiple languages: Feature selection for opinion classification in Web forums [M] //Sentiment Analysis in Multiple Languages: Feature Selection for Opinion Classification in Web Forums. 2008.

[148] Kanayama H, Nasukawa T. Fully Automatic Lexicon Expansion for Domain Oriented Sentiment Analysis [C] //Conference on Empirical Methods in Natural Language Processing. 2006.

[149] Narayanan R, Bing L, Choudhary A. Sentiment analysis of conditional sentences [C] //Conference on Empirical Methods in Natural Language Processing: Volume. 2009.

[150] Zhang C, Zeng D, Li J, et al. Sentiment analysis of Chinese documents: From sentence to document level [J]. Journal of the American Society for Information Science & Technology, 2014, 60 (12): 2474~2487.

[151] Wang X, Wei F, Liu X, et al. Topic sentiment analysis in twitter: a graph-based hashtag sentiment classification approach [C] //Acm International Conference on Information & Knowledge Management. 2011.

[152] Xia H, Lei T, Tang J, et al. Exploiting social relations for sentiment analysis in microblogging [C] //Acm International Conference on Web Search & Data Mining. 2013.

[153] Hu X, Tang L, Tang J, et al. Exploiting social relations for sentiment analysis in microblogging [C] // Proceedings of the sixth ACM international conference on Web search and data mining. ACM, 2013.

[154] Boiy E, Moens M F. A machine learning approach to sentiment analysis in multilingual Web texts [J]. Information Retrieval, 2009, 12 (5): 526~558.

[155] Wang H, Can D, Kazemzadeh A, et al. A system for real-time Twitter sentiment analysis of 2012 U. S. Presidential election cycle [C] //Acl System Demonstrations. 2012.

[156] Sindhwani V, Melville P. Document-Word Co-regularization for Semi-supervised Sentiment Analysis [C] //Eighth IEEE International Conference on Data Mining. 2008.

[157] Ortigosa A, José M. Martín, Carro R M . Sentiment analysis in Facebook and its application to e-learning [J]. Computers in Human Behavior, 2014, 31 (1): 527~541.

[158] Kontopoulos E, Berberidis C, Dergiades T, et al. Ontology-based sentiment analysis of twitter posts [J]. Expert Systems with Applications, 2013, 40 (10): 4065~4074.

[159] Hiroshi K, Tetsuya N, Hideo W. Deeper sentiment analysis using machine translation technology [C] //International Conference on Computational Linguistics. 2004.

[160] Severyn A, Moschitti A. Twitter Sentiment Analysis with Deep Convolutional Neural Networks [C] //International Acm Sigir Conference. 2015.

[161] Matheus A, Pollyanna G, Meeyoung C, et al. A Web System that Compares and Combines Sentiment Analysis Methods [C] //Proceedings of the companion publication of the 23rd international conference on World wide web companion. ACM, 2014.

[162] Thet T T, Na J C, Khoo C S G. Aspect-based sentiment analysis of movie reviews on discussion boards [J]. Journal of Information Science, 2010, 36 (6): 823~848.

[163] Wiegand M, Balahur A, Roth B, et al. A survey on the role of negation in sentiment analysis [C] //Workshop on Negation & Speculation in Natural Language Processing. 2010.

[164] Jia L, Yu C, Meng W. The effect of negation on sentiment analysis and retrieval effectiveness [C] //Acm Conference on Information & Knowledge Management. 2010.

[165] You Q, Luo J, Jin H, et al. Robust Image Sentiment Analysis Using Progressively Trained and Domain Transferred Deep Networks [J]. 2015.

[166] Tan S, Cheng X, Wang Y, et al. Adapting Naive Bayes to Domain Adaptation for Sentiment Analysis [C] //European Conference on Advances in Information Retrieval. 2009.

[167] Tan L I, Phang W S, Chin K O, et al. Rule-Based Sentiment Analysis for Financial News [C] //IEEE International Conference on Systems. IEEE, 2016.

[168] Silva N F F D, Hruschka E R, Jr E R H. Tweet sentiment analysis with classifier ensembles [J]. Decision Support Systems, 2014, 66: 170~179.

[169] Li F, Huang M, Zhu X. Sentiment analysis with global topics and local dependency [C] // Twenty-fourth Aaai Conference on Artificial Intelligence. 2010.

[170] Lu B, Ott M, Cardie C, et al. Multi-aspect Sentiment Analysis with Topic Models. [C] // IEEE International Conference on Data Mining Workshops. 2012.

[171] Morency L P, Mihalcea R, Doshi P. Towards multimodal sentiment analysis: harvesting opinions from the web [C] //International Conference on Multimodal Interfaces. 2011.

[172] Tabata M, Tanaka M. Comparable Corpora for Cross-Linguistic Sentiment Analysis [J]. Japanese Journal of Physiology, 2009, 32 (3): 399~420.

[173] You Q, Yang J, Yang J, et al. Robust image sentiment analysis using progressively trained and domain transferred deep networks [C] //Twenty-ninth Aaai Conference on Artificial Intelligence. 2015.

[174] Cambria E, Jie F, Bisio F, et al. AffectiveSpace 2: enabling affective intuition for concept-level sentiment analysis [C] //Twenty-ninth Aaai Conference on Artificial Intelligence. 2015.

[175] Kang H, Yoo S J, Han D. Senti-lexicon and improved Naïve Bayes algorithms for sentiment

analysis of restaurant reviews [J]. Expert Systems with Applications, 2012, 39 (5): 6000~6010.

[176] Cambria E. Affective Computing and Sentiment Analysis [J]. IEEE intelligent systems, 2016, 31 (2): 102~107.

[177] Hogenboom A, Bal D, Frasincar F, et al. Exploiting emoticons in sentiment analysis [C] //Acm Symposium on Applied Computing. 2013.

[178] Saif H, He Y, Fernandez M, et al. Contextual semantics for sentiment analysis of Twitter [J]. Information Processing & Management, 2016, 52 (1): 5~19.

[179] Haddi E, Liu X, Shi Y. The Role of Text Pre-processing in Sentiment Analysis. [J]. Procedia Computer Science, 2013, 17: 26~32.

[180] Yessenalina A, Cardie C. Compositional matrix-space models for sentiment analysis [C] //Conference on Empirical Methods in Natural Language Processing. 2011.

[181] Bosco C, Patti V, Bolioli A. Developing Corpora for Sentiment Analysis: The Case of Irony and Senti-TUT [J]. Intelligent Systems IEEE, 2013, 28 (2): 55~63.

[182] Tzonghan T R. Knowledge-Based Approaches to Concept-Level Sentiment Analysis [J]. IEEE Intelligent Systems, 2015, 28 (2): 12~14.

[183] Subrahmanian V S, Reforgiato D. AVA: Adjective-Verb-Adverb Combinations for Sentiment Analysis [J]. IEEE Intelligent Systems, 2008, 23 (4): 43~50.

[184] Bae Y, Lee H. Sentiment analysis of twitter audiences: Measuring the positive or negative influence of popular twitterers [J]. Journal of the Association for Information Science & Technology, 2012, 63 (12): 2521~2535.

[185] Fu X, Liu G, Guo Y, et al. Multi-aspect sentiment analysis for Chinese online social reviews based on topic modeling and HowNet lexicon [J]. Knowledge-Based Systems, 2013, 37 (2): 186~195.

[186] Neviarouskaya A, Prendinger H, Ishizuka M. SentiFul: A Lexicon for Sentiment Analysis [J]. IEEE Transactions on Affective Computing, 2011, 2 (1): 22~36.

[187] Serrano-Guerrero J, Olivas J A, Romero F P, et al. Sentiment analysis: A review and comparative analysis of web services [J]. Information Sciences, 2015, 311 (5): 18~38.

[188] Annett M, Kondrak G. A Comparison of Sentiment Analysis Techniques: Polarizing Movie Blogs [C] //Conference on Canadian Society for Computational Studies of Intelligence. 2008.

[189] Wollmer M, Weninger F, Knaup T, et al. YouTube Movie Reviews: Sentiment Analysis in an Audio-Visual Context [J]. IEEE Intelligent Systems, 2013, 28 (3): 46~53.

[190] Duric A, Song F. Feature selection for sentiment analysis based on content and syntax models [C] //Workshop on Computational Approaches to Subjectivity & Sentiment Analysis. 2011.

[191] He Y, Zhou D. Self-training from labeled features for sentiment analysis [J]. Information Processing & Management, 2011, 47 (4): 606~616.

[192] Boyd-Graber J, Resnik P. Holistic Sentiment Analysis Across Languages: Multilingual Supervised Latent Dirichlet Allocation. [C] //Conference on Empirical Methods in Natural Language Processing. 2010.

[193] Deng Z H, Luo K H, Yu H L. A study of supervised term weighting scheme for sentiment analysis [J]. Expert Systems with Applications, 2014, 41 (7): 3506~3513.

[194] West R, Paskov H S, Leskovec J, et al. Exploiting Social Network Structure for Person-to-Person Sentiment Analysis [J]. Eprint Arxiv, 2014.

[195] Ribeiro F N, Araújo M, Gonçalves P, et al. SentiBench-a benchmark comparison of state-of-the-practice sentiment analysis methods [J]. Epj Data Science, 2016, 5 (1): 23.

[196] Shoukry A, Rafea A. Sentence-level Arabic sentiment analysis. [C] //International Conference on Collaboration Technologies & Systems. 2012.

[197] Guzman E, David Azócar, Li Y. Sentiment analysis of commit comments in GitHub: An empirical study [M]. ACM, 2014.

[198] Athar A. Sentiment analysis of citations using sentence structure-based features [C] //Meeting of the Association for Computational Linguistics: Human Language Technologies. 2011.

[199] Bhatia P, Ji Y, Eisenstein J. Better Document-level Sentiment Analysis from RST Discourse Parsing [J]. Computer Science, 2015.

[200] Pletea D, Vasilescu B, Serebrenik A. Security and emotion: sentiment analysis of security discussions on GitHub [C] //Working Conference on Mining Software Repositories. 2014.

[201] Fersini E, Messina E, Pozzi F A. Sentiment analysis: Bayesian Ensemble Learning [J]. Decision Support Systems, 2014, 68: 26~38.

[202] Kharde V A, Sonawane, Prof. Sheetal. Sentiment Analysis of Twitter Data: A Survey of Techniques [J]. International Journal of Computer Applications, 2016, 139 (11): 5~15.

[203] Hassan A, Abbasi A, Zeng D. Twitter Sentiment Analysis: A Bootstrap Ensemble Framework [C] //International Conference on Social Computing. 2014.

[204] Guzman E, Yang L. Sentiment analysis of commit comments in GitHub: an empirical study [C] //Working Conference on Mining Software Repositories. 2014.

[205] Zadeh A, Chen M, Poria S, et al. Tensor Fusion Network for Multimodal Sentiment Analysis [J]. IEEE Computer Society, 2017.

[206] Chinchor N, Chinchor N, Whitney P, et al. User-directed sentiment analysis: visualizing the affective content of documents [C] //Workshop on Sentiment & Subjectivity in Text. 2006.

[207] Giachanou A, Crestani F. Like It or Not: A Survey of Twitter Sentiment Analysis Methods [J]. Acm Computing Surveys, 2016, 49 (2): 1~41.

[208] Yu B, Tang X, Zhu Y, et al. A Sentiment Analysis Method for Facial Expression Generation in Human - Robot Interactive Communication [C] //International Conference on Virtual Reality & Visualization. 2015.

[209] Erik C, Song Y, Wang H, et al. Semantic Multi-Dimensional Scaling for Open-Domain Sentiment Analysis [J]. IEEE Intelligent Systems, 2014, 29 (2): 44~51.

[210] Bravo-Marquez F, Mendoza M, Poblete B. Combining strengths, emotions and polarities for boosting Twitter sentiment analysis [C] //Kdd-wisdom 13: Workshop on Issues of Sentiment Discovery & Opinion Mining. 2013.